普通高等教育"十三五"规划教材（软件工程专业）

C#程序设计教程

主　编　李祥琴

副主编　罗传军　张　牧　杨　利　周东来

中国水利水电出版社
www.waterpub.com.cn

·北京·

内 容 提 要

本书以 Visual Studio 2017 为操作平台，介绍了 C#程序设计的方法，全书共 13 章：C#语言概述、C#程序设计基础、流程控制、面向对象程序设计基础、继承与接口、数组与集合、泛型、委托与事件、Windows 窗体应用程序设计、界面设计、线程编程、文件操作、ADO.NET数据访问技术。

本书内容丰富、由浅入深，特别注重实用性和引导性，书中列举大量编程实例，突出对应用能力的培养，便于初学者学习。

本书可作为高等院校计算机及相关专业教材，也可作为软件开发人员和计算机编程爱好者的参考书。

图书在版编目（ＣＩＰ）数据

C#程序设计教程 / 李祥琴主编. -- 北京 ：中国水利水电出版社，2019.5
普通高等教育"十三五"规划教材. 软件工程专业
ISBN 978-7-5170-7650-6

Ⅰ. ①C… Ⅱ. ①李… Ⅲ. ①C语言－程序设计－高等学校－教材 Ⅳ. ①TP312.8

中国版本图书馆CIP数据核字(2019)第080351号

策划编辑：杨庆川	责任编辑：张玉玲　　　　封面设计：李　佳

书　　名	普通高等教育"十三五"规划教材（软件工程专业） C#程序设计教程 C# CHENGXU SHEJI JIAOCHENG
作　　者	主　编　李祥琴 副主编　罗传军　张　牧　杨　利　周东来
出版发行	中国水利水电出版社 （北京市海淀区玉渊潭南路 1 号 D 座　100038） 网址：www.waterpub.com.cn E-mail：mchannel@263.net（万水） 　　　　sales@waterpub.com.cn 电话：（010）68367658（营销中心）、82562819（万水）
经　　售	全国各地新华书店和相关出版物销售网点
排　　版	北京万水电子信息有限公司
印　　刷	三河市铭浩彩色印装有限公司
规　　格	184mm×260mm　16 开本　20.75 印张　508 千字
版　　次	2019 年 5 月第 1 版　2019 年 5 月第 1 次印刷
印　　数	0001—3000 册
定　　价	48.00 元

前　　言

C#是微软公司推出的一种面向对象的、运行于.NET Framework 平台上的编程语言。它继承了 C 和 C++的强大功能，又吸收了 Java 等其他语言的优点，是一种非常有竞争力的程序设计语言。本书开发环境使用 Visual Studio 2017，数据库管理系统使用 SQL Server 2012。本书全面细致地介绍了 C#程序设计语言的基础知识，结合大量典型实例和实验，帮助读者掌握 C#的编程方法和技巧，为今后学习相关的程序设计课程或从事 C#编程工作打下坚实的基础。

本书共分为 13 章：第 1 章介绍 C#语言的特点、.NET Framework 的体系结构、Visual Studio 2017 集成开发环境和 C#应用程序的开发步骤；第 2 章介绍 C#的数据类型、常量和变量、运算符与表达式；第 3 章介绍条件选择控制语句、循环控制语句、跳转语句和异常处理；第 4 章介绍面向对象的基本概念、类、对象、方法、构造函数与析构函数；第 5 章介绍继承的定义、派生类的声明、派生类的初始化顺序、覆写基类方法、虚方法、抽象类和抽象方法、接口的成员与实现；第 6 章介绍一维数组、二维数组、交错数组、集合的定义和使用；第 7 章介绍泛型类、泛型方法、泛型约束和泛型集合；第 8 章介绍委托的声明、实例化和调用，以及事件的定义和使用；第 9 章介绍 Windows 窗体的属性、窗体的事件和方法、常用控件、多文档界面、继承窗体的创建；第 10 章介绍菜单的结构、下拉式菜单和弹出式菜单、工具栏和状态栏的设计方法、通用对话框；第 11 章介绍线程的创建、线程的挂起与恢复、线程休眠、阻塞线程、终止线程，以及实现线程同步的方法；第 12 章介绍文件操作、文件夹操作、使用流对文件进行读写；第 13 章介绍 ADO.NET 对象模型、Connection 对象、Command 对象、DataReader 对象、DataSet 对象、DataAdapter 对象，以及常用的数据绑定控件。为了帮助读者巩固知识点，每章最后提供了一定数量的练习题供选用。同时，为了方便上机练习，提高程序设计的综合能力，本书提供了配套的实验指导，涵盖了 C#的主要内容，读者可从中国水利水电出版社网站或万水书苑下载，网址：http://www.waterpub.com.cn/ softdown/和 http://www.wsbookshow.com。

本书具有如下特点：

（1）内容全面、结构完整，由浅入深、循序渐进地介绍各个知识点。

（2）精心选择典型案例，代码详细，步骤清晰。

（3）各章都提供了大量习题，帮助读者巩固所学知识。

（4）为便于教学，本书提供全部源码以及配套的实验指导，可读性强。

本书由李祥琴任主编，罗传军、张牧、杨利、周东来任副主编。其中，荆楚理工学院的李祥琴编写第 1 章、第 6 章至第 9 章、第 13 章，荆门市电子政务信息中心的罗传军编写第 4 章和第 10 章，荆楚理工学院的张牧编写第 11 章和第 12 章，池州学院的杨利编写第 2 章和第 3 章，荆州职业技术学院的周东来编写第 5 章，全书由李祥琴统稿。

在本书编写过程中，编者得到了荆楚理工学院、池州学院和荆州职业技术学院的大力支持和帮助，游明坤、武永成、胡秀、李俊梅、刘珊燕等多位老师提出了宝贵的意见和建议，在此一并表示感谢。

由于时间仓促及编者水平有限，书中难免存在一些疏漏和不足，恳请广大读者批评指正。

编　者
2019 年 3 月

目　　录

第 1 章　C#语言概述

【学习目标】

- 掌握 C#语言的特点。
- 了解.NET Framework 的体系结构。
- 熟悉 Visual C#集成开发环境。
- 掌握 C#控制台应用程序的创建、打开和运行方法。

1.1　什么是 C#语言

　　C#（读作 C sharp）是微软公司开发的一种简单、安全、现代、面向对象的高级程序设计语言，它源自 C/C++家族，继承了 C 的语言风格和 C++的面向对象特性，继承它们强大的功能的同时去掉了一些复杂特性。C#看似基于 C++写成，但又借鉴了其他语言如 Pascal、Java、Visual Basic、Delphi 等，它综合了 Visual Basic 简单的可视化操作。对于 Web 开发而言，C#有点像 Java，同时具有 Delphi 的一些优点。

1.1.1　C#语言的发展历史

　　1998 年，Delphi 语言的设计者 Hejlsberg 带领着 Microsoft（微软）公司的开发团队开始了第一个版本 C#语言的设计。2000 年 9 月，国际信息和通信系统标准化组织为 C#语言定义了一个微软公司建议的标准。最终 C#语言在 2001 年得以正式发布。

　　2002 年 2 月，微软推出了 Visual Studio .NET 2002 和 C#语言的第一个正式版本 C# 1.0，随后推出 C# 1.1 版本。

　　2003 年 4 月，微软推出了 Visual Studio .NET 2003，发布了 C# 1.2 版本。

　　2005 年 11 月，微软推出了 Visual Studio 2005，发布了 C# 2.0 版本，该版本的两大特性是泛型、匿名方法。

　　2007 年 11 月，微软推出了 Visual Studio 2008，发布了 C# 3.0 版本，该版本改进了许多功能，查询表达式 LINQ 是其中最大的一个特性。

　　2010 年 4 月，微软推出了 Visual Studio 2010，发布了 C# 4.0 版本，该版本又增加和改进了许多功能：动态绑定、命名参数和可选参数、泛型的协变和逆变、开启嵌入类型信息及增加引用 COM 组件程序的中立。

　　2012 年 8 月，微软推出了 Visual Studio 2012，发布了 C# 5.0 版本，对比 C# 4.0 版本，增加了异步方法和调用方信息特性。

　　2015 年 6 月，微软推出了 Visual Studio 2015，发布了 C# 6.0 版本，该版本在之前的基础上增加了引用静态类、自动属性初始化等特性。

　　2017 年 3 月，微软推出了 Visual Studio 2017，发布了 C# 7.0 版本，引入了许多新特性：

变量直接声明、元组、模式匹配、引用返回值和局部变量、async 中使用泛型返回类、Throw 可以在表达式中使用、数字分隔符、局部函数等。

1.1.2　C#语言的特点

C#是微软公司专门为支持.NET框架的开发而设计的语言,它继承了 C 和 C++的强大功能,吸收了 Java 等其他语言的优点,成为一款非常有竞争力的语言。C#语言主要具有以下特点:

(1)语法简洁。

C#语言继承了 C 语言的简洁性,不允许直接存取内存,它的最大特色是没有了指针,用引用操作代替。C++中使用各种不同的操作符,而在 C#中只支持“.”,比如用“.”操作符代替了 C++中的“::”“.”“->”操作符。

C#对 C++中的语法冗余也进行了简化,只保留了常见的形式。

(2)彻底的面向对象。

C#具有面向对象语言所应有的一切特性,例如封装、继承和多态性。与 C++相比,C#没有全局变量和全局函数等,所有的成员都必须封装在类中,代码具有更好的可读性,减少了发生命名冲突的可能;在 C#的类型系统中,每种类型都可以看作一个对象;C#也不支持多重继承,只允许单继承,从而避免了类型定义的混乱。

(3)与 Web 紧密结合。

由于有了 Web 服务框架的帮助,对程序员来说,Web 服务看起来更像是 C#的本地对象。C#组件将能够方便地为 Web 服务,并允许它们通过 Internet 被运行在任何操作系统上的任何语言所调用。例如,XML 已经成为网络中数据结构传递的标准,为了提高效率,C#允许直接将 XML 数据映射成为结构,这样就可以有效地处理各种数据。

(4)版本处理技术。

C#提供内置的版本支持来减少开发费用,使用 C#将会使开发人员更加轻易地开发和维护各种商业用户。

C#在语言中内置了版本控制功能,如函数重载必须被显式声明,不像 C++可以随意被修改,从而防止了代码级错误和保留版本化的特性。

(5)完整的安全性能与错误处理能力。

安全性与错误处理能力是衡量一种计算机语言是否优秀的重要依据。C#语言提供了完善的错误和异常处理机制,可以消除许多软件开发中的常见错误,并提供了包括类型安全在内的完整的安全性能。例如,C#中不能使用未初始化的变量;C#不支持不安全的指向,不能将整数指向引用类型;C#中提供了边界检查与溢出检查功能等。

为了减少开发中的错误,C#会帮助开发者通过更少的代码完成相同的功能,这不但减轻了编程人员的工作量,同时更有效地避免了错误的发生。

(6)灵活性和兼容性。

在简化语法的同时,C#并没有失去灵活性。尽管它不是一种无限制的语言,比如它不能用来开发硬件驱动程序,在默认的状态下没有指针等,但如果需要,C#允许将某些类或者类的某些方法声明为非安全的。这样就能够使用指针、结构和静态数组,并且调用这些非安全代码不会带来任何其他的问题。此外,C#还提供了委托(delegates)来模拟指针的功能;C#不支持类的多继承,但是通过对接口的继承也可获得多继承功能。

C#遵守.NET 的公共语言规范（Common Language Specification，CLS），从而保证了 C# 组件与其他语言开发的组件兼容。

1.2　.NET 概述

.NET 是微软公司推出的软件开发平台，以 Web services 为核心，允许应用程序通过 Internet 进行通信和共享数据，而不管所采用的是何种操作系统、设备或编程语言。

微软总裁兼首席执行官 Steve Ballmer 将.NET 定义为：.NET 代表一个集合、一个环境、一个可以作为平台支持下一代 Internet 的可编程结构。也就是说，.NET=新平台+标准协议+统一开发工具。

我们通常所说的.NET 通常指.NET Framework、Visual Studio.NET 及开发出来的应用程序。

1.2.1　.NET 平台

.NET 是基于 Internet 的新一代开发平台。通过该平台，可以创建和使用基于 XML 的应用程序、进程和 Web 站点以及服务，使程序员在同一个开发环境下进行编码、编译和建立部署项目。

.NET 平台主要包括以下 5 个方面：

（1）底层操作系统。

底层操作系统为.NET 应用程序的开发提供软硬件支持，如微软公司开发的几种操作系统 Windows XP、Windows 7、Windows 8、Windows 10、Windows Vista 等都可为.NET 平台提供服务。

（2）.NET 企业服务器。

.NET 企业服务器可以为各类企业提供专业应用系统、知识管理、电子商务、业务电子化、无线互联网等多种解决方案，满足了企业用户对系统的高可靠性、高扩展性、低成本、快速部署的要求。.NET Enterprise Servers 是微软公司推出的进行企业集成和管理所有基于 Web 服务应用的系统产品，包括 Mobile Information Server、SharePoint Portal Server 等，为企业信息化和信息集成提供帮助。

（3）Microsoft XML Web 服务构件。

微软作为一个 Web 服务的底层技术提供商，它主要提供一些公共性的 Web 服务，包括身份认证、密码认证、个性化服务、软件传输等。Microsoft XML Web 服务构件提供了一系列高度分布、可编程的公用性网络服务，它可以从任何支持 SOAP 的平台上进行访问，也可以从内部局域网或以 Internet 的方式发布和访问。

（4）.NET Framework。

.NET Framework 是整个开发平台的基础，它为运行于该平台上的应用程序提供环境，允许不同的应用程序设计语言和库无缝结合共同创建基于 Windows 的应用程序，管理、部署，并与其他网络系统集成。

（5）.NET 开发工具。

.NET 开发工具包括 Visual Studio.NET 集成开发环境和.NET 编程语言。Visual Studio.NET 是微软提供的一套完整的应用程序开发工具集，在这套工具集中可以使用 Visual Basic、Visual

C++、Visual C#、Visual J#、Jscript.NET 等.NET 编程语言进行开发。

1.2.2　什么是.NET Framework

.NET Framework，也称为.NET 框架，它是支持生成和运行下一代应用程序和 XML Web Services 的内部 Windows 组件，很多基于此架构的程序需要它的支持才能够运行。

.NET Framework 主要为了实现以下几个目标：

（1）提供一个一致的面向对象的编程环境，而无论对象代码是在本地存储和执行，还是在本地执行但在 Internet 上分布，或者是在远程执行的。

（2）提供一个将软件部署和版本控制冲突最小化的代码执行环境。

（3）提供一个可提高代码（包括由未知的或不完全受信任的第三方创建的代码）执行安全性的代码执行环境。

（4）提供一个可消除脚本环境或解释环境的性能问题的代码执行环境。

（5）使开发人员的经验在面对类型大不相同的应用程序（如基于 Windows 的应用程序和基于 Web 的应用程序）时保持一致。

（6）按照工业标准生成所有通信，以确保基于.NET Framework 的代码可与任何其他代码集成。

1.2.3　.NET Framework 体系结构

.NET Framework 主要由公共语言运行库和 Microsoft .NET Framework 类库组成，其体系结构如图 1-1 所示。

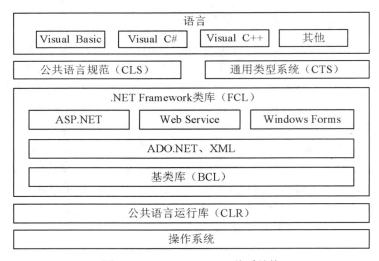

图 1-1　.NET Framework 体系结构

1．公共语言运行库

公共语言运行库（Common Language Runtime，CLR）是 Microsoft .NET Framework 的核心，用于执行和管理任何针对 Microsoft .NET 平台的所有代码。

CLR 包括公共语言规范（Common Language Specification，CLS）和通用类型系统（Common Type System，CTS）。

（1）CLS。

各种编程语言除了在数据类型上不同外，在语法上也有非常大的区别，因此需要定义CLS。CLS 定义了所有编程语言必须遵守的共同标准，包含了函数调用方式、参数传递方式、数据类型和异常处理等。

CLS 是一个最低标准集，所有面向.NET 的编译器必须支持它。只有遵守这个标准编写的程序，才可能在只安装有.NET Framework 运行环境的计算机中运行，也才可以在.NET Framework 下实现互相操作。

（2）CTS。

CTS 定义了一套可以在中间语言中使用的预定义数据类型，所有面向.NET Framework 的语言都可以生成最终基于这些类型的编译代码，即通用类型系统用于解决不同编程语言的数据类型不同的问题，从而实现跨语言功能。

2．.NET Framework 类库（.NET Framework Class Library，FCL）

.NET Framework 类库是一个由类、接口和值类型组成的库，通过该库中的内容可访问系统功能。它是建立.NET Framework 应用程序、组件和控件的基础。

它是一个综合性的面向对象的可重用类型集合，可以使用它开发多种应用程序，这些应用程序包括传统的命令行或图形用户界面应用程序，也包括基于 ASP.NET 所提供的最新的应用程序（如 Web Services）。

3．基类库（Base Class Library，BCL）

除 CLR 和 CTS/CLS 规范之外，.NET 平台提供了一个适用于全部.NET 程序语言的基类库。这个基类库不仅封装了各种基本类型，如线程、文件输入/输出（I/O）、图形绘制以及与各种外部硬件设备的交互，还支持在实际应用中用到的一些服务。

4．ADO.NET 和 XML

ADO.NET（ActiveX Data Objects for the .NET Framework）是.NET 框架中的一组类和工具的集合，可用于创建强大的、灵活可靠的数据驱动的应用程序。ADO.NET 的各个类位于 System.Data.dll 中，并且与 System.Xml.dll 中的 XML 类相互集成。

ADO.NET 提供对 Microsoft SQL Server、Oracle 等数据源以及通过 OLE DB 和 XML 公开的数据源的一致访问。数据共享使用者可以通过 ADO.NET 来连接这些数据源，并检索、操作和更新数据库中的数据。

XML 是可扩展标记语言，它与 Access、Oracle 和 SQL Server 等数据库不同，数据库提供了更强有力的数据存储和分析能力，而 XML 仅仅是展示数据，XML 的简单性使其易于在任何应用程序中读写数据。

ADO.NET 和 XML 类提供了一种统一的中间 API，程序员可通过同步的双编程接口来使用它。可以使用 XML 基于节点的分层法或基于列的表格式数据集关系法来访问和更新数据，同时，也可以在任何时间从数据的数据集表示形式切换到 XML文档对象模型。

5．Windows Forms

Windows Forms（Windows 窗体）是微软的.NET 开发框架的图形用户界面部分，它使用了许多新技术，包括一个公共应用程序框架、受控的执行环境、集成的安全性和面向对象的设计原则。

Windows Forms 完全支持快速、容易地连接 XML 网络服务和在 ADO.NET 数据模型基础上创建丰富的、数据感知的应用程序。开发人员可以使用任何支持.NET 平台的语言，包括 Microsoft Visual Basic 和 C#创建 Windows 窗体应用程序。

6. Web Service

Web Service（Web 服务）是一种通过 HTTP 使用 XML 接收请求和数据的应用程序。

Web Service 的主要目标是跨平台的可互操作性。为了实现这一目标，Web Service 完全基于 XML、XSD（XML 结构定义）等独立于平台、独立于软件供应商的标准，是创建可互操作的、分布式应用程序的新平台。

1.2.4 .NET 程序执行过程

托管代码（Managed Code）是中间语言代码，在公共语言运行库（CLR）控制下运行。托管代码应用程序可以获得公共语言运行库服务，例如自动垃圾回收、运行库类型检查和安全支持等。

创建执行一个.NET 程序分以下 3 个步骤：

（1）当用户编译一个.NET 程序时，需要把源代码编译成与机器无关的 Microsoft 中间语言（MSIL），中间语言被封装在一个叫程序集（assembly）的文件中，程序集中包含了所创建的类、方法和属性的所有元数据，如图 1-2 所示。

（2）由于 MSIL 独立于特定的 CPU，不能直接被机器执行，因此必须由 CLR 中的 JIT 编译器将 MSIL 翻译成本机代码，因为 JIT 编译器能确定程序运行在什么类型的处理器上，可以利用该处理器提供的特性或特定的机器指令来优化最后的可执行代码，如图 1-3 所示。

图 1-2 .NET 编译器编译   图 1-3 JIT 编译器编译

（3）在托管 CLR 环境中运行本机代码以及其他应用程序，如图 1-4 所示。

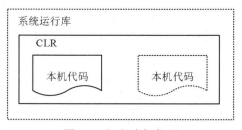

图 1-4 运行本机代码

1.3 Visual Studio 2017 集成开发环境

Visual Studio 是一套完整的开发工具集，可以生成 ASP.NET Web 应用程序、Web 服务应用程序、Windows 应用程序和移动设备应用程序。它为 Visual Basic、Visual C++、Visual C# 等提供了统一的集成开发环境（IDE），在 IDE 中可以共享工具和创建混合语言解决方案。目前最新版本为 Visual Studio 2017，基于.NET Framework 4.5.2。

Visual Studio 2017（简称 VS 2017）可支持 C#、C++、Python、Visual Basic、Node.js、HTML、JavaScript等各大编程语言，不仅可编写Windows 10 UWP 通用程序，还能开发iOS、Android移动平台应用。

VS 2017 集成开发环境如图 1-5 所示。

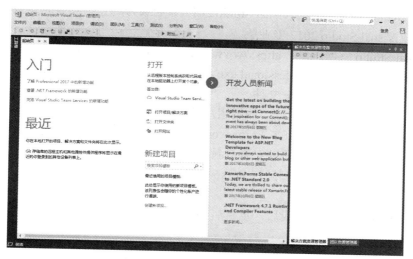

图 1-5　VS 2017 集成开发环境

1.3.1　Visual Studio 2017 的安装

Visual Studio 2017 有 3 个版本：Visual Studio 2017 社区版、Visual Studio 2017 专业版和 Visual Studio 2017 企业版。

社区版是适用于学生、开放源代码和个体开发人员的免费、全功能型 IDE。

专业版和企业版功能强大，可供专业用户和企业购买使用。企业版是可以满足任何规模团队的生产效率和协调性需求的 Microsoft Davos 解决方案。而对于专业用户来说，可能用不到企业版那样全面的功能，但社区版又不能满足需求，所以专业版中提供的专业开发者工具、服务和订阅就成了最佳选择。

1. 安装 Visual Studio 2017 的系统要求

（1）硬件。

- 处理器：频率在 1.8 GHz 或以上，推荐使用双核或更好的内核。
- 系统内存：2 GB 或以上，建议采用 4 GB（如果在虚拟机上运行，则最低 2.5 GB）。
- 硬盘空间：1 GB～40 GB，具体取决于安装的功能。
- 显示器：视频卡支持最小显示分辨率 1280×720，Visual Studio 最适宜的分辨率为 WXGA（1366×768）或更高。

（2）支持的操作系统。

Visual Studio 2017 可在以下操作系统上安装并运行：

- Windows 10 1507 版或更高版本：家庭版、专业版、教育版和企业版（不支持 LTSB 和 Windows 10 S）。
- Windows Server 2016：Standard 和 Datacenter。

- Windows 8.1（带有更新 2919355）：核心版、专业版和企业版。
- Windows Server 2012 R2（带有更新 2919355）：Essentials、Standard、Datacenter。
- Windows 7 SP1（带有最新 Windows 更新）：家庭高级版、专业版、企业版、旗舰版。

2. 安装步骤

下面以在 Windows 7 上安装 Visual Studio 2017 专业版为例介绍具体的安装步骤。

（1）下载 Visual Studio 2017 专业版。

进入 Visual Studio 官网地址：https://www.visualstudio.com/zh-hans/vs/，单击"下载 Visual Studio\Professional"，下载 vs_Professional.exe 文件，该文件大小为 1.02MB。

（2）运行 vs_Professional.exe 文件。

运行文件 vs_Professional.exe 后，如果用户的计算机上没有安装.NET Framework 4.6，系统会提示"Visual Studio 要求.NET Framework 4.6 或更高版本。请从此处安装最新的.NET Framework，或检查 Windows 更新以安装最新的.NET Framework。"可单击"此处"链接到相应页面，下载文件 NDP46-KB3045557-x86-x64-AllOS-ENU 并安装。

（3）在线安装。

.NET Framework 4.6 安装完成后，重新启动计算机，进入如图 1-6 所示的界面。

图 1-6　继续界面

单击"继续"按钮，进入安装设置界面，如图 1-7 所示。

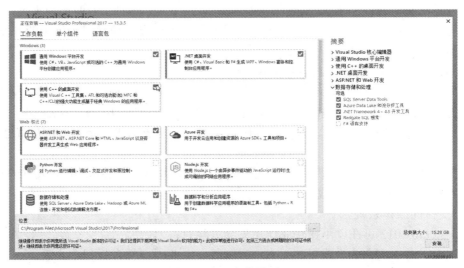

图 1-7　安装设置

在"工作负载"选项卡中选择需要安装的模块以及安装位置，单击"安装"按钮进行在线安装，如图 1-8 所示。

图 1-8　在线安装

安装结束，界面如图 1-9 所示。

图 1-9　安装结束

（4）单击"修改"按钮，可对已安装的模块进行增加或删除；若无需修改，可单击"启动"按钮，再以管理员身份登录，对开发设置、颜色主题进行设置，即可进入 Visual Studio 2017，如图 1-10 所示。

图 1-10　以熟悉的环境启动 Visual Studio

1.3.2　Visual Studio 2017 界面介绍

启动 Visual Studio 2017 后，出现 Visual Studio 2017 集成开发环境，首先看到的是起始页，如图 1-5 所示。起始页除了能新建项目和打开项目外，还包括最近使用的项目、入门知识和开发人员新闻。

Visual Studio 2017 集成开发环境主要包括标题栏、菜单栏、工具栏、解决方案资源管理器、属性窗口、窗体设计器和代码编辑窗口、工具箱。

1. 标题栏

标题栏位于窗口的最上方，显示当前正在编辑的项目名称和使用的应用程序的名称。

2. 菜单栏

菜单栏中的菜单命令几乎包括了所有的常用功能，如图 1-11 所示。其中"文件"菜单提供了"新建""打开""关闭"和"保存"等命令；"编辑"菜单主要提供了"剪切""复制""粘贴""删除""查找和替换"等命令；"视图"菜单提供了各种窗口和工具命令，用户可通过"视图"菜单打开"服务器资源管理器""解决方案资源管理器""对象浏览器""错误列表""工具箱"及"其他窗口"；"调试"菜单主要用来调试程序；"窗口"菜单提供了处理集成开发环境中窗口的命令。

图 1-11　菜单栏

3. 工具栏

工具栏提供了一些常用的命令快捷方式，常用的工具栏有标准工具栏、布局工具栏、调试工具栏等，如图 1-12 所示。

图 1-12　工具栏

标准工具栏包括常用菜单项的命令按钮，例如新建项目、打开文件、保存等；布局工具栏包括对控件进行布局的命令按钮，例如对齐、间距等；调试工具栏包括对程序进行调试的快捷按钮，如全部中断、停止调试等。

4. 解决方案资源管理器

解决方案资源管理器主要用来管理解决方案、解决方案的项目及这些项目的子项，如图 1-13 所示。利用解决方案资源管理器可以打开文件进行编辑、向项目中添加新文件，以及查看解决方案、项目和项目属性。

5. 属性窗口

属性窗口用来查看和设置对象的属性和事件，如图 1-14 所示。

属性窗口的标题栏下方是一个下拉列表框，列出了当前窗体及其所有对象，可以选择某一对象，对其进行属性设置。下拉列表框下方给出了 5 个按钮，分别是：按分类

图 1-13　解决方案资源管理器

顺序、按字母顺序、属性、事件和属性页。

6．窗体设计器和代码编辑窗口

窗体设计器可以设置程序的图形用户界面，如图 1-15 所示，比如可以使用设计器来完成向某个窗体中添加组件、数据控件或基于 Windows 的控件。

图 1-14　属性窗口

图 1-15　窗体设计器

代码编辑窗口可以进行代码的编写，如图 1-16 所示。

7．工具箱

工具箱提供了 Windows 窗体应用程序开发所必需的控件，如图 1-17 所示。根据控件的功能，工具箱划分为 10 个选项卡，分别是：所有 Windows 窗体、公共控件、容器、菜单和工具栏、数据、组件、打印、对话框、WPF 互操作性、常规，单击某个选项卡，可将其展开，若要把某个控件添加到 Form 中，将其拖曳至设计窗口即可。

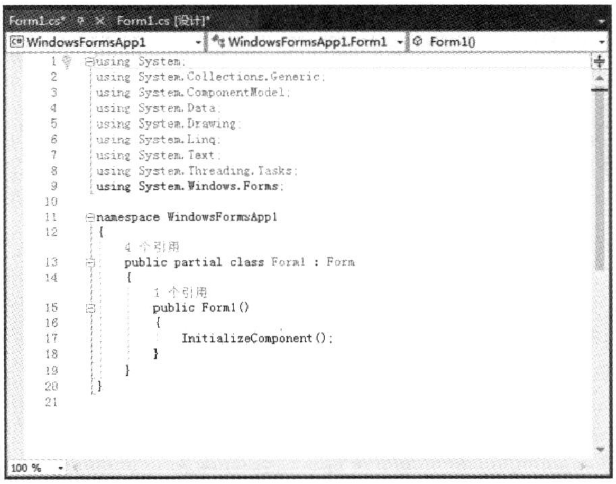

图 1-16　代码编辑窗口

图 1-17　工具箱

1.3.3　Visual C#开发环境的配置

Visual Studio 2017 支持多种语言开发，为了支持 C#语言，需要将 Visual Studio 2017 配置成 Visual C#开发环境，一般来说，有以下两种方法：

（1）Visual Studio 2017 安装结束，以熟悉的环境启动时，在"开发设置"右边的下拉列表框中选择 Visual C#选项即可，如图 1-10 所示。

（2）在安装 Visual Studio 2017 后，如果当前不是 C#开发环境，这时需要将 Visual C#开发环境设置为默认的开发环境，这样可以在新建项目时省去选择开发语言的麻烦。

选择"工具/导入导出设置"命令，在打开的"导入和导出设置向导"对话框中选中"重置所有设置"单选按钮，再单击"下一步"按钮，如图 1-18 所示。

图 1-18　导入和导出设置向导（a）

再选中"否，仅重置设置，从而覆盖我的当前设置"单选按钮，然后单击"下一步"按钮，如图 1-19 所示。最后，选择 Visual C#选项，再单击"完成"按钮，即可完成配置，如图 1-20 所示。

图 1-19　导入和导出设置向导（b）

图 1-20　导入和导出设置向导（c）

1.4　C#应用程序

在 Visual C#开发环境下，能够创建控制台应用程序、Windows 应用程序和 Web 应用程序。

1.4.1　控制台应用程序

控制台应用程序，也称 Console 应用程序，适合于对界面交互低、运行速度高的项目，通过命令行的方式实现输入输出交互。

【例 1-1】创建一个控制台应用程序，要求显示"Hello，Visual Studio 2017！"

操作步骤如下：

（1）启动 Visual Studio 2017。

（2）在"文件"菜单中选择"新建/项目"命令，出现"新建项目"对话框，首先在左侧列中选择 Visual C#，然后在右侧列中选择"控制台应用"，最后修改项目名称和位置，单击"确定"按钮，如图 1-21 所示。

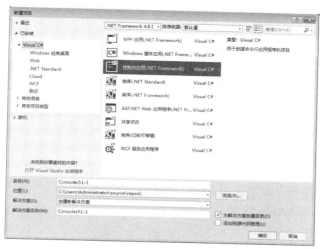

图 1-21　新建控制台应用程序

（3）在代码编辑器中将自动生成的代码内容修改为：

```
using System;
using System.Collections.Generic;
using System.Linq;
using System.Text;
using System.Threading.Tasks;
namespace Consolech1_1
{
    class Program
    {
        static void Main(string[] args)
        {   Console.WriteLine("Hello,Visual Studio 2017!");        //输出字符串  }
    }
}
```

（4）单击标准工具栏中的"保存"按钮进行保存，再按 Ctrl+F5 键执行程序，运行结果如图 1-22 所示。

说明：

● 这里用 using 关键字引用了 5 个命名空间，它是控制

图 1-22　例 1-1 的运行结果

台应用程序默认的引用部分。

- C#控制台应用程序必须包含一个 Main 方法，它是程序执行时的入口方法。Main 方法在类或结构的内部声明，它必须为静态方法，具有 void 或 int 返回类型。
- Console 类称为控制台类，它是.NET Framework 类库中的一个类，提供了控制台输入、输出的许多方法。其中，Console.Readline()方法用于获取从键盘输入的一行字符串，若只获取一个字符，可调用 Console.Read()方法；Console.WriteLine()方法表示将数据输出到屏幕并换行，若输出时不换行，可调用 Console.Write()方法。
- Console.ReadKey()用于读取用户的按键，并把按键字符显示在控制台窗口中。调用该方法可以暂停用户屏幕，让用户看清控制台窗口中的信息。在本例中如果执行时按 F5 键，程序执行完后没有停顿，可以在输出语句后加此方法，起暂停作用。
- C#中提供了 3 种注释方法：单行注释、多行注释和文档注释。单行注释是以//开始，该行后面的内容全部为注释部分；多行注释是以/*开始，*/结束，中间部分全部为注释内容；在源代码文件中，具有某种格式的注释可用于指导某个工具根据这些注释和它们后面的源代码元素生成 XML，使用这类语法的注释称为文档注释，以///为开头。

1.4.2　Windows 应用程序

前面介绍的控制台应用程序是命令式界面，下面介绍基于窗体的用户界面。开发一个 Windows 应用程序，一般有 4 个步骤：创建界面、设置属性、编写代码、编译运行。

【例 1-2】编写一个 Windows 应用程序，要求在窗体上添加两个按钮，单击"确定"按钮时，在窗体上显示字符串"欢迎使用 Visual Studio 2017！"单击"取消"按钮时，弹出一个提示对话框，显示"C# Windows 应用程序"。

操作步骤如下：

（1）在"文件"菜单中选择"新建/项目"命令，出现"新建项目"对话框，首先在左侧列中选择"Visual C#/Windows 经典桌面"，然后在右侧列中选择"Windows 窗体应用"，最后输入项目名称、指定项目存储位置，单击"确定"按钮，如图 1-23 所示。

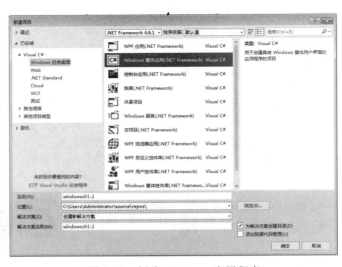

图 1-23　新建 Windows 应用程序

（2）系统自动地为我们创建的 Windows 窗体应用程序建立一个 Form1.cs 窗口。把 Form1 窗体打开，然后单击"工具箱"，把其中的标签 Label 控件和命令按钮 Button 控件拖曳到窗体 Form1 中，生成一个标签对象和两个按钮对象，分别对应 label1、button1 和 button2，如图 1-24 所示。

（3）在 Form1.cs 窗口中，鼠标右键单击属性，出现属性窗口，在里面对 label1、button1、button2 对象的 Text 属性进行设置，分别为空（将原来的 label1 值选中，按 Enter 键即可删除）、"确定"和"取消"，如图 1-25 所示。

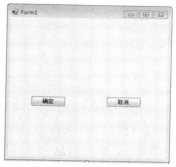

图 1-24　添加控件　　　　　　　　　图 1-25　设置控件的 text 属性

（4）添加代码。双击 button1 按钮，进入代码编辑窗口，在 button1 的 Click 事件中添加代码：

```
label1.Text = "欢迎使用 Visual Studio 2017！ ";
```

同理，双击 button2 按钮，进入代码编辑窗口，在 button2 的 Click 事件中添加代码：

```
MessageBox.Show("开发 C# Windows 应用程序");
```

Form1.cs 窗口完整的代码为：

```
namespace windowsch1_2
{
    public partial class Form1 : Form
    {
        public Form1()
        {
            InitializeComponent();
        }
        private void button1_Click(object sender, EventArgs e)
        {
            label1.Text = "欢迎使用 Visual Studio 2017！ ";
        }
        private void button2_Click(object sender, EventArgs e)
        {
            MessageBox.Show("开发 C# Windows 应用程序");
        }
    }
}
```

（5）运行程序。单击窗体上的"确定"按钮，窗口中显示"欢迎使用 Visual Studio 2017！"；单击"取消"按钮时，弹出对话框，提示信息为"开发 C# Windows 应用程序"，如图 1-26 所示。

图 1-26　运行结果

说明：Windows 应用程序项目文件结构如图 1-27 所示，主要由以下 4 部分组成：

- Properties 部分：包括程序集信息文件 AssemblyInfo.cs、项目资源文件 Resources.resx 和项目设置文件 Settings.settings。AssemblyInfo.cs 用来设置有关程序集的信息，如程序集名称、配置信息、功能描述等；Resources.resx 包括本项目共用的图像、图标、音频等资源；Settings.settings 用来设置配置信息。
- 引用部分：指项目所引用的命名空间。
- 窗体代码部分。窗体代码包括程序文件（Form1.cs、Form1.Designer.cs）和资源文件 Form1.resx。Form1.cs 存放用户在代码编辑器中编写的代码，Form1.Designer.cs 存放窗体设计器所产生的代码，Form1.resx 是 Form1 窗体的资源文件，包含窗体中用到的本地资源。实际上，Form1.cs 和 Form1.Designer.cs 是同一个类的两部分，两者加起来才是一个完整的类。为了方便用户管理，Visual Studio 定义

图 1-27　windowsch01-2 项目的组成

Form1 时用关键字 partial 将其指定为局部类型，这样就将同一窗体的代码分别存放在这两个文件中。Form1.cs 存放的是处理方法，使 Windows 应用程序符合用户提出的需求，而 Form1.Designer.cs 是设计器自动生成的，记录 Windows 应用程序中引用的控件和相关属性的设置，一般情况下，不需要对它进行编辑。

- Program.cs 部分：是 C#应用程序文件，定义了一个 Program 类，里面包含应用程序的主入口点 Main 方法。Windows 应用程序和控制台应用程序一样，必须从 Main 方法开始执行，创建 Windows 应用程序时，Visual Studio 2017 会自动生成 Program.cs 文件，并在该文件中自动生成 Main 方法，同时会按照程序员的操作自动更新 Main 方法中的语句。

1.4.3　Web 应用程序

Web 应用程序是一种以网页形式为界面的应用程序,它可以利用网络的强大功能为用户提供服务。

与 Windows 应用程序开发类似,在 Web 开发中,Visual Studio 2017 也提供了标准控件。下面通过一个具体的实例来介绍如何使用 C#创建 Web 应用程序。

【例 1-3】创建一个简单的 Web 窗体应用程序。

操作步骤如下:

(1)在"文件"菜单中选择"新建/网站"命令,出现"新建网站"对话框,首先在左侧列中选择 Visual C#,然后在右侧列中选择"ASP.NET 空网站",最后选择一个存储目录,把网站命名为 Webch1-3,单击"确定"按钮,如图 1-28 所示。

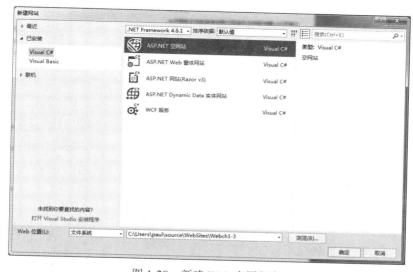

图 1-28　新建 Web 应用程序

(2)系统自动地为我们创建的网站建立一个页面,在右侧的"解决方案资源管理器"中,鼠标右键单击 Webch1-3,选择"添加/Web 窗体",指定项名称 Default,出现一个 Default.aspx 页面,单击"设计"选项卡,从左侧工具箱中选择一个命令按钮拖曳到页面中,如图 1-29 所示。

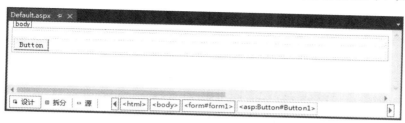

图 1-29　Default.aspx 页面

(3)双击 Button 按钮,出现 Default.aspx.cs 页面,在 button1 的 Click 事件中添加代码"Response.Write("Hello World");"。

(4)运行该程序,单击 Button 按钮,显示字符串"Hello World",如图 1-30 所示。

图 1-30　Web 应用程序运行结果

习题 1

一、选择题

1. 在.NET Framework 中，MSIL 指（　　）。
    A．接口限制　　　　　　　　　　B．中间语言
    C．核心代码　　　　　　　　　　D．类库
2. .NET Framework 有两个主要的组件，分别是（　　）和.NET 基础类库。
    A．公共语言运行环境　　　　　　B．Web 服务
    C．Main()函数　　　　　　　　　D．命名空间
3. （　　）是.NET 平台的核心部分。
    A．.NET Framework　　　　　　　B．C#
    C．VB.NET　　　　　　　　　　　D．ASP.NET
4. 利用 C#可以创建 3 种应用程序，其中不包括（　　）。
    A．控制台应用程序　　　　　　　B．Windows 窗体应用程序
    C．SQL 程序　　　　　　　　　　D．Web 应用程序
5. 控制台应用程序使用（　　）命令空间中的类处理输入和输出。
    A．System.IO　　　　　　　　　　B．System.Web
    C．System　　　　　　　　　　　D．System.Data
6. 以下关于控制台应用程序和 Windows 应用程序的叙述中正确的是（　　）。
    A．控制台应用程序中有一个 Main 静态方法，而 Windows 应用程序中没有
    B．Windows 应用程序中有一个 Main 静态方法，而控制台应用程序中没有
    C．控制台应用程序和 Windows 应用程序中都没有 Main 静态方法
    D．控制台应用程序和 Windows 应用程序中都有一个 Main 静态方法
7. 以下对 Read()和 ReadLine()方法的叙述中正确的是（　　）。
    A．Read()方法一次只能从输入流中读取一个字符
    B．使用 Read()方法可以从输入流中读取一个字符串
    C．ReadLine()方法一次只能从输入流中读取一个字符
    D．ReadLine()方法只有当用户按下 Enter 键时返回，而 Read()方法不是

8.　程序行 "Console.WriteLine("Hello World");" 的功能是（　　　）。
　　A．输入一行字符串　　　　　　　B．输出一行字符串
　　C．输出数值　　　　　　　　　　D．调试程序
9.　解决方案资源管理器的功能是（　　　）。
　　A．显示选定对象的属性
　　B．设计程序
　　C．编写代码
　　D．显示项目中的所有文件和项目的设置，以及对应用程序所需外部库的引用
10.　以下关于.NET 的描述中不正确的是（　　　）。
　　A．使应用程序对任何设备都能够进行访问
　　B．改善系统和应用程序之间的交互性
　　C．简化应用程序的开发和部署
　　D．.NET 开发的应用程序不能实现跨平台

二、简答题

1.　什么是.NET Framework？其设计目标是什么？
2.　简述 Microsoft Visual Studio 2017 集成开发环境。
3.　简述.NET Framework 的体系结构。
4.　简述 C#与 C++的区别。
5.　简述创建 Web 应用程序的步骤。

三、编程题

1.　创建一个控制台应用程序，显示文字"欢迎来到 C#学习园地"。
2.　创建一个 Windows 窗体应用程序，单击按钮，显示"我的第一个 Windows 应用程序"。
3.　创建一个 Windows 控制台应用程序，使用 ReadLine 方法输入一个字符串，并用 WriteLine 方法将其输出。

第 2 章　C#程序设计基础

【学习目标】

- 掌握 C#标识符、命名空间和关键字的概念。
- 掌握 C#中数据类型的概念和各种值类型的特点。
- 掌握结构类型和枚举类型的使用方法。
- 掌握引用类型的使用方法以及和值类型的异同。
- 掌握各种值类型之间的转换方式。
- 掌握常量和变量的使用方法。
- 掌握 C#提供的各种类型的运算符的功能和表达式的使用。

2.1　C#程序的相关元素

C#程序的相关元素主要包括标识符、关键字、命名空间、数据类型、变量、常量、运算符和表达式等。本节主要介绍标识符、关键字和命名空间等相关元素。

2.1.1　标识符

标识符是对程序中的各个元素命名时使用的记号，例如常量、变量和函数的名称。在 C#语言中，标识符命名必须遵循特定的规则：

- 所有标识符必须以字母或者下划线"_"开头，后面的字符只能包含字母、下划线或数字，不能包含空格、标点符号、运算符等其他符号。
- 在给定的命名空间内，标识符必须唯一。
- 标识符严格区分大小写。
- 标识符不能命名为 C#的关键字名或者库函数名。

例如，_Teacher、_1024、one、Name 是合法的标识符。

表 2-1 列出了一些不合法的标识符及出错原因说明。

表 2-1　不合法标识符命名示例

不合法标识符	出错原因说明
2group	标识符不能以数字开头
stud+score	标识符中不能使用"+"号
stud.score	标识符中不能使用"."号
stud score	标识符中不能有空格
stud%score	标识符中不能使用"%"
class	标识符不能是关键字

2.1.2　关键字

关键字是 C#语言本身使用的标识符，也称保留字，它有特定的语法含义，所有的 C#关键字不用作标识符，如 if、else、for 等都是 C#语言的关键字。C#语言中一共有 70 多个关键字，它们都用小写英文字母表示，在 Visual Studio 2017 的代码编辑器中以蓝色高亮显示。表 2-2 列出了一些常见的 C#关键字。

表 2-2　常见的 C#关键字

abstract	as	base	bool	break	byte	case	catch
char	checked	class	const	continue	decimal	default	delegate
do	double	else	enum	event	explicit	extern	false
finally	fixed	float	for	foreach	goto	if	implicit
in	int	interface	internal	is	lock	long	namespace
new	null	object	operator	out	override	params	private
protected	public	readonly	ref	return	sbyte	sealed	short
sizeof	stackalloc	static	string	struct	switch	this	throw
true	try	typeof	uint	ulong	unchecked	unsafe	ushort
using	virtual	void	volatile	while			

另外，C#还有一些上下文关键字，它们仅在特殊情况（上下文）中有特殊含义。表 2-3 列出了这些上下文关键字。

表 2-3　C#上下文关键字

add	alias	ascending	async	await	by	descending	dynamic
equals	from	get	global	group	into	join	let
on	orderby	partial	remove	select	set	value	var
where	yield						

2.1.3　命名空间

命名空间是 Visual Studio.NET 中各种语言使用的一种代码组织形式，也称为名称空间。通过名称空间来分类，区别不同的代码功能，是解决命名冲突的主要途径。

命名空间是数据类型的一种组合方式，命名空间中所有数据类型的名称都会自动加上该命名空间的名字作为其前缀，使用点分式语法表示层次结构。例如，大多数.NET 基类位于命名空间 System 中，基类 Printing 在这个命名空间中，所以其全名是 System.Printing。

.NET 需要在命名空间中定义所有的类型，在类型的完整名称中，以右边的句点为分界点，左边是命名空间，右边是类型名。例如，可以把 PrintDriver 类放在命名空间 System.Printing 中，则这个类的全名就是 System.Printing.PrintDriver。

.NET Framework 类库包含几千个命名空间，有些可能永远都不会用到，表 2-4 列出了一些常用的命名空间。

表 2-4　一些常用的命名空间

命名空间	描述
System	包含了定义数据类型、事件和事件处理程序等基本类
System.Collections	包含了一些与集合相关的类型，如列表、队列、哈希表等
System.Collections.Generic	定义泛型集合的接口和类，泛型集合允许用户创建强类型集合，它能提供更好的类型安全性和性能
System.IO	包含一些数据流类型并提供文件和目录的同步异步读写
System.Text	包含一些表示字符编码的类型并提供字符串的操作和格式化
System.Threading	提供启用多线程的类和接口
System.Linq	支持使用语言集成查询的查询
System.Data	包含数据访问使用的一些主要类型
System.XML	包含根据标准来支持 XML 处理的类

2.2　数据类型

　　数据是指能够输入到计算机中，并能够被计算机识别和加工处理的符号的集合，是程序处理的对象。所处理的数据可能很简单，也可能很复杂，数据之间存在某种内在联系。为了方便地处理这些数据，计算机程序设计语言需要提供一种数据机制以便在程序中更好地表示它们，以反映出数据的有关特征和性质。

　　在程序设计语言中，数据是组成程序的必要组成部分，不同的数据有不同的数据类型，它们的数据结构、存储方式和占用空间都是不同的。

　　C#是一种强类型语言，变量、常量和表达式都有一个数据类型。C#数据类型可以分为值类型（value type）和引用类型（reference type）两大类，值类型主要包括基本类型、结构类型和枚举类型，引用类型主要包括类类型、委托类型、数组类型、接口类型、object 类型和字符串类型，如图 2-1 所示。

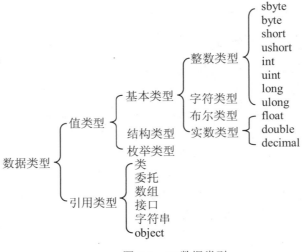

图 2-1　C#数据类型

2.2.1　值类型

C#的值类型分为基本类型、结构类型和枚举类型。基本类型最主要的特点是，其值不可以再分解为其他类型，并且基本类型是由系统预定义好的。基本类型可以分为整型、浮点型、字符型和布尔型。

1. 整型

整型即整数类型，整数类型的变量的值为整数。数学上的整数可以从负无穷大到正无穷大，但是由于计算机的存储单元是有限的，所以计算机语言提供的整数类型的值总是在一定的范围之内。

根据在内存中所占的二进制位数不同和是否有符号位，C#中整型分为 8 种，每一种占的二进制位数不同，表示的数值取值范围也不同，所占的二进制位数越多，表示的数值的取值范围越大。比如 8 位整数，它可以表示 2 的 8 次幂个数值，即 256 个不同的数值，如果用来表示带符号的 8 位整数（sbyte），其取值范围为-128～127，而如果用来表示无符号 8 位整数（byte），其取值范围为 0～255。

表 2-5 列出了整型可表示的取值范围。

表 2-5　整型及其取值范围

数据类型	说明	占用位数	取值范围	示例
sbyte	带符号字节型	8	$-2^7 \sim 2^7-1$	sbyte i=8;
byte	无符号字节型	8	$0 \sim 2^8-1$	byte i=8;
short	带符号短整型	16	$-2^{15} \sim 2^{15}-1$	short i=8;
ushort	无符号短整型	16	$0 \sim 2^{16}-1$	ushort i=8;
int	带符号整型	32	$-2^{31} \sim 2^{31}-1$	int i=8;
uint	无符号整型	32	$0 \sim 2^{32}-1$	uint i=8U; uint i=8;
long	带符号长整型	64	$-2^{63} \sim 2^{63}-1$	long i=8; long i=8L;

ulong	无符号长整型	64	$0 \sim 2^{64}-1$	ulong i=16;
				ulong i=16U;
				ulong i=16L;
				ulong i=16UL;

2. 浮点型

C#中浮点型（也称实数类型）包括单精度浮点型（float）、双精度浮点型（double）和固定精度的浮点型（decimal）。它们的差别主要是取值范围和精度不同，在对精度要求不是很高的情况下，最好采用 float 型，如果对精度要求很高，应该采用 double 类型。decimal 类型的取值范围比 double 类型的范围要小得多，但它更精确，非常适合金融和货币方面的计算。表 2-6 列出了实数类型及其取值范围与精度。

表 2-6　实数类型及其取值范围与精度

数据类型	说明	取值范围与精度	示例
float	单精度浮点型	$\pm 1.5 \times 10^{-45} \sim 3.4 \times 10^{38}$，精度为 7 位数	float f=3.45F;
double	双精度浮点型	$\pm 5.0 \times 10^{-324} \sim 1.7 \times 10^{308}$，精度为 15～16 位数	double d=3.45;
decimal	固定精度的浮点型	$\pm 1.0 \times 10^{-28} \sim 7.9 \times 10^{28}$，精度为 28～29 位有效数字	decimal d=3.6M;

需要注意的是，如果没有做任何设置，包含小数点的数值都被认为是 double 类型，如 7.9，如果要将数值以 float 类型来处理，就应该通过强制使用 f 或 F 将其指定为 float 类型。同理，小数类型数据的后面跟 m 或者 M 后缀表示它们是 decimal 类型的，如 3.6M。

3．字符型

在 C#中字符类型采用国际上公认的 16 位 Unicode 字符集表示形式，用它可以表示世界上的多种语言。其取值范围为'\u0000'～'\uFFFF'，即 0～65535。字符类型的标识符是 char，因此也可以称为 char 类型。例如，可以采用如下方式给字符变量赋值：

```
char c='A';        //字符 A
char c='\x0041';   //字符 A，十六进制转义字符（前缀为\x）
char c='\u0041';   //字符 A，Unicode 表示形式（前缀为\u）
char c='\r';       //回车符，转义字符（用于在程序中指代特殊的控制字符）
```

在表示一个字符常数的时候，单引号内的有效字符数量必须且只能是一个，而且不能是单引号或者反斜杠（\）。

为了表示单引号和反斜杠等特殊的字符常量，C#提供了转义字符，在需要表示这些特殊常数的地方可以使用这些转义字符来替代字符，C#常用的转义字符如表 2-7 所示。

表 2-7　C#常用的转义字符

转义字符	字符名	转义字符	字符名
\'	单引号	\f	换页
\''	双引号	\n	新行
\\	反斜杠	\r	回车
\0	空字符（Null）	\t	水平 Tab
\a	发出一个警告	\v	垂直 Tab
\b	倒退一个字符		

4．布尔型

布尔类型数据主要用来表示 true/false 值，其类型标识符为 bool。布尔类型常数只有两种值：true（代表"真"）和 false（代表"假"）。布尔类型数据主要应用在流程控制中，往往通过读取或者设定布尔类型数据的方式来控制程序的执行方向。

注意：在 C#语言中，bool 类型不能像 C++语言那样可以直接转换为 int 类型。例如，int a=(6<8)，在 C/C++中都是正确的，但在 C#中不允许这样，会出现"无法将类型 bool 隐式转换为 int"的编译错误。

5. 结构类型

在实际问题中，一组数据往往具有不同的数据类型。例如，在学生表中，姓名应为字符型，学号可以为整型或者字符型，性别为字符型，成绩可为整型或者浮点型。为了方便处理这类数据，C#提供了结构类型，它是一种自定义类型，可以存储多个不同类型的数据。

实际上，C#中结构类型像类一样，除了包含数据外，还可以包含处理数据的方法。

（1）结构类型的声明。

结构类型是由若干"成员"组成的。数据成员称为字段，每个字段都有自己的数据类型。声明结构类型的一般格式如下：

```
struct 结构类型名称
{
        [字段访问修饰符]      数据类型  字段 1;
        [字段访问修饰符]      数据类型  字段 2;
        …
        [字段访问修饰符]      数据类型  字段 n;
}
```

其中，struct 是结构类型的关键字，"字段访问修饰符"主要取值有 public 和 private（默认值），public 表示可以通过该类型的变量访问该字段，private 表示不能通过该类型的变量访问该字段。

例如，声明一个具有姓名和年龄等字段的结构类型 Student：

```
struct    Student              //声明结构类型 Student
{    public string sno;        //学号
     public string sname;      //姓名
     public string ssex;       //性别
     public int sage;          //年龄
     public string sdept;      //系别
}
```

在上述结构类型声明中，结构类型名称为 Student。该结构类型由 5 个成员组成：第 1 个成员是 sno，为字符串类型；第 2 个成员是 sname，为字符串类型；第 3 个成员是 ssex，为字符串类型；第 4 个成员是 sage，为整型；第 5 个成员是 sdept，为字符串类型。

（2）结构类型变量的定义。

声明一个结构类型后，可以定义该结构类型的变量（简称结构变量）。定义结构变量的一般格式如下：

```
结构类型   结构变量;
```

例如，在前面的结构类型 Student 声明后，定义它的两个变量如下：

```
Student    stud1,stud2;
```

（3）结构变量的使用。

结构变量的使用主要包括字段访问和赋值等，这些都是通过结构变量的字段来实现的。

1）访问结构变量字段。

与普通变量完全相同，结构变量的字段可以在程序中单独使用。访问结构变量字段的一般格式如下：

```
结构变量名.字段名
```

例如，s1.sno 表示结构变量 s1 的学号，s2.sname 表示结构变量 s2 的姓名。

2）结构变量的赋值。

结构变量的赋值有以下两种方式：

- 结构变量的字段赋值：使用方法与普通变量相同。
- 结构变量之间赋值：要求赋值的两个结构变量必须类型相同，例如：

  s1=s2;　　//s2 的所有字段值赋给 s1 的对应字段

【例 2-1】创建一个控制台应用程序，说明结构类型的使用。

操作步骤：

① 在"E:\C#教程\第 2 章\example\"中创建一个控制台应用程序，代码如下：

```
using System
namespace ex2-1
{   class Program
    {   struct Student                   //结构类型声明应放在 Main 函数的外面
        {   public string sno;           //学号
            public string sname;         //姓名
            public string ssex;          //性别
            public int sage;             //年龄
            public string sdept;         //系别
        }
        static void Main(string[] args)
        {   Student s1,s2;               //定义两个结构类型的变量
            s1.sno="20150101";
            s1.sname="李倩";
            s1.ssex="女";
            s1.sage=23;
            s1.sdept="计算机系";
            Console.WriteLine("学号:{0},姓名:{1},性别:{2},年龄:{3},系别:{4}", s1.sno,
s1.sname,s1.ssex,s1.sage,s1.sdept);
            s2=s1;                       //将结构变量 s1 赋给 s2
            s2.sno="20150201";
            s2.sname="周小军";
            s2.sage=22;
            Console.WriteLine("学号:{0},姓名:{1},性别:{2},年龄:{3},系别:{4}", s2.sno,
s2.sname,s2.ssex,s2.sage,s2.sdept);
            Console.ReadLine();
        }
    }
}
```

② 运行程序，结果如图 2-2 所示。

图 2-2　例 2-1 的运行结果

在上面的程序中，先声明了一个 Student 结构类型，在 Main 函数中定义了它的两个变量 s1 和 s2，给 s1 变量的各个成员赋值并输出，再将 s1 赋给 s2，改变 s2 变量的 3 个成员值并输

出。需要说明的是，用户既可以像 Student s1,s2 这样定义结构类型的变量，也可以采用引用类型的变量。例如，可以将本例中的 Student s1,s2;语句改为引用类型的变量：

```
Student s1=new Student();
Student s2=new Student();
```

程序执行结果是完全相同的。使用 new 运算符的目的是在创建结构类型变量时调用结构类型中定义的构造函数给创建的变量动态分配存储空间，如果不使用 new 运算符，将不会调用构造函数。上例中没有设计 Student 结构类型的构造函数，所以二者的输出结构没有差别。有关构造函数的相关内容将在后面章节进行介绍。

6. 枚举类型

枚举类型也是一种自定义数据类型，它允许用符号代表数据。枚举是指程序中某个变量具有一组确定的值，通过"枚举"可以将其值一一列出来。这样，使用枚举类型，就可以将星期用符号 sunday,monday,tuesday,wednesday,thursday,friday,saturday 来表示，从而提高了程序的可读性。

（1）枚举类型的声明。

枚举类型使用 enum 关键字声明，其一般语法形式如下：

```
enum 枚举名 {枚举成员 1, 枚举成员 2,...}
```

例如，声明一个名称为 weekday 的表示星期的枚举类型：

```
enum weekday {sunday,monday,tuesday,wednesday,thursday,friday,saturday};
```

在声明枚举类型后，可以通过枚举名来访问枚举成员，语法格式如下：

```
枚举名.枚举成员
```

（2）枚举成员的赋值。

在声明的枚举类型中，每一个枚举成员都有一个相对应的常量值，默认情况下 C#规定第 1 个枚举成员的值取 0，它后面的每一个枚举成员的值按加 1 递增。例如，前面的 weekday 中，sunday 值为 0，monday 值为 1，tuesday 值为 2，依此类推。

可以为一个或者多个枚举成员赋整型值，当某个枚举成员赋值后，其后的枚举成员没有赋值的话，自动在前一个枚举成员值之上加 1 作为其值。例如：

```
enum weekday {sunday=7,monday=1,tuesday,wednesday,thursday,friday,saturday};
```

则这些枚举成员的值分别为 7、1、2、3、4、5、6。

（3）枚举类型变量的定义。

声明一个枚举类型后，可以定义该枚举类型的变量（简称枚举变量）。定义枚举变量的一般格式如下：

```
枚举类型 枚举变量;
```

例如，在前面的枚举类型 weekday 声明后，定义它的两个变量如下：

```
weekday c1,c2;
```

（4）枚举变量的使用。

枚举变量的使用包括赋值和访问等。

1）枚举变量的赋值。

枚举变量赋值的语法格式如下：

```
枚举变量=枚举名.枚举成员;
```

例如：

```
c1= weekday.monday;        //weekday 为枚举名称
```

```
    k2=season.spring;              //season 为枚举名称
```

2）枚举变量的访问。

枚举变量像普通变量一样直接访问，比如 c2=c1+1;。

【例 2-2】创建一个控制台应用程序，说明枚举类型的使用。

操作步骤：

① 在"E:\C#教程\第 2 章\example\"中创建一个控制台应用程序，代码如下：

```
using System;
namespace ex2-2
{    class Program
    {
        enum weekday {sun=7,mon=1,tue,wed,thu,fri,sat}
        //类型声明应放在 Main 函数外面
        static void Main(string[] args)
        {
            weekday c1,c2,c3;
            Console.WriteLine("sun={0},mon={1},tue={2},wed={3},thu={4},fri={5},
            sat={6}",weekday. sun, weekday. mon,weekday. tue, weekday. wed, weekday. thu,
            weekday. fri, weekday. sat);
            Console.WriteLine("sun={0},mon={1},tue={2},wed={3},thu={4},wed={5},
            thu={6}", (int) weekday. sun,(int) weekday. mon, (int) weekday. tue,
            (int) weekday. wed, (int) weekday. thu, (int) weekday. fri, (int) weekday. sat);
            c1= weekday. mon;
            c2=c1+1;
            c3=c2+1;
        Console.WriteLine("c1={0},c2={1},c3={2}",c1, c2, c3);
        Console.WriteLine("c1={0},c2={1},c3={2}", (int)c1, (int)c2, (int)c3);
        }
    }
}
```

② 运行程序，结果如图 2-3 所示。

图 2-3　例 2-2 的运行结果

在上述程序中，声明了一个枚举类型 weekday，对其中的两个成员进行了赋值，定义了它的 3 个变量，并通过赋值运算输出它们相应的值。

2.2.2　引用类型

与值类型相比，引用类型变量相当于 C/C++语言中的指针变量，它不直接存储所包含的值或对象，而是指向它要存储的对象。值类型变量的内存开销小，访问速度快，而引用类型变量的内存开销要大些，访问速度稍慢。

引用类型主要包括类类型、委托类型、数组类型、接口类型、字符串类型和 object 类型。由于引用类型直接继承于 object 类型，因此 object 类型也是一种引用类型。前 4 种类型将在后面章节介绍。下面介绍 C#中经常用到的 string（字符串）类型和 object 类型。

1. string 类型

string 类型又称字符串类型，表示一个 Unicode 字符序列，专门用于对字符串进行操作。string 类型是在.NET Framework 的 System 命名空间中定义的，它是 System.String 类的别名。

字符串在实际中应用非常广泛，利用 string 类中封装的各种内部操作可以很容易完成对字符串的处理。例如：

```
string str1="101"+"room";       // "+" 运算符用于连接字符串
char p="Hello c#!"[2];          // "[ ]" 运算符可以访问 string 中的单个字符，p='e'
string str2="c# program";
string str3=@"c# program\n";    //@后跟一个严格的字符串，\n 是两个普通字符
```

在一个字符串中可以包含转义字符，在输出时这些转义字符被转换为对应的功能，例如：

```
string str="十九大于 2017 年 10 月 18 日\n 召开";
Console.WriteLine(str);
```

上述语句的输出结果为两行，如图 2-4 所示，因为 str 中间包含转义字符\n，它表示换行输出。

如果不想把\n 当作转义字符，而是作为两个字符\和 n 输出，这时需要在字符串前加上@符号，后跟一对双引号，并在双引号中放入所有要输出的字符。例如：

```
string str=@"十九大于 2017 年 10 月 18 日\n 召开";
Console.WriteLine(str);
```

上述语句的输出结果为一行，如图 2-5 所示。

图 2-4　按两行输出

图 2-5　按一行输出

2. object 类型

object 类型是 C#中所有类型（包括所有的值类型和引用类型）的基类型，C#中的所有类型都直接或间接地从 object 类型中继承而来。因此，对一个 object 的变量可以赋予任何类型的值。例如：

```
float f=3.14;
object obj1;                     //定义 obj1 对象
obj1=f;
object obj2="C# program";        //定义 obj2 对象并赋初值
```

对 object 类型的变量声明采用 object 关键字，这个关键字是在.NET Framework 的 System 命名空间中定义的，它是 System.Object 类的别名。

2.2.3　数据类型转换

各种不同的数据类型在一定条件下可以相互转换，如将 int 型数据转换成 double 型数据。

C#允许使用隐式转换和显式转换两种类型转换方式，另外装箱和拆箱也属于一种类型转换。

1. 隐式转换

隐式转换是系统默认的，是不需要加以声明就可以进行的转换。在隐式转换过程中，只需要满足如下条件：一是两种类型相互兼容，二是目标类型的取值范围大于源类型，编译器不需要对转换进行详细的检查就能安全地执行转换，例如数据从 byte 类型到 int 类型的转换。隐式转换实际上是从低精度的数据类型向高精度的数据类型进行转换。C#中简单类型的隐式转换如表 2-8 所示。

表 2-8   隐式类型转换

源类型	目标类型
sbyte	short、int、long、float、double、decimal
byte	short、ushort、int、uint、long、ulong、float、double、decimal
short	int、long、float、double、decimal
ushort	int、uint、long、ulong、float、double、decimal
int	long、float、double、decimal
uint	long、ulong、float、double、decimal
long	float、double、decimal
uong	float、double、decimal
char	ushort、int、uint、long、ulong、float、double、decimal
float	double

说明：
- 不存在 decimal 类型和 float 类型、double 类型间的隐式转换。
- 不存在 char 类型和 bool 类型间的隐式转换。
- 不存在到 char 类型的隐式转换。
- 若隐式转换失败，则在编译时指出不能进行隐式转换。

2. 显式转换

显式转换又称为强制转换。与隐式转换相反，显式转换需要用户明确地指定转换类型，一般在不存在该类型的隐式转换时才使用。

显式转换可以将一种数值类型强制转换成另一种数值类型，基本语法格式如下：

(类型标识符)表达式

作用是将"表达式"值的类型转换为"类型标识符"的数据类型。例如：

```
double x=130d;      //x 为 double 类型
double y=40d;       //y 为 double 类型
int z=(int)(x/y);   //z 结果为 3
```

说明：
- 显式数值转换可能导致精度降低或者引发异常。
- 显式转换可能会导致错误。进行这种转换时编译器将对转换进行溢出检测。如果有溢出说明转换失败，表明源类型不是一个合法的目标类型，转换无法进行。

- decimal、double 或 float 类型数据向 int 类型转换，若超出目标数值类型的指定范围，则会引发溢出异常。
- double 类型数据向 float 类型转换时，源值将四舍五入为最接近的 float 值。若源值过大，则结果为正无穷大；若源值过小，则返回 0。
- float、double 类型数据向 decimal 类型转换时，若源值过大，则会引发异常；若源值过小，则返回 0。

【例 2-3】创建一个控制台应用程序，说明类型转换的使用。

操作步骤：

（1）在"E:\C#教程\第 2 章\example\"中创建一个控制台应用程序，代码如下：

```
using System;
namespace ex2-3
{   class Program
    {   static void Main(string[] args)
        {
            int x=97,x1,x2;
            double y=98.6789,y1,y2;
            char z='a',z1,z2;
            Console.WriteLine("x={0:d5},y={1:f},z={2}",x,y,z);
            x1=(int)y;          //强制类型转换
            y1=x;               //隐式类型转换
            z1=(char)x;         //强制类型转换
            Console.WriteLine("x1={0:d5},y1={1:f},z1={2}",x1,y1,z1);
            x2=z;               //隐式类型转换
            y2=(int)y;          //强制类型转换，转换成整数后再隐式转换为 double 类型
            z2=(char)y;         //强制类型转换
            Console.WriteLine("x2={0:d5},y2= {1:f},z2={2}",x2,y2,z2);
        }
    }
}
```

（2）运行程序，结果如图 2-6 所示。

图 2-6　例 2-3 的运行结果

上述程序中，从 double 类型到 int 类型、int 类型到 char 类型、double 类型到 char 类型的转换均为强制类型转换，而从 int 类型到 double 类型、char 类型到 int 类型的转换均属隐式类型转换。

3. 装箱和拆箱

装箱和拆箱是 C#中重要的概念，通过装箱和拆箱可实现值类型和引用类型数据的相互转换。

（1）装箱。

装箱实质上是将值类型转换为引用类型的过程。把一个值类型装箱，就是创建一个 object 类型的实例，并把该值类型的值赋值给这个 object 实例。例如下面的两条语句就执行了装箱操作：

```
int i=50;              //声明一个值类型变量
object obj=i;          //装箱
```

上面的两条语句中首先声明了一个整型变量 i 并对其赋值，然后创建了一个 object 类型的实例 obj，并将 i 的值赋值给 obj。在执行装箱时，也可以使用显式转换。例如：

```
int i=50;
object obj=(object)i;  //装箱
```

装箱的执行过程如图 2-7 所示，变量 i 及其值 50 是在栈空间中分配的，obj 是引用类型变量，它也是在栈空间中分配的，当 i 装箱后变为引用类型数据，在堆空间中分配相应的空间，obj 中包含其地址。

（2）拆箱。

拆箱实质上是将引用类型转换成值类型的过程。拆箱的执行过程可分为两步：首先检查对象实例，看它是不是值类型的装箱值，然后把这个实例的值赋值给值类型的变量。例如下面两条语句就执行了拆箱操作：

```
object obj=50;
int i=(int)obj;        //拆箱
```

拆箱的执行过程如图 2-8 所示。拆箱需要（而且必须）执行显式转换，这是它与装箱的不同之处。需要注意的是，在执行拆箱时，要符合类型一致的原则，否则会出现异常。

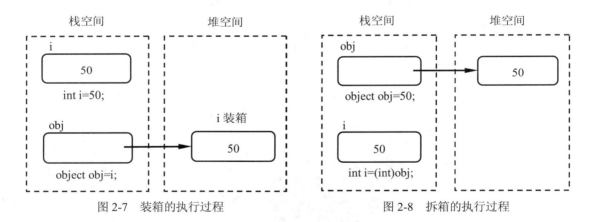

图 2-7　装箱的执行过程　　　　　　　图 2-8　拆箱的执行过程

2.2.4　.NET 支持的方法转换

1．ToString( )方法

在 C#中，若希望某个数据类型能转换为 string 类型，用上述隐式转换和显式转换都无法实现。不过，C#中的每一个类都有一个 ToString()方法，可以通过此方法将源数据转换为 string 类型的数据。ToString 方法的语法格式如下：

```
变量.ToString()
```

下列代码使用 ToString()方法实现了从整型数据到字符型数据的转换。

```
int grade=85;
```

```
string grade=grade.ToString();
```

2．Parse()方法

使用 Parse()方法可以完成 string 类型向其他类型的转换。Parse 方法的语法格式如下：

　　　数值类型名称.Parse(string 类型表达式)

其中，"string 类型表达式"的值必须严格符合"数据类型名称"对数值格式的要求。例如：

```
int x=Int32.Parse("15");        //Int32.Parse 将字符串转换为 32 位有符号整数，转换成功
int y=int.Parse("3.5");         //输入字符串格式不正确，转换失败
```

在使用 Parse()方法进行数据类型转换时，Parse(string s)中的参数需要注意以下几点：

- 若参数 s 为 null，则抛出 ArgumentNullException 异常。
- 若参数 s 格式不正确，则抛出 FormatException 异常。
- 若参数 s 的值超过目标类型数值界限，则抛出 OverflowException 异常。

3．Covert 类提供的转换方法

System.Convert 类支持将一个基本数据类型转换为另一个基本数据类型。它包含许多静态方法，当需要将一个数据类型转换为另一个数据类型时，可以调用 Convert 类对应的方法实现转换，但要依据实际情况进行转换，并且一定要注意异常处理问题。例如：

```
char c1='b';
int x=Convert.ToInt32(c1);      //将 char 类型转换为 int 类型，x 的值为 98
```

当一个范围大的数据类型向范围小的数据类型转换时，要注意溢出错误。例如：

```
long i=32768;
short j=Convert.ToInt16(i);     //i 值过大，产生 OverflowException 错误
```

2.3　常量和变量

在程序执行过程中，其值不发生变化的量称为常量，其值可变的量称为变量。它们可以与数据类型结合起来进行分类。在程序中，常量是可以不经说明而直接引用的，而变量则必须先定义后使用。

2.3.1　常量的定义和使用

常量是指在程序执行中其值保持固定不变的量，常量的值在编译时就已经确定了。常量一般分为直接常量和符号常量，常量的类型可以是任何一种值类型或引用类型。

1．直接常量

直接常量是指把程序中不变的量直接硬编码为数值或字符串值，例如以下都是直接常量：

```
120                  //整型直接常量
3.14e5               //浮点型直接常量
false                //布尔型直接常量
"珠穆朗玛峰"          //字符串型直接常量
```

在程序中书写一个十进制的数值常数时，C#默认按照如下方法判断它属于哪种 C#数值类型：

- 如果一个数值常数不带小数点，如 314，则这个常数的类型为整型。

- 对于一个属于整型的数值常数，C#按如下顺序判断该数的类型：int、uint、long、ulong。
- 如果一个数值常数带小数点，如 3.14，则该常数的类型是浮点型中的 double 类型。

还可以通过给数值常数加后缀的方法来指定数值常数的类型。能使用的数值常数后缀有以下几种：

- u（或者 U）：加在整型常数后面，代表该常数是 uint 类型或者 ulong 类型。具体是其中的哪一种，由常数的实际值决定。C#优先匹配 uint 类型。
- l（或者 L）：加在整型常数后面，代表该常数是 long 类型或者 ulong 类型。具体是其中的哪一种，由常数的实际值决定。C#优先匹配 long 类型。
- ul：加在整型常数后面，代表该常数是 ulong 类型。
- f（或者 F）：加在任何一种数值常数后面，代表该常数是 float 类型。
- d（或者 D）：加在任何一种数值常数后面，代表该常数是 double 类型。
- m（或者 M）：加在任何一种数值常数后面，代表该常数是 decimal 类型。

2. 符号常量

符号常量是通过关键字 const 声明的，包括常量的名称和值，声明格式如下：

　　　const 类型标识符 常量名=初始值;

其中，"常量名"必须是 C#的合法标识符，在程序中通过常量名来访问该常量。"类型标识符"指示了所定义的常量的数据类型，而"初始值"是所定义的常量的值。

符号常量具有如下特点：

（1）在程序中，常量只能被赋予初始值。一旦赋予一个常量初始值，这个常量的值在程序的运行过程中就不允许改变，即无法对一个常量赋值。

（2）定义常量时，表达式中的运算符对象只允许出现常量和常数，不能有变量存在。

例如以下语句定义了一个 double 类型的常量 PI，它的值是 3.14159265。

　　　const double PI=3.14159265;

和变量声明一样，也可以同时声明一个或多个给定类型的常量，例如：

　　　const double a=1.0,b=2.0,b=3.0;

而以下代码是错误的，因为不能将一个常量的值用一个变量来初始化：

　　　int i=18;
　　　const int a=i;

2.3.2　变量的声明和赋值

变量是在程序的运行过程中其值可以发生变化的量，它常被用来存储特定类型的数据。变量具有名称、类型和值，其中，变量名是变量在程序源代码中的标识，变量类型确定它所代表的内存大小和类型，变量值是指它所代表的内存块中的数据。从用户的角度看，变量是用来描述一条信息的名称，在变量中可以存储各种类型的信息，例如某人的姓名、年龄等。而从系统的角度看，变量就是程序中的基本存储单元，它既表示这块内存空间的地址，也表示这块内存空间中存储的数据。

变量的名称可以是任意合法的标识符。当定义一个变量时，系统根据它的数据类型为其分配相应大小的内存空间来存放数据，变量名称和该内存空间绑在一起，通过变量来使用计算机的内存空间。

1. 变量的声明

变量的声明非常重要，通过变量的声明，可以指定变量的名称和类型。在 C#中，声明一个变量由一个类型和跟在其后的一个或多个变量名组成，多个变量之间用逗号隔开，声明变量以分号结束。声明变量的语法格式如下：

[访问修饰符] 数据类型　变量名[=初始值]

声明一个整型变量，例如：

int age=19;

也可以同时声明一个或多个给定类型的变量，例如：

double a=3.0,b=4.0;

定义一个变量，系统就会在内存中开辟相应大小的空间来存放数据。

2. 变量的赋值

变量必须先定义后使用，变量使用之前必须被赋值。变量可以在定义时被赋值，也可以在定义时不赋值。如果在定义时没有赋值，可以在程序代码中使用赋值语句直接对变量进行赋值。

如果定义变量的时候没有给变量赋初始值，变量不会有任何初始值。在 C#中每种值类型均有一个隐式的默认构造函数来初始化该类型的默认值，使用 new 运算符时，将调用特定类型的默认构造函数并对变量赋以默认值。例如 int k=new int()，这样 k 具有默认值 0。C#中各种类型默认的初始值如表 2-9 所示。

表 2-9　各种类型默认的初始值

类型	默认初始值
数值类型	0（0.0）
char	'\0'
object	null（表示不引用任何对象）
bool	false

2.4　运算符与表达式

在程序中，运算表示对数据进行的操作，运算符是表示进行各种运算的符号，运算数是指参与运算的操作数，它包含常量和变量。C#提供了很多预定义的运算符。

表达式是指由运算符、运算数和括号按一定语法形式组成的有意义的符号序列，用来表示一个计算过程。表达式可以嵌套，其中运算符执行的先后顺序由优先级和结合性决定。执行表达式所规定的运算所得到的结果值就是表达式的返回值，使用不同运算符连接运算对象，其返回值的类型也是不同的。

2.4.1　算术运算符

算术运算符是指用来实现算术运算的符号。C#提供的算术运算符如表 2-10 所示。

表 2-10　C#的算术运算符

运算符	说明	表达式
+	执行加法运算	i+j
-	执行减法运算	i-j
*	执行乘法运算	i*j
/	执行除法运算	i/j
%	获得除法运算的余数	i%j
++	将操作数加 1	i++
--	将操作数减 1	i--

由算术运算符连接而成的表达式就是算术表达式，其值是一个数值，表达式的值的类型由运算符和运算数确定。

例如，已知 int k=5，那么 k*3+1-11%3 就是一个算术表达式。

2.4.2　关系运算符

关系运算符可以实现对两个值的比较运算，并在比较运算之后会返回一个代表运算结果的布尔值。C#提供的关系运算符如表 2-11 所示。

表 2-11　C#的关系运算符

运算符	说明	表达式
<	检查一个数是否小于另一个数	2<3
<=	检查一个数是否小于等于另一个数	2<=3
>	检查一个数是否大于另一个数	2>3
>=	检查一个数是否大于等于另一个数	2>=3
==	检查两个数是否相等	2==3
!=	检查两个数是否不等	2!=3

例如，8>6 的结果为 true，8>10 的结果为 false。

2.4.3　赋值运算符

赋值运算符（=）用于将右操作数的值直接或经过计算后赋值给左操作数。由赋值运算符构成的表达式称为赋值表达式。在赋值表达式中，赋值运算符左边一般是各种变量，右边一般是各种可求值的表达式。如果两边操作数类型不一致，需要先进行类型转换，因此，在使用赋值运算符时，右操作数表达式所属的类型必须可隐式转换为左操作数所属的类型。

赋值表达式本身的运算结果是右侧表达式的值，而结果的数据类型却是左侧变量的数据类型。例如 int y=(int)(2.6*4);，结果为 10，而不是 10.4。

另外，还可以将赋值运算符与其他算术运算符写在一起，称为复合赋值运算符。C#提供的复合赋值运算符如表 2-12 所示。

表 2-12　C#的复合赋值运算符

运算符	说明	表达式
+=	等价于操作数 1=操作数 1+操作数 2	a+=b 等价于 a=a+b
-=	等价于操作数 1=操作数 1-操作数 2	a-=b 等价于 a=a-b
*=	等价于操作数 1=操作数 1*操作数 2	a*=b 等价于 a=a*b
/=	等价于操作数 1=操作数 1/操作数 2	a/=b 等价于 a=a/b
%=	等价于操作数 1=操作数 1%操作数 2	a%=b 等价于 a=a%b
<<=	等价于操作数 1=操作数 1<<操作数 2	a<<=b 等价于 a=a<<b
>>=	等价于操作数 1=操作数 1>>操作数 2	a>>=b 等价于 a=a>>b
&=	等价于操作数 1=操作数 1&操作数 2	a&=b 等价于 a=a&b
^=	等价于操作数 1=操作数 1^操作数 2	a^=b 等价于 a=a^b
|=	等价于操作数 1=操作数 1|操作数 2	a|=b 等价于 a=a|b

2.4.4　逻辑运算符

逻辑运算符表示对逻辑类型的操作数进行运算，运算结果为布尔值（true 或 false），由逻辑运算符构成的表达式称为逻辑表达式。C#提供的逻辑运算符如表 2-13 所示。

表 2-13　C#的逻辑运算符

运算符	说明	表达式
!	执行逻辑非运算，检查表达式取反后是否为真	!(5<8)
&&	执行逻辑与运算，检查两个表达式是否为真	(5<8)&&(8>4)
||	执行逻辑或运算，检查两个表达式是否至少有一个为真	(3<8)||(8>4)

其中，!是单目运算符，&&和\|\|是双目运算符，!的优先级最高，&&次之，\|\|的优先级最低。逻辑运算符的运算规则如下：

- &&：当且仅当两个运算对象的值都为 true 时，运算结果为 true，否则为 false。
- \|\|：当且仅当两个运算对象的值都为 false 时，运算结果为 false，否则为 true。
- !：当运算对象的值为 true 时，运算结果为 false；当运算对象的值为 false 时，运算结果为 true。

例如下面的表达式都是逻辑表达式：

```
(k>=0)&&(k<=10)      //k>=0 同时 k<=10 时为 true，否则为 false
(k>=0)||(k<=10)      //k>=0 或者 k<=10 时为 true，否则为 false
!(k==0)              //k 不等于 0 时为 true，否则为 false
```

2.4.5　位运算符

位（bit）是计算机中表示信息的最小单位，一般用 0 和 1 表示。8 个位组成一个字节。通常将十进制数表示为二进制数、八进制数或十六进制数来理解对位的操作，位运算符的运算对象必须为整数。C#提供的位运算符如表 2-14 所示。

表 2-14　C#的位运算符

运算符	说明	表达式
~	对操作数的各个位按位取反	~5
<<	将位左移	6<<2
>>	将位右移	7>>2
&	对操作数中相应的位进行与运算	7&4
^	对操作数中相应的位进行异或运算	7^4
|	对操作数中相应的位进行或运算	7|4

【例 2-4】创建一个控制台应用程序，说明位运算符的使用。

操作步骤：

（1）在 "E:\C#教程\第 2 章\example\" 中创建一个控制台应用程序，代码如下：

```
using System;
namespace ex2-4
{
    class Program
    {
        static void Main(string[] args)
        {
            byte t1,t2,t3;
            t1=12;
            t2=(byte)~t1;              //~t1 的结果为 int，将其强制转换成 byte 类型
            Console.WriteLine(t2);
            t3=(byte)(t1<<2);          //t1<<2 的结果为 int，将其强制转换成 byte 类型
            Console.WriteLine(t3);
            t3=(byte)(t1>>2);          //t1>>2 的结果为 int，将其强制转换成 byte 类型
            Console.WriteLine(t3);
            t1=5; t2=7;
            t3=(byte)(t1&t2);;
            Console.WriteLine(t3);
            t3=(byte)(t1^t2);;
            Console.WriteLine(t3);
            t3=(byte)(t1|t2);;
            Console.WriteLine(t3);
        }
    }
}
```

（2）运行程序，结果如图 2-9 所示。

图 2-9　例 2-4 的运行结果

上述程序中 t1=12，对应二进制为[00001100]₂，按位求反后，t2=[11110011]₂，对应十进制数 243。将 t1 左移两位后，t3=[00110000]₂，对应十进制数 48，将 t1 右移两位后，t3=[00000011]₂，对应十进制数 3。t1=5=[00000101]₂，t2=7=[00000111]₂，t1&t2=[00000101]₂=5，t1^t2=[00000010]₂=2，t1|t2=[00000111]₂=7。

2.4.6　条件运算符

条件运算符是一个三元运算符，每个操作数同时又是表达式的值。由条件运算符构成的表达式称为条件表达式。条件运算符的一般格式如下：

　　　　表达式 1?表达式 2:表达式 3

其中，表达式 1 计算后返回布尔型值，若为真，则执行表达式 2；否则，执行表达式 3。

2.4.7　其他运算符

除了上面介绍的各种运算符之外，C#还包括一些特殊的运算符。

1. is 运算符

is 运算符用于检查表达式是否是指定的类型，若是，结果为 true，否则结果为 false。例如：

```
double  x=3.14;
bool   m1=x is int;              //m1=false
```

2. sizeof 运算符

sizeof 运算符用于求值类型数据在内存中占用的字节数，语法格式如下：

```
sizeof(类型标识符)
```

其结果为一个整数，表示指定类型的数据在内存中分配的字节数。该运算符只能作用于值类型或值类型变量。

【例 2-5】创建一个控制台应用程序，输出常用数据类型所占的字节数。

操作步骤：

（1）在 "E:\C#教程\第 2 章\example\" 中创建一个控制台应用程序，代码如下：

```
using System;
namespace ex2-5
{
    class Program
    {
        static void Main(string[] args)
        {
            Console.WriteLine("char 类型所占字节数：{0}",sizeof(char));
            Console.WriteLine("int 类型所占字节数：{0}",sizeof(int));
            Console.WriteLine("float 类型所占字节数：{0}",sizeof(float));
            Console.WriteLine("double 类型所占字节数：{0}",sizeof(double));
        }
    }
}
```

（2）运行程序，结果如图 2-10 所示。

图 2-10　例 2-5 的运行结果

3．typeof 运算符

typeof 运算符用于获取指定数据类型的名称。例如：

```
System.Type intType = typeof(int);
Console.WriteLine("int 类型名称是：" + intType);    //得到 int 类型的名称是：System.Int32
```

4．new 运算符

new 运算符用于创建一个类的对象。例如：

```
Student s1=new Student();    //s1 为 Student 类的对象
```

2.4.8　运算符的优先级

运算符的优先级是指在表达式中哪一个运算符先计算。C#与其他语言一样，在计算表达式时，要按照所定义的运算符的优先级进行计算，优先级高的运算符先计算，优先级低的运算符后计算。相同优先级的运算符，则按照顺序依次计算。运算符的优先级如表 2-15 所示。

表 2-15　C#运算符的优先级

级别	运算符	说明
1	()、[]、.、x++、x--、checked、new、sizeof、typeof、unchecked	基本运算
2	!、~、+、-、++x、--x、(T)x	部分一元运算
3	*、/、%	算术运算中的乘、除、取余
4	+、-	算术运算中的加、减
5	<<、>>	移位运算
6	<、>、<=、>=	关系运算
7	&	逻辑与运算
8	^	逻辑异或运算
9	|	逻辑或运算
10	&&	条件与运算
11	||	条件或运算
12	?:	三目条件运算
13	=、*=、/=、%=、+=、-=、<<=、>>=、&=、^=、|=	赋值运算、复合运算

运算符的结合顺序有以下两种类型：

● 左结合性：具有左结合性的运算符在同等优先级时，表达式从左向右进行计算。比如，i+j-k 等价于(i+j)-k。

- 右结合性：具有右结合性的运算符在同等优先级时，表达式从右向左进行计算。比如，i=j=k 等价于 i=(j=k)。

【例 2-6】分析 18+'c'+4*2.25-7.0/4L 表达式的计算过程，并设计一个控制台应用程序输出表达式的结果。

分析：该表达式中有+、-、*和/四种运算符，由于*和/的优先级高于+和-的优先级，因此整个表达式的计算顺序如下：

（1）进行 4*2.25 运算，将 4 和 2.25 转换成 double 类型，结果为 double 类型的 9.0。

（2）将长整型 4L 和 7.0 转换成 double 类型，7.0/4L 结果为 double 类型的 1.75。

（3）进行 18+'c'的运算，先将'c'转换成整数 99，运算结果为 117。

（4）整数 117 和 9.0（4*2.25 的运算结果）相加，将 117 转换成 double 类型再相加，结果为 double 类型的 126.0。

（5）进行 126.0-1.75（7.0/4L 的运算结果）的运算，结果为 double 类型的 124.25。

操作步骤：

① 在"E:\C#教程\第 2 章\example\"中创建一个控制台应用程序，代码如下：

```
namespace ex2-6
{
    class Program
    {
        static void Main(string[] args)
        {
            Console.WriteLine("表达式的值为：{0}", 18+'c'+4*2.25-7.0/4L );
        }
    }
}
```

② 运行程序，结果如图 2-11 所示。

图 2-11　例 2-6 的运行结果

习题 2

一、选择题

1．下列符号中（　　　）是合法的 C#标识符。

　　A．char　　　　　　B．123abc　　　　C．_stud_name　　　D．stud-score

2．下列符号中不是 C#关键字的是（　　　）。

　　A．class　　　　　　B．interface　　　　C．int　　　　　　D．float

3．算术表达式是（　　　）进行计算。

    A．按照运算符的优先级规则 　　　　B．按照优先级从低到高的顺序

    C．从左到右 　　　　　　　　　　　D．从右到左

4．C#的数据类型可以分为（　　　）两大类。

    A．关系类型和类类型 　　　　　　　B．引用类型和关系类型

    C．值类型和类类型 　　　　　　　　D．值类型和引用类型

5．（　　　）不属于值类型。

    A．字符类型 　　　B．类类型 　　　C．布尔类型 　　　D．整数类型

6．结构类型属于（　　　）。

    A．引用类型 　　　B．接口类型 　　　C．简单类型 　　　D．值类型

7．enum color {black=6,yellow,white=3,red,blue};，则其中 yellow 的序号值是（　　　）。

    A．10 　　　　　B．8 　　　　　　C．7 　　　　　D．5

8．下列（　　　）是引用类型。

    A．int 类型 　　　B．string 类型 　　　C．struct 类型 　　　D．enum 类型

9．（　　　）是将引用类型转换成值类型。

    A．实例化 　　　B．赋值 　　　C．装箱 　　　D．拆箱

10．枚举类型是一组命名的常量集合，所有整型都可以作为枚举类型的基本类型，如果类型省略，则定义为（　　　）。

    A．int 　　　　　B．sbyte 　　　C．uint 　　　D．ulong

11．在 C#语言中，下列（　　　）是合法的变量名。

    A．int 　　　　　B．&group 　　　C．stud@mail.com 　　　D．_list

12．在 C#程序中每个 short 类型的变量占用（　　　）个字节的内存。

    A．8 　　　　　B．4 　　　　　C．2 　　　　　D．1

13．在 C#程序中，下列正确定义字符串变量的是（　　　）。

    A．string str; 　　　B．char * str; 　　　C．CString str; 　　　D．Dim str as string;

二、填空题

1．布尔型的变量可以赋值为关键字_____或_____。

2．设 x=10;，则表达式 x<10?x=0:x++的值为_____。

3．已知整型变量 a=8,b=6,c=4，则 a>b?(a>c?a:c):b 的结果为_____。

4．数据类型转换可以分为_____和_____。

三、简答题

1．简述 C#数据类型的分类。

2．值类型和引用类型的区别是什么？

3．简述 C#中结构类型和枚举类型的声明方法。

4．什么是装箱和拆箱？

5．简述&和&&的区别。

四、编程题

1．创建一个控制台应用程序，定义变量 float a=4.5f,b=3.5f;int x=6,y=3;，求表达式 (int)a%(int)b+(float)(x-y)/2 的值并输出。

2．创建一个控制台应用程序，定义变量 int x=5,y=7,z=9;，求表达式(--x-1)|y+z/2 的值并输出。

3．计算矩形的周长和面积，要求从键盘输入两个整型数作为矩形的长和宽。

4．有 10 个学生，每个学生都选修了 5 门课，编程求出每个学生的总分和平均分。

第 3 章　流程控制

【学习目标】

● 掌握 C#中各种 if 语句和 switch 语句的使用方法。
● 掌握 C#中 while、do...while、for 和 foreach 循环语句的使用方法。
● 掌握 C#中 break、continue、goto 和 return 跳转语句的使用方法。
● 学会使用 C#中的各种流程控制语句设计较复杂的程序。
● 掌握 C#中异常处理的方法。

3.1　条件选择语句

C#中的条件选择语句有 if 语句（有 if、if...else、if...else if...三种形式）和 switch 语句，它们根据指定条件的真假值来确定选择执行相应语句，其中语句既可以是单个语句，也可以是用{}括起来的复合语句。

3.1.1　if 语句

if 语句也称为选择语句或条件语句，有三种形式：if 语句、if...else 语句和 if...else if... 语句。

1. if 语句

if 语句用于在程序中有条件地执行某一语句序列，基本语法格式如下：

```
if(表达式) { 语句;}
```

其中，"表达式"是一个关系表达式或逻辑表达式，当"表达式"为 true 时，执行大括号里的"语句"，否则执行大括号后面的语句。如果大括号里只有一条语句，则大括号可以省略。其执行流程如图 3-1 所示。

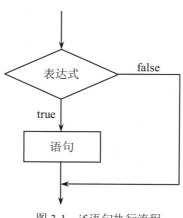

图 3-1　if 语句执行流程

【例 3-1】编写一个控制台应用程序，从键盘输入一个值，用 if 语句判断该值是否大于 100，如果返回值为 true，则显示该值。

操作步骤：

（1）在 "E:\C#教程\第 3 章\example\" 中创建一个控制台应用程序，代码如下：

```
using System;
namespace ex3-1
{
    class Program
    {
        static void Main(string[] args)
        {
            int i;
            Console.Write("输入一个数：");
            i = int.Parse(Console.ReadLine());
            if (i > 100)
                Console.WriteLine("该值为{0}",i);
            Console.ReadLine();
        }
    }
}
```

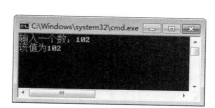

（2）运行程序，结果如图 3-2 所示。

图 3-2　例 3-1 的运行结果

2. if…else 语句

if…else 语句与上面的 if 语句不同，它提供了两种选择，它根据条件判断的不同结果分别执行不同的语句序列，基本语法格式如下：

```
if(表达式)
    {语句 1;}
else
    {语句 2;}
```

其中，"表达式" 是一个关系表达式或逻辑表达式。当 "表达式" 为 true 时执行 "语句 1"；当 "表达式" 为 false 时执行 "语句 2"。其执行流程如图 3-3 所示。

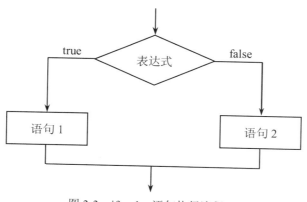

图 3-3　if…else 语句执行流程

if…else 语句可以嵌套使用。当多个 if…else 语句嵌套使用时，C#规定 else 总是与最后一个出现的且还没有 else 与之匹配的 if 相匹配。

【例 3-2】用 if...else 语句编写一个控制台应用程序, 用于比较两个数的大小。

操作步骤:

(1) 在 "E:\C#教程\第 3 章\example\" 中创建一个控制台应用程序, 代码如下:

```
using System;
namespace ex3-2
{
    class Program
    {
        static void Main(string[] args)
        {
            int a, b;
            Console.Write("输入 a 的值: ");
            a= int.Parse(Console.ReadLine());
            Console.Write("输入 b 的值: ");
            b = int.Parse(Console.ReadLine());
            if (a>b)
                Console.WriteLine("a 是较大值, 值为{0}",a);
            else
                Console.WriteLine("b 是较大值, 值为{0}",b);
            Console.ReadLine();
        }
    }
}
```

图 3-4 例 3-2 的运行结果

(2) 运行程序, 结果如图 3-4 所示。

【例 3-3】编写一个控制台应用程序, 判断输入的年份是否为闰年。

操作步骤:

(1) 在 "E:\C#教程\第 3 章\example\" 中创建一个控制台应用程序, 代码如下:

```
using System;
namespace ex3-3
{
    class Program
    {
        static void Main(string[] args)
        {
            int year, x, y, z;
            Console.Write("请输入一个年份: ");
            year = int.Parse(Console.ReadLine());
            z = year % 400;
            y = year % 100;
            x = year % 4;
            if ((z == 0) || ((x == 0) && (y != 0)))
```

```
            Console.WriteLine("{0}年是闰年",year);
        else
            Console.WriteLine("{0}年不是闰年",year);
        }
    }
}
```

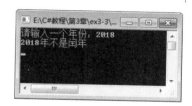

（2）运行程序，结果如图 3-5 所示。

图 3-5　例 3-3 的运行结果

【例 3-4】编写一个控制台应用程序，求出三个数中的较大者。

操作步骤：

（1）在 "E:\C#教程\第 3 章\example\" 中创建一个控制台应用程序，代码如下：

```
namespace ex3_4
{
    class Program
    {
        static void Main(string[] args)
        {
            int a, b, c, max;
            Console.Write("输入 a 的值：");
            a = int.Parse(Console.ReadLine());
            Console.Write("输入 b 的值：");
            b = int.Parse(Console.ReadLine());
            Console.Write("输入 c 的值：");
            c = int.Parse(Console.ReadLine());
            if (a > b)
            {
                max = a;
                if (max > c) Console.WriteLine("最大值为：{0}", max);
                else Console.WriteLine("最大值为：{0}", c);
            }
            else
            {
                max = b;
                if (max > c) Console.WriteLine("最大值为：{0}", max);
                else Console.WriteLine("最大值为：{0}", c);
            }
            Console.ReadLine();
        }
    }
}
```

（2）运行程序，结果如图 3-6 所示。

图 3-6　例 3-4 的运行结果

3. if…else if…语句

if…else if…语句该语句用于进行多个条件判断，基本语法格式如下：

```
if(表达式 1)    {语句 1; }
else if(表达式 2)    {语句 2;}
…
else if(表达式 n)    {语句 n;}
else    {语句 n+1;}
```

其执行流程如图 3-7 所示。

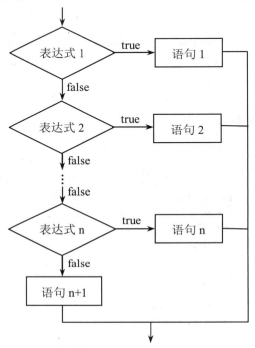

图 3-7　if…else if…语句执行流程

if…else if…语句先计算"表达式 1"的值，如果为 true，则执行"语句 1"，执行完毕后，if…else if…语句结束；如果为 false，则继续计算"表达式 2"的值。如果"表达式 2"的值为 true，则执行"语句 2"，执行完毕后，该 if…else if…语句结束；如果"表达式 2"的值为 false，则继续计算"表达式 3"的值，依此类推。如果以上条件都不成立，所有条件中给出的表达式的值都为 false，则执行 else 后面的"语句 n+1"。如果没有 else，则什么也不做，转到该 if…else if…语句后面的语句继续执行。

【例 3-5】编写一个控制台应用程序，将用户输入的分数转换成等级：优秀（≥90）、良好（80～89）、中等（70～79）、及格（60～69）、不及格（<60）。

操作步骤：

（1）在"E:\C#教程\第 3 章\example\"中创建一个控制台应用程序，代码如下：

```
using System;
namespace ex3-5
{
    class Program
```

```
        {
            static void Main(string[] args)
            {
                float score;
                Console.Write("请输入分数：");
                score= float.Parse(Console.ReadLine());
                if(score >=90)    Console.WriteLine("等级为优秀");
                else if(score >=80)    Console.WriteLine("等级为良好");
                else if(score >=70)    Console.WriteLine("等级为中等");
                else if(score >=60)    Console.WriteLine("等级为及格");
                else    Console.WriteLine("等级为不及格");
            }
        }
    }
```

（2）运行程序，结果如图 3-8 所示。

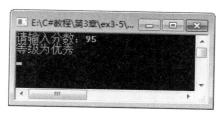

图 3-8　例 3-5 的运行结果

3.1.2　switch 语句

在程序中，当判断的条件较多时，可以使用 if 语句实现，但比较复杂，而且程序可读性将变差，此时若使用 switch 语句进行操作会十分方便。switch 语句是多分支选择语句，也称为开关语句，它根据表达式的多个不同取值来选择执行不同的代码段。switch 语句的基本语法格式为：

```
switch(表达式)
{
    case    常量表达式 1:语句 1;break;
    case    常量表达式 2:语句 2;break;
    …
    case    常量表达式 n:语句 n;break;
    default:语句 n+1;break;
}
```

switch 语句将控制传递给与"表达式"值匹配的 case 子句。switch 语句可以包括任意数目的 case 子句，但是任何两个 case 子句都不能具有相同的"常量表达式"值。switch 后面括号内的"表达式"可以是整数类型，也可以是 char、string 或枚举类型。当表达式的值与某个 case 后面的常量表达式的值相等时，就执行该 case 子句中的代码，注意 case 的值必须是常量表达式，不允许使用变量。此时不需要使用花括号把语句组合到块中，只需使用 break 语句标记每个 case 代码的结尾即可。也可以在 switch 语句中包含一个 default 子句，如果表达式不等于任何 case 后面的常量表达式的值，就执行 default 子句的代码。需要注意的是，在 C/C++中 switch 执行完一个 case 子句后，可以继续执行下一个 case 子句，而 C#中 switch 语句不能这样。

switch 语句的执行流程如图 3-9 所示。

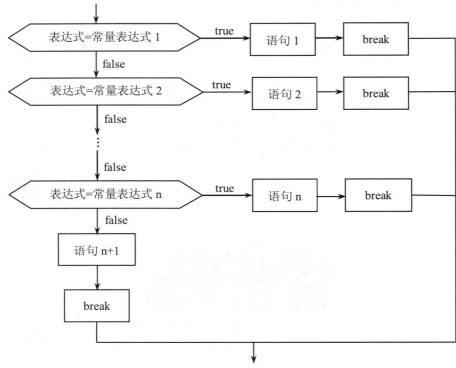

图 3-9　switch 语句执行流程

【例 3-6】编写一个控制台应用程序，输入月份，显示该月的天数。

操作步骤：

（1）在 "E:\C#教程\第 3 章\example\" 中创建一个控制台应用程序，代码如下：

```
using System;
namespace ex3-6
{
    class Program
    {
        static void Main(string[] args)
        {
            int mon;
            Console.Write("输入月份：");
            mon = int.Parse(Console.ReadLine());
            switch (mon)
            {
                case 1:
                    Console.WriteLine("该月有 31 天"); break;
                case 2:
                    Console.WriteLine("该月有 28 天或 29 天"); break;
                case 3:
                    Console.WriteLine("该月有 31 天"); break;
                case 4:
                    Console.WriteLine("该月有 30 天"); break;
```

```
case 5:
    Console.WriteLine("该月有 31 天"); break;
case 6:
    Console.WriteLine("该月有 30 天"); break;
case 7:
    Console.WriteLine("该月有 31 天"); break;
case 8:
    Console.WriteLine("该月有 31 天"); break;
case 9:
    Console.WriteLine("该月有 30 天"); break;
case 10:
    Console.WriteLine("该月有 31 天"); break;
case 11:
    Console.WriteLine("该月有 30 天"); break;
case 12:
    Console.WriteLine("该月有 31 天"); break;
default:
    Console.WriteLine("输入错误"); break;
            }
        }
    }
}
```

（2）运行程序，结果如图 3-10 所示。

图 3-10　例 3-6 的运行结果

3.2　循环语句

循环语句提供重复处理的能力，当某一指定条件为 true 时，循环体内的语句就重复执行，并且每循环一次就会测试一下循环条件，如果为 false，则循环结束，否则继续循环。C#支持 4 种格式的循环控制语句：while 语句、do…while 语句、for 语句和 foreach 语句。它们可以完成类似的功能，不同的是它们控制循环的方式。

3.2.1　while 语句

while 循环语句通常适用于求解循环次数未知的问题，通常只给定循环执行的条件，基本语法格式如下：

```
while(表达式)
{
    循环体语句;
}
```

当"表达式"的运算结果为 true 时，重复执行"循环体语句"。每执行一次"循环体语句"后，就会重新计算一次"表达式"，当表达式的值为 false 时，while 循环结束。其执行流程如图 3-11 所示。

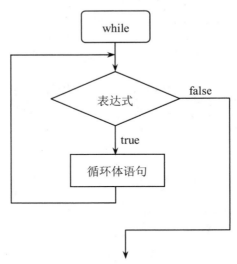

图 3-11 while 语句执行流程

【例 3-7】编写一个程序，求解 1 到 100 之间的整数和。

操作步骤：

（1）在"E:\C#教程\第 3 章\example\"中创建一个控制台应用程序，代码如下：

```csharp
using System;
namespace ex3-7
{
    class Program
    {
        static void Main(string[] args)
        {
            int sum,i;
            i = 1;
            sum = 0;
            while(i>=1 && i<=100)
            {
                sum = sum + i;
                i = i + 1;
            }
            Console.WriteLine("1 到 100 之间的整数和为：{0}",sum);
            Console.ReadLine();
        }
    }
}
```

（2）运行程序，结果如图 3-12 所示。

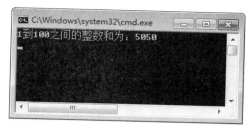

图 3-12 例 3-7 的运行结果

3.2.2 do...while 语句

do...while 语句是一种直到型循环语句，表示首先执行循环体语句，然后再判断循环执行条件是否成立，一般语法格式如下：

```
do
        {循环体语句;}
while(表达式);
```

do...while 语句每循环执行一次"循环体语句"，就计算一次"表达式"是否为 true，如果是，则继续执行循环，否则结束循环。

与 while 语句不同的是，do...while 循环中的"循环体语句"至少会执行一次，而 while 语句当条件第一次就不满足时，语句一次也不会执行。其执行流程如图 3-13 所示。

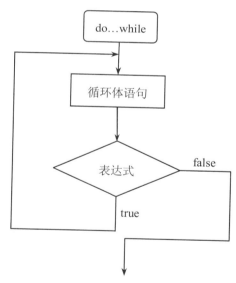

图 3-13 do...while 语句执行流程

【例 3-8】采用 do...while 语句求解 1 到 50 之间的整数和。

操作步骤：

（1）在"E:\C#教程\第 3 章\example\"中创建一个控制台应用程序，代码如下：

```
using System;
namespace ex3-8
{
    class Program
```

```
        {
            static void Main(string[] args)
            {
                int sum,i=1;
                sum = 0;
                do
                {
                    sum = sum + i;
                    i = i + 1;
                } while(i>=1 && i<=50)
                Console.WriteLine("1 到 50 之间的整数和为：{0}",sum);
                Console.ReadLine();
            }
        }
    }
```

（2）运行程序，结果如图 3-14 所示。

图 3-14　例 3-8 的运行结果

3.2.3　for 语句

for 语句通常用于处理循环次数已知的情况，一般语法格式如下：

　　for(表达式 1;表达式 2;表达式 3)　{循环体语句;}

说明："表达式 1"可以是一个初始化语句，一般用于对一组变量进行初始化或赋值；"表达式 2"用于循环的条件控制，它是一个条件或逻辑表达式，当其值为 true 时继续下一次循环，当其值为 false 时则终止循环；"表达式 3"在每次循环执行完成后执行，一般用于改变控制循环的变量；"循环体语句"在"表达式 2"为 true 时执行。

具体来说，for 语句的执行流程如图 3-15 所示。

for 循环的执行过程如下：

（1）执行"表达式 1"。

（2）计算"表达式 2"的值。

（3）如果"表达式 2"的值为 true，先执行后面的"循环体语句"，再执行"表达式 3"，然后转向步骤（1）；如果"表达式 2"的值为 false，则结束整个 for 循环。

【例 3-9】编写一个控制台应用程序，输出九九乘法表。

操作步骤：

（1）在"E:\C#教程\第 3 章\example\"中创建一个控制台应用程序，代码如下：

```
        using System;
        namespace ex3-9
        {
```

```
class Program
{
    static void Main(string[] args)
    {   int i,j;
        for(i=1;i<10;i++)
        {
                for(j=1;j<=i;j++)
                Console.Write("{0}*{1}={2} ",i,j,i*j);
                Console.WriteLine();
        }
    }
}
```

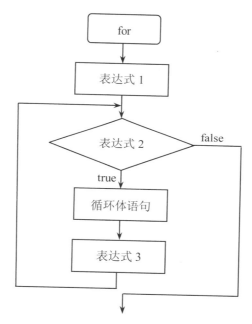

图 3-15　for 循环语句执行流程

（2）运行程序，结果如图 3-16 所示。

图 3-16　例 3-9 的运行结果

3.2.4　foreach 语句

前面介绍的几种循环语句比较常见，foreach 语句是 C#中新增的循环机制，也是比较受欢迎的一种循环。foreach 语句可以在循环体语句中依次遍历数组或集合中的每一个元素，数组和集合将在后面章节中介绍。foreach 语句有一个特点：不会出现计数错误，也不可能越过集合边界。其基本语法格式如下：

```
foreach(数据类型 变量 in 表达式)
{
    循环体语句;
}
```

其中，"表达式"通常为数组名或集合名，程序执行是按照"表达式"中包含的元素的次序，逐一将各个元素的值赋给"变量"，每赋值一次，就执行一次"循环体语句"，直到遍历完"表达式"中的所有元素为止。foreach 语句的执行流程如图 3-17 所示。

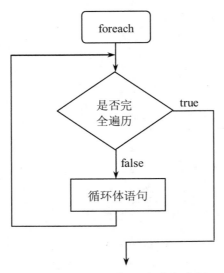

图 3-17   foreach 循环语句执行流程

【例 3-10】编写一个控制台应用程序，建立数组并赋值，然后将其中各个元素输出。

操作步骤：

（1）在"E:\C#教程\第 3 章\example\"中创建一个控制台应用程序，代码如下：

```
namespace ex3-10
{
    class Program
    {
        static void Main(string[] args)
        {
            int[] arr = {5,7,3,9,21,70,35};
            Console.WriteLine("输出各个元素：");
            foreach (int i in arr)
            Console.Write("{0} ",i);
            Console.ReadLine();
        }
    }
}
```

（2）运行程序，结果如图 3-18 所示。

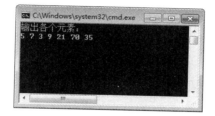

图 3-18　例 3-10 的运行结果

3.3　跳转语句

除了顺序执行和选择、循环控制外，有时需要中断一段程序的执行，跳转到其他地方继续执行，这时需要用到跳转语句。跳转语句包括 break 语句、continue 语句、goto 语句和 return 语句。

3.3.1　break 语句

break 语句经常用于 do…while、while、for 和 foreach 等循环中，用来中断当前的循环并退出当前的循环体。在循环执行的过程中遇到 break 语句时，循环会立刻停止，接着执行循环语句后面的语句。

【例 3-11】编写一个控制台应用程序，键盘输入一个整数 num，已知 n 取 1～100 之间的整数，求解 1～n 的和小于 num 时最大的 n 值及和。

操作步骤：

（1）在 "E:\C#教程\第 3 章\example\" 中创建一个控制台应用程序，代码如下：

```
using System;
namespace ex3-11
{
    class Program
    {
        static void Main(string[] args)
        {
            int sum=0,n=0;
            Console.Write("输入一个正整数：");
            int num = int.Parse(Console.ReadLine());
            while(n<100)
            {
                if (sum + n + 1 >= num) break;
                n++;
                sum = sum + n;
            }
            Console.WriteLine("n={0},sum={1}",n,sum);
            Console.ReadLine();
        }
    }
}
```

（2）运行程序，结果如图 3-19 所示。

图 3-19　例 3-11 的运行结果

前面介绍的 switch 语句中也用到了 break 语句，它表示终止当前 switch 语句的执行，接着运行 switch 语句后面的语句。

3.3.2　continue 语句

continue 语句也用于循环语句，它类似于 break 语句，但它只是结束本次循环，即跳过 continue 语句后面还未执行的语句，但并未跳出循环体，接着执行下一次循环。

【例 3-12】编写一个控制台应用程序，输出 200 以内能被 8 整除的整数。

操作步骤：

（1）在 "E:\C#教程\第 3 章\example\" 中创建一个控制台应用程序，代码如下：

```
using System;
namespace ex3-12
{
    class Program
    {
        static void Main(string[] args)
        {
            int i,j=0;
            Console.Write("200 以内能被 8 整除的数有：");
            for (i=1;i<=200;i++)
            {
                if(i%8!=0)
                {
                    continue;
                }
                if (j % 6 == 0)
                {
                    Console.WriteLine();
                }
                Console.Write("{0} ", i);
                j++;
            }
            Console.ReadLine();
        }
    }
}
```

（2）运行程序，结果如图 3-20 所示。

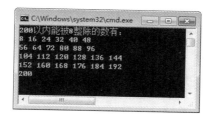

图 3-20　例 3-12 的运行结果

3.3.3　goto 语句

使用 goto 语句可以跳出循环和 switch 语句。goto 语句用于无条件转移程序的执行控制，它总是与一个标号相匹配，基本语法格式为：

```
goto 语句标号;
```

"语句标号"是一个用户自定义的标识符，它的命名规则与变量名相同，即由字母、数字和下划线组成，其第一个字符必须为字母或下划线。不能用整数来作标号。比如 goto 28;是不合法的。goto 语句有两个限制：一是不能跳转到像 for 循环那样的代码块中；二是不能跳出类的范围，不能退出 try…catch 块后面的 finally。

"语句标号"可以处于 goto 语句的前面，也可以处于其后面，但是标号必须与 goto 语句处于同一个函数中。定义标号时，由一个标识符后面跟一冒号组成。

【例 3-13】编写一个控制台应用程序，使用 goto 语句求解 1～100 之间的偶数和。

操作步骤：

（1）在 "E:\C#教程\第 3 章\example\" 中创建一个控制台应用程序，代码如下：

```csharp
using System;
namespace ex3-12
{
    class Program
    {
        static void Main(string[] args)
        {
            int i = 0,sum=0;
            begin:
            if (i < =100)
            {
                sum = sum + i;
                i = i + 2;
                goto begin;
            }
            Console.WriteLine("{0}", sum);
            Console.ReadLine();
        }
    }
}
```

（2）运行程序，结果如图 3-21 所示。

图 3-21   例 3-13 的运行结果

注意：虽然 goto 语句能够很容易地控制什么时候执行什么代码，但过多地使用 goto 语句会严重破坏程序的结构，容易造成程序的混乱。使用 goto 语句的程序完全可以修改为更为合理的程序结构，所以一般不推荐使用 goto 语句。

【例 3-14】不使用 goto 语句求解 1～100 之间的偶数和。

操作步骤：

（1）在 "E:\C#教程\第 3 章\example\" 中创建一个控制台应用程序，代码如下：

```csharp
using System;
namespace ex3-14
{
    class Program
    {
        static void Main(string[] args)
        {
            int i,sum;
            sum=0; i = 0;
            while (i <= 100)
            {
                sum = sum + i;
                i = i + 2;
            }
            Console.WriteLine("{0}", sum);
            Console.ReadLine();
        }
    }
}
```

（2）运行程序，结果如图 3-22 所示。

图 3-22   例 3-14 的运行结果

3.3.4　return 语句

return 语句的作用是返回调用者，也就是将控制权返回给方法的调用者。在 C#中类及其方法的调用中，如果方法有返回类型，则必须使用 return 语句返回这个类型的值；如果方法没有返回类型，应使用没有表达式的 return 语句。return 语句的语法格式如下：

　　　　return [表达式];

其中，"表达式"为可选项，取决于是否有返回值。

【例 3-15】创建一个应用程序，实现 return 语句的应用。

操作步骤：

（1）在"E:\C#教程\第 3 章\example\"中创建一个控制台应用程序，代码如下：

```
using System;
namespace ex3-15
{
    class Program
    {
        static string fun(string s)
        {
            string str;
            str = "输入的数据是：" + s;
            return str;
        }
        static void Main(string[] args)
        {
            Console.Write("输入数据：");
            string t = Console.ReadLine();
            Console.WriteLine(fun(t));
            Console.ReadLine();
        }
    }
}
```

（2）运行程序，结果如图 3-23 所示。

图 3-23　例 3-15 的运行结果

3.4　异常处理

　　一个程序在编译时没有错误，但在执行时可能会出现错误，异常处理就是对这类错误进行检测并作出相应的处理，以提高程序的健壮性。

　　异常是指在程序执行期间发生的错误或意外情况，它是一种结构化的、类型安全的处理机制。在代码的执行过程中，如果出现了一些意外的情况，使某些操作无法完成，这时系统就会抛出异常，用来提示程序开发人员问题可能出现在哪个地方。例如，整数除零错误或内存不足警告时，就会产生一个异常。如果给定异常没有异常处理程序，则程序将停止执行，并显示一条错误信息，因此对程序中的异常处理是非常重要的。一般情况下，在一个比较完整的程序中要尽可能考虑可能出现的各种异常，这样当发生异常时，控制流将立即跳转到关联的异常处理程序。

3.4.1 异常处理语句

在 C#中提供了 4 个关键字，即 try、catch、finally 和 throw 来管理异常处理。其中，try 用于执行可能导致异常的操作；catch 用于定义异常处理程序；finally 用于在引发异常时释放资源；throw 用于显式地引发异常。

1. try…catch 语句

try…catch 语句用于捕捉可能出现的异常，语法格式如下：

```
try
{
    //可能产生异常的语句
}
catch(异常类型 1    异常类对象 1)
{
    //该异常类型 1 发生时执行的代码
}
…
catch(异常类型 n    异常类对象 n)
{
    //该异常类型 n 发生时执行的代码
}
```

try 块包含可能导致异常的程序代码，也就是说，把可能出现异常的语句放在 try 块中。当这些语句在执行过程中出现异常时，try 块会捕捉到这些异常，然后转移到相应的 catch 块中。如果在 try 块中没有异常，就会执行 try…catch 语句后面的代码，而不会执行任何 catch 块中的代码。

通常情况下，try 块后有多个 catch 块，每一个 catch 块对应一个特定的异常，就像 switch…case 语句一样。

try…catch 语句的执行过程是：当位于 try 块中的语句产生异常（抛出异常）时，系统就会在它对应的 catch 块中进行查找，看是否有与抛出的异常类型相同的 catch 块，如果有，就会执行该块中的语句；如果没有，则到调用当前方法的方法中继续查找，该过程一直继续下去，直到找到一个匹配的 catch 块；如果一直没有找到，则在执行时将会产生一个未处理的异常错误。

catch 块使用时可以不带任何参数，这种情况下它可以捕获任何类型的异常，并被称为一般 catch 块。当没有 catch 或 finally 块而只有 try 块时会产生编译器错误。当有多个 catch 块时，catch 块的顺序很重要，因为会按顺序检查 catch 块。将先捕获特定程度较高的异常，而不是特定程度较低的异常。

【例 3-16】创建一个控制台应用程序，使用 try…catch 语句捕捉异常。

操作步骤：

（1）在 "E:\C#教程\第 3 章\example\" 中创建一个控制台应用程序，代码如下：

```
using System;
namespace ex3-16
```

```
{
    class Program
    {
        static void Main(string[] args)
        {
            try
            {
                object obj = null;            //声明一个 object 类型的变量，初始值为 null
                int t = (int)obj;             //将 object 类型强制转换成 int 类型
            }
            catch(Exception e)
            {
                Console.WriteLine("输出异常： " + e);
            }
            Console.ReadLine();
        }
    }
}
```

（2）运行程序，结果如图 3-24 所示。

图 3-24　例 3-16 的运行结果

【例 3-17】创建一个控制台应用程序，创建 SqlConnection 对象连接数据源，使用 try…catch 语句捕捉异常。

操作步骤：

（1）在 "E:\C#教程\第 3 章\example\" 中创建一个控制台应用程序，代码如下：

```
using System;
using System.Data.SqlClient;
namespace ex3_17
{
    class Program
    {
        static void Main(string[] args)
        {
            SqlConnection conn = new SqlConnection("Data Source=.;Initial Catalog=
            teach;Integrated Security=true");
            try
            {
                conn.Open();
                Console.WriteLine("连接成功！ ");
            }
            catch(SqlException e)
            {
                Console.WriteLine(e.Message);
```

```
            }
            Console.ReadLine();
        }
    }
}
```

（2）运行程序，结果如图 3-25 所示。

图 3-25　例 3-17 的运行结果

2．try…catch…finally 语句

同 try…catch 语句相比，try…catch…finally 语句增加了一个 finally 块，其作用是不管是否发生异常，即使没有 catch 块，都将执行 finally 块中的语句，即 finally 块始终会执行，而与是否引发异常或者是否找到与异常类型匹配的 catch 块无关。

finally 块通常用来释放 try 块中占用的资源，避免继续占用资源导致系统性能下降。

【例 3-18】创建一个控制台应用程序，说明 finally 块的作用。

操作步骤：

（1）在 "E:\C#教程\第 3 章\example\" 中创建一个控制台应用程序，代码如下：

```
using System;
namespace ex3-18
{
    class Program
    {
        static void Main(string[] args)
        {
            string str = "Goodmorning";
            object obj = str;
            try
            {
                int t = (int)obj;              //将 object 类型强制转换成 int 类型
            }
            catch (Exception e)
            {
                Console.WriteLine("输出异常： " + e);
            }
            finally
            {
                Console.WriteLine("执行 finally 块");
            }
            Console.ReadLine();
        }
    }
}
```

（2）运行程序，结果如图 3-26 所示。

图 3-26 例 3-18 的运行结果

3. throw 语句

throw 语句有两种使用方式：一是直接抛出异常；二是在出现异常时，通过 catch 块对其进行处理并使用 throw 语句重新把这个异常抛出并让调用这个方法的程序进行捕捉和处理。throw 语句的语法格式如下：

    throw [表达式];

其中，"表达式"类型必须是 System.Exception 或从 System.Exception 派生的类的类型。

throw 语句也可以不带"表达式"，此时只能用在 catch 块中。在这种情况下，它重新抛出当前正在由 catch 块处理的异常。

【例 3-19】创建一个控制台应用程序，说明 throw 语句的作用。

操作步骤：

（1）在"E:\C#教程\第 3 章\example\"中创建一个控制台应用程序，代码如下：

```
using System;
namespace ex3_19
{
    class Program
    {
        static void Main(string[] args)
        {
            Console.WriteLine("分子除以分母：", myfun(125, 0));
        }
        public static int myfun(int a,int b)
        {
            int result;
            if(b==0)
            {
                throw new DivideByZeroException();   //抛出 DivideByZeroException 类的异常
                return 0;
            }
            else
            {
                result = a / b;
                return result;
            }
        }
    }
}
```

（2）运行程序，结果如图 3-27 所示。

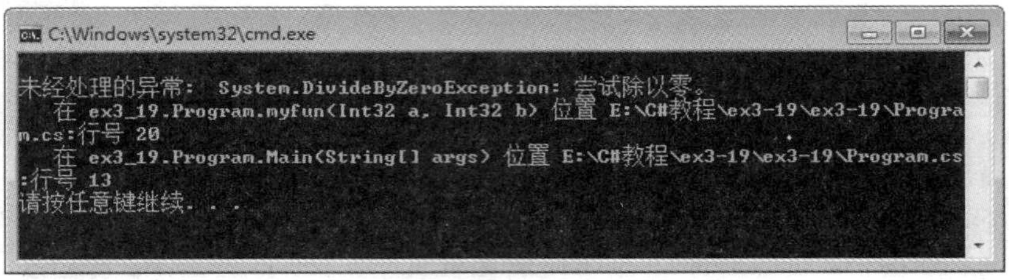

图 3-27　例 3-19 的运行结果

throw 语句可用于程序的测试，有时难以设计出某种异常发生的测试用例，这时可用 throw 语句模拟产生一种异常，观察这种异常对系统的影响以及是否能够正确处理这种异常。

3.4.2　常用的异常类

C#的常用异常类均包含在 System 命名空间中，主要有 Exception 类、DivideByZeroException 类、OutOfMemoryException 类等。其中，Exception 类是所有异常类的基类，DivideByZero-Exception 类是当试图用整数类型数据除以零时抛出，OutOfMemoryException 类是当试图用 new 来分配内存而失败时抛出。

Exception 类的公共属性如表 3-1 所示，通过这些属性可以获取错误信息等。

表 3-1　Exception 类的公共属性

名称	说明
Data	获取一个提供用户定义的其他异常信息的键/值对的集合
HelpLink	获取或设置指向此异常所关联帮助文件的链接
InnerException	获取导致当前异常的 Exception 实例
Message	获取描述当前异常的消息
Source	获取或设置导致错误的应用程序或对象的名称
StackTrace	获取当前异常发生时调用堆栈上的帧的字符串表示形式
TargetSite	获取引发当前异常的方法

3.4.3　用户自定义异常

除了使用系统的异常类，还可以自定义异常类，这样可以更加灵活地处理程序中遇到的各类异常。

程序中可能出错的情况有很多，如果系统提供的异常类不能满足程序中异常的需求或是不能够匹配，这时就需要程序员自定义异常来对程序中的错误进行匹配。自定义异常的语法格式如下：

```
class 自定义异常名:基类异常名
{
    程序语句
}
```

自定义异常时应将异常命名为以 Exception 结尾的编码，如 NameException、UserMessage-Exception 等。

自定义异常类的代码如下：

```
Public class EmailException:Application
{
    //自定义异常类的构造函数，继承基类异常信息
    public EmailException(string msg):base(msg)
    {
    }
}
```

自定义异常类要继承自 ApplicationException 类，可将其作为应用程序定义的任何自定义异常的基类，可以编写一个 catch 代码块来引发异常，捕获应用程序定义的任何自定义异常类。

自定义异常类后，就会在程序中引发相应错误的位置抛出异常，并显示出错误信息。

习题 3

一、选择题

1. if 语句的控制条件是（　　　　）。
   A．只能用关系表达式　　　　　　　B．只能用关系表达式或逻辑表达式
   C．只能用逻辑表达式　　　　　　　D．可以用任何表达式

2. 为了避免嵌套的 if…else 语句的二义性，C#规定 else 总是与（　　　　）组成配对关系。
   A．同一行上的 if　　　　　　　　　B．在其之前未配对的 if
   C．缩进位置相同的 if　　　　　　　D．在其之前未配对的最近的 if

3. 下列关于异常的描述中正确的是（　　　　）。
   A．在 C#中一个 try 块只能有一个 catch 块
   B．一个 try 块可能产生多个异常
   C．可以使用 throws 回避方法中的异常
   D．finally 块是异常处理所必需的

4. 语句 while(!e);中的条件!e 等价于（　　　　）。
   A．e==0　　　　　B．e!=1　　　　　C．e!=0　　　　　D．~e

5. 在 C#中，下列关于 continue 和 break 的说法中正确的是（　　　　）。
   A．break 是中断本次循环
   B．continue 是中断本次循环，进入下一次的循环
   C．break 是中断本次循环，进入下一次的循环
   D．continue 是中断整个循环

6. 下列选项中属于字符串常量的是（　　　　）。
   A．ABC　　　　　B．"ABC"　　　　　C．'abs'　　　　　D．'a'

7. 两次运行下面的程序，如果从键盘上分别输入 6 和 3，则输出结果是（　　　　）。
```
int x;
x=int.Parse(Console.ReadLine());
if(x++>5)
    Console.WriteLine(x);
else
```

Console.WriteLine(x--);

    A．7 和 5   B．6 和 3   C．7 和 4   D．6 和 4

8．在 C#中，下列关于 while 和 do…while 的说法中正确的是（   ）。

    A．while 先执行然后判断条件是否成立

    B．while 最少的循环次数是 1 次

    C．do…while 先执行然后判断条件是否成立

    D．do…while 最少的循环次数是 0 次

9．下列关于 C#中 switch case 语句的说法中正确的是（   ）。

    A．switch 判断的表达式可以是整型或者字符型，但不能是字符串型

    B．在该语句中最多不能超过 5 个 case 子句

    C．在该语句中只能有一个 default 子句

    D．在该语句中只能有一个 break 语句

10．下列选项中，不属于值类型的是（   ）。

    A．struct   B．int32   C．int   D．string

11．枚举类型是一组命名的常量集合，所有整型都可以作为枚举类型的基本类型，如果类型省略，则定义为（   ）。

    A．int   B．sbyte   C．uint   D．ulong

12．下列类型中，（   ）不属于引用类型。

    A．string   B．int   C．class   D．delegate

13．在 C#中，程序使用（   ）语句抛出系统异常或自定义异常。

    A．run   B．throw   C．catch   D．finally

二、简答题

1．简述 C#中 do…while 和 while 循环语句的不同之处。

2．简述 foreach 语句的使用方法。

3．简述 C#中 continue 语句和 break 语句的作用。

4．简述异常处理语句的使用。

三、编程题

1．编写一个控制台应用程序，输入一个字符，判别它是否大写，若是，将它转换为小写字母，如果不是，不转换，然后输出最后得到的字符。

2．编写一个控制台应用程序，输入 3 个整数，要求按从小到大的顺序输出这 3 个数。

3．编写一个控制台应用程序，用来显示一星期中的某一天。使用 switch 语句来实现。

4．设计一个控制台应用程序，输出所有的"水仙花数"。水仙花数是一个 3 位数，它各个数位上的数字立方之和等于该数本身。比如 153 是水仙花数，因为 $153=1^3+5^3+3^3$。

5．创建一个控制台应用程序，计算半径为 0.5mm、1.5mm、2.5mm、3.5mm、4.5mm、5.5mm 的圆的面积。

第4章 面向对象程序设计基础

【学习目标】

- 了解面向对象程序设计的编程思想和基本概念。
- 掌握类的声明和类的成员。
- 掌握对象的声明和实例化。
- 掌握构造函数和析构函数的设计方法。
- 掌握方法的声明和调用。
- 掌握静态方法和实例方法。

4.1 面向对象概述

C#是一种面向对象的程序设计语言，因此在学习 C#语言之前，了解面向对象编程的思想和使用规则是非常必要的。面向对象编程（Object-Oriented Programming，OOP）是一种系统化的程序设计方法，强调直接以问题域（即现实世界）中的事物为中心来考虑问题，并按照这些事物的本质特征把它们抽象为对象。

过去的面向过程编程常常会导致所有的代码都包含在几个模块中，程序难以阅读和维护。如果对软件稍微做一些小的改动，整个软件都会受到很大影响，因此对以后的开发和维护来说无疑是一项巨大的工程。如果使用 OOP 技术，它以对象为基本单位，将数据和操作封装在对象内部，不受外界干扰。它使得一个复杂的软件系统可以通过定义一组相对独立的模块来实现，这些独立模块彼此之间只需交换那些为了完成系统功能所必须交换的信息。当模块内部实现发生变化而导致代码修改时，只要对外接口操作的功能不变，就不会对软件系统带来影响，因此提高了软件的可维护性，也增强了代码重用。

4.1.1 面向对象的基本概念

本章主要介绍 C#语言的各种面向对象的特征，包括类的定义和实现、对象的创建、方法的定义和重载，在具体介绍前，先来了解一下面向对象的一些基本概念。

1. 对象

在现实世界中，"对象"无处不在，例如一本书、一张桌子、一所学校，这些都是对象。除了这些能够触及的具体的对象外，还有一些抽象事件，例如一场球赛、一次还书等都可以视作对象。

所有这些对象，它们都具有各自不同的特征。例如某个人，首先他是一个客观实体，可以用一个身份证号标识，其次具有姓名、年龄、籍贯、身高等这些体现自身状态的特征，此外还具有一些技能，例如会唱歌、会踢足球等。

由此，我们可以给"对象"下一个定义，即对象是现实世界中的一个实体，具有以下特征：

- 有一组属性，每一个属性用来描述对象的状态特征。
- 有一组行为，每一个行为描述在对象上的操作。

在面向对象程序设计中，对象是指客观存在的事物，由一组属性和行为构成。比如，汽车有类型、款式、挂挡方式、排量等属性，同时也有加速、减速、刹车、改变挡位等行为。凡是具备属性和行为这两个要素的，都可以作为对象。

一个对象可以由多个对象组合而成，比如窗口由按钮、状态栏、菜单等组成。

2. 类

类是一组相同属性和行为的对象的抽象。类和对象的关系是抽象和具体的关系。类是多个对象进行综合抽象的结果，一个对象是类的一个实例。在面向对象中，总是先声明类，再由类创建对象。类是建立对象的模板，按照这个模板所建立的一个个具体的对象，通常称为实例。

3. 消息

在面向对象程序设计中，对象与对象之间也需要联系，这种联系称为对象的交互。面向对象程序设计必须提供一种机制允许一个对象与另一个对象进行交互，这种机制称为消息传递，也就是说对象之间进行通信的结构称为消息。

消息就是一个对象向另一个对象发出的请求，是向某对象请求服务的一种表达方式，是对象与外界、对象与其他对象之间联系的工具。一般情况下，我们称发送消息的对象为发送者，接收消息的对象为接收者。在对象的操作中，当一个消息发送给某个对象时，消息包含接收者去执行某种操作的信息。发送一条消息至少要包括说明接收消息的对象名、发送给该对象的消息名（即对象名、方法名）。一般还要对参数加以说明，参数可以是认识该消息的对象所知道的变量名，或者是所有对象都知道的全局变量名。消息具有以下 3 个性质：

- 同一对象可接收不同形式的多个消息，做出不同的响应。
- 相同形式的消息可以传递给不同的对象，所做出的响应可以不同。
- 消息的发送可以不考虑具体的接收者，对象可以响应消息，也可以不做出响应，即对消息的响应不是必需的。

4. 属性

属性是对象的状态和特点，比如，在 Person 类中，对象"张三"有 name、age 等特征。类的属性是用来赋值和引用的，类可以提供保护方法，使访问对应的对象数据时能够支持自动转换。

5. 方法

方法是对象能执行的一些操作，以实现特定的功能。在面向对象程序设计中，若要某个对象执行某个操作时，就会向该对象发送一个消息，该对象收到消息后，就会调用有关方法，执行相应的操作。方法可以是函数，构造函数是类创建对象的方法，析构函数是释放变量的方法。

4.1.2 面向对象的特点

将数据和数据的操作方法放在一起，作为一个整体，形成对象。从同类对象中抽象出其共性形成类，在类的内部可以通过类的方法访问内部数据，在类的外部，类利用一个简单的接口与外界进行交互，对象之间通过消息进行通信。此外，类之间还存在着继承关系，从父类继承得到的子类对象具有父类的全部或者部分数据和操作，表现出来可以和父类对象完全相同，也可以部分相同。这就是面向对象的三大特点：封装性、继承性和多态性。

1. 封装性

所谓封装，就是将类的某些数据和操作这些数据的代码隐藏起来。简单地说，封装是把客观事物封装成抽象的类，并且类可以把自己的数据和方法只让可信的类或者对象操作，对不可信的进行信息隐藏。对象是封装的最基本单位，一个类就是一个封装了数据以及操作这些数据的代码的逻辑实体。在一个对象内部，某些代码或某些数据可以是私有的，不能被外界访问。通过这种方式，对象对内部数据提供了不同级别的保护，以防止程序中无关的部分意外地改变或者错误地使用了对象的私有部分。

因此，封装通过隐藏类实现的细节将对象的使用者和设计者分开，使用者不必了解对象行为的具体实现，只需用设计者提供的接口来访问对象，从而大大简化了用户的使用，而且易于软件的更新和维护。

2．继承性

继承性是子类自动共享父类全部属性和方法的机制，这是类之间的一种关系。在定义和实现一个类的时候，可以在一个已经存在的类的基础之上来进行，把这个已经存在的类所定义的内容作为自己的内容，并加入若干新的内容。

继承在 C#中被称为派生，通过继承创建的新类称为"子类"或"派生类"，被继承的类称为"基类"或"父类"。继承的过程，就是从一般到特殊的过程。图 4-1 描述了汽车类的继承关系，其中汽车类包括客车类和卡车类，汽车类是父类，具有的属性有车轮、车门、重量等，具有的行为包括启动、行驶、停止等。客车类和卡车类是子类，客车类除了继承了汽车类的所有属性和行为外，还具有自身的特定行为，例如载客。同样，卡车类除了继承了汽车类的所有属性和行为外，还具有自身的特定行为，例如运货。

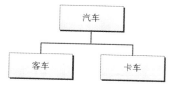

图 4-1　汽车类的继承关系

3．多态性

多态是面向对象程序设计方法的重要特征之一。所谓多态性，是指在程序中同一个消息可以根据接收消息的对象的不同而采取不同的行为的方式。简单地说，多态性表示同一种事物的多种形态，不同的对象对相同的消息可以有不同的解释，这就形成了多态性。多态机制使具有不同内部结构的对象可以共享相同的外部接口。这意味着，虽然针对不同对象的具体操作不同，但通过一个公共的类，那些操作可以通过相同的方式予以调用。

封装隐藏了实现细节，继承对已存在的类进行了扩展，它们都实现了代码重用。而多态的作用是实现了接口重用。在继承过程中，子类继承了父类的特性，但子类在某些细节上各不相同，需要在子类中更改从父类中自动继承来的属性和方法，这样类在继承和派生的时候能正确调用对象的某一属性。

4.2　类

类是从现实世界中具有相同属性和方法的实体中抽象出来的一种数据类型，用来定义可执行的操作。从编程角度来看，类也是一种数据结构，这种数据结构中可能包含数据成员、函数成员以及其他的嵌套类型。类的实例化是对象，当定义类的时候，实际上定义了一种数据结构的模板，通过这个模板可以创建出许多实例。

4.2.1 类的声明

类是 C#中的引用类型，而对象是具有这种类型的变量。声明类的基本语法格式如下：

```
[类的访问修饰符] class 类名称[:基类或接口]
{
    //类的成员
}[;]
```

其中，class 是声明类的关键字，"类名称"必须是合法的 C#标识符，为了增强可读性，类名可用一个名词或名词短语，尽量避免使用缩写，且第一个字母最好大写。类的成员有字段、属性、方法、构造函数和析构函数等，如表 4-1 所示。如果一个类继承多个接口，各项间用逗号隔开，如果基类和接口同时有，则将基类写在前面，接口写在后面。"类的访问修饰符"有多种，如表 4-2 所示。

表 4-1 类的成员

成员	说明
常量	与类关联的常量值
字段	类的变量
属性	属性是类中可以像类中的字段一样被访问的方法。属性可以为类字段提供保护，避免字段在对象不知道的情况下被更改
方法	类可执行的计算和操作
委托	委托定义了方法的类型，使得可以将方法当作另一个方法的参数来进行传递，这种方法动态地赋给参数的做法使得程序具有更好的可扩展性
事件	可由类生成的通知
索引器	与读写类的命名属性相关联的操作
运算符	与以数组方式索引类的实例相关联的操作
构造函数	构造函数是在第一次创建对象时调用的方法，它们通常用于初始化对象的数据
析构函数	析构函数是当对象即将从内存中移除时由运行库执行引擎调用的方法，它们通常用来确保需要释放的所有资源都得到了适当的处理
类型	类所声明的嵌套类型

表 4-2 类的访问修饰符

修饰符	说明
public	公有类，该类的实例可以被任何其他类访问
protected	保护类，只能从定义它的类中和自此派生的类中访问
private	私有类，只能在定义它的类中访问
abstract	抽象类，表示不能创建该类的实例，抽象类不能密封
internal	内部类，表示只能从同一程序集的其他类中访问。如果没有指定修饰符，则类的默认访问方式为 internal
new	只用于嵌套的类，它指明类隐藏的一个同名的被继承成员
sealed	密封类，不允许从该类派生新类

例如，声明一个 Student 类，代码如下：

```
class Student
{
    public string sno;                              //学号字段
    public string sname;                            //姓名字段
    int sage;                                       //年龄字段
    public void setinfo(string xh,string xm,int nl) //方法成员，setinfo 方法
    {
        sno=xh;sname=xm;sage=nl;
    }
    public void showinfo()                          //方法成员，showinfo 方法
    {
        Console.WriteLine("{0}{1}{2}",sno,sname,sage);
    }
```

上述代码定义了 Student 类，class 关键字前省略了类的访问修饰符，默认为 internal 访问修饰符。

Student 类包含了三个字段成员和两个方法成员，需要注意这些成员前面的访问修饰符 public 或 private，这些关键字决定了类成员的可见性和可访问性。

需要注意的是，在 C++中成员函数的实现代码可以放在类中或者类外，而 C#中方法的实现代码必须放在类中，不能放在类外。

4.2.2 类的成员

一个简单的类包括字段、属性、方法、构造函数和析构函数等成员。类的成员大致上可以分为数据成员和函数成员。

数据成员存储与类或类的实例相关的数据，即字段、常量和事件。通常用数据成员描述该类所表示的现实世界事物的特性。函数成员用来执行代码，通常用函数成员描述该类所表示的现实世界事物的功能和操作。方法、属性、运算符、委托、索引器、构造函数和析构函数都属于函数成员。

类的成员可以使用不同的访问修饰符，其说明如表 4-3 所示。

表 4-3　类成员的访问修饰符

修饰符	说明
public	公有成员，提供了类的外部接口，允许类的使用者从外部进行访问
protected	保护成员，不允许外部访问，但允许其派生成员访问
private	私有成员，默认值，仅限于类中的成员访问
internal	内部成员，同一程序集中的类才能访问该成员
protected internal	内部保护成员，访问仅限于从包含类派生的当前程序集或类

为了保存类的实例的各种数据信息，C#提供了两种方法：字段和属性。而索引器又与属性类似，都使用了访问器。下面介绍字段、属性和索引器，其他成员将在后面介绍。

1. 字段

字段属于类的变量，它可以是任何类型，和其他变量一样，字段用来保存数据，可以被

写入和被读取。

（1）定义字段。

定义字段的基本语法格式如下：

```
访问修饰符 类型 字段名;
```

字段的默认访问修饰符为 private。前面声明的 Student 类有 3 个字段，其中 sno 字段、sname 字段是公有的，而 sage 字段是私有的。

字段在声明时，也可以赋初值。例如：

```
public string sno='20150101';
```

这样 Student 类的每个对象的 sno 字段都有默认值'20150101'。

字段的访问使用"."操作符，例如：

```
Student s1=new Student();
s1.sno='20150203';
```

（2）常量字段。

在定义字段时可以使用 const 关键字定义常量字段，并且给常量字段赋初值。常量字段不是变量，是不能修改的，在常量字段定义中不允许使用 static 修饰符。

例如，下列类中定义了两个常量字段，代码如下：

```
class Circle
{
    public const int R=5;        //公有常量字段
    const double PI=3.14;        //私有常量字段
    …
}
```

（3）只读字段。

在定义字段时可以使用 readonly 关键字定义只读字段。在定义只读字段时，可以在同一个语句中给只读字段赋初值，也可以在该类的构造函数中给只读字段赋值，除此之外，在其他地方不能更改只读字段的值。

例如，下列类声明中包含了只读字段：

```
class Rectangle
{
    public readonly int c1=8;    //定义时赋初值
    readonly double k1;          //只读字段
    Rectangle()
    {
        k1=6.18;                 //在类的构造函数中给只读字段赋值
    }
}
```

（4）静态字段。

修饰符 static 声明的字段为静态字段，它是类级别的，不属于某个特定对象，而是属于某个类。访问静态字段时不需要先实例化类，直接使用"类名.静态字段名"访问。

2. 属性

属性与字段相似，类的属性是对字段的扩展。在 C#中，属性更充分体现了对象的封装性，它不能像字段那样是对成员变量的直接操作，而是通过属性访问器来控制对字段的访问。

（1）属性的声明。

属性使用访问器 set 和 get 来进行定义，其中 set 用来设置属性，使用 value 关键字来定义由 set 分配的值，而 get 用来获取属性。其基本语法格式如下：

```
修饰符  数据类型  属性名称
{
    get              //get 访问器
    {
        …
    }
        set          //set 访问器
    {
        …
    }
}
```

set 和 get 访问器有预定义的语法格式，set 访问器有一个单独的、隐式的值参数，名称为 value，与属性的类型相同，在 set 访问器内部可以使用 value，返回类型为 void。get 访问器没有参数，有一个与属性类型相同的返回类型。get 访问器最后必须执行一条 return 语句，返回一个与属性类型相同的值。例如：

```
public class Square
{
    private double x;     //定义字段
    public double W       //定义属性
    {
        get{return x;}
        set{x=value;}
    }
}
```

注意：在属性声明中，如果一个属性不实现 set 方法，那么这个属性是只读的；如果一个属性不实现 get 方法，那么这个属性是只写的；同时具有 set 方法和 get 方法实现的，那么这个属性是可读可写的。

（2）属性的访问。

属性的访问和字段类似，带有 set 访问器的属性可以通过对象.属性赋值，带有 get 访问器的属性可以通过对象.属性检索其值。

例如，要访问 Square 类的 x 属性，代码如下：

```
Square s=new Square();
s.W=12.3;
Console.WritLine("正方形的边长为："+s.W);     //结果：正方形的边长为：12.3
```

【例 4-1】创建一个控制台应用程序，说明属性的声明和使用。

代码如下：

```
using System;
namespace ex4_1
{
    public class Rectangle                        //声明类 Rectangle
    {
        double w, h;                              //定义字段
        public double Width
        {
```

```
            get { return w; }                    //get 访问器
            set { w = value; }                   //set 访问器
        }
        public double Height
        {
            get { return h; }                    //get 访问器
            set { h = value; }                   //set 访问器
        }
    };
    class Program
    {
        static void Main(string[] args)
        {
            Rectangle r = new Rectangle();
            r.Width = 5.8;                        //属性的写操作
            r.Height = 6.5;                       //属性的写操作
            Console.WriteLine("{0},{1}", r.Width, r.Height);    //属性的读操作
        }
    }
}
```

运行程序，结果如图 4-2 所示。

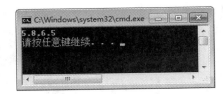

图 4-2　例 4-1 的运行结果

（3）自动实现的属性。

属性通常用来关联某个私有字段，该私有字段称为后备字段。当属性访问不需要其他额外逻辑时，使用自动实现的属性会非常简洁。所谓自动实现的属性是指只声明属性而不定义其后备字段，编译器会创建隐藏的后备字段，并自动挂接到 get 和 set 访问器上。一般来说，自动实现的属性不能提供 get 和 set 访问器的方法体，也不定义后备字段，编译器将根据属性的类型来分配存储。

例如，下列代码给出了自动实现的属性：

```
    class Person
    {
        public string Name          //自动实现的属性
        {
          get;
          set;
        }
    }
```

这时会自动产生一个私有的匿名字段，作为该属性操作相关联的实际字段，自动创建的属性必须同时有 get 和 set 方法。在设计类时，若字段比较简单，常常使用自动属性进行设置。

3. 索引器

索引器是一个与属性很相似的类成员，它也具有 get 和 set 两个访问器，可以实现读和写的功能。索引器是为封装在类内部的数组或集合提供的一种访问方式。可以说，索引器是一种能像数组一样访问的属性。声明索引器的一般语法格式为：

```
[访问修饰符] 类型 this [参数列表]
{
    get{ //获得属性的代码 }
    set{ //设置属性的代码 }
}
```

其中，类型是表示将要存取的数组或集合元素的类型；this 表示操作本对象的数组或集合成员，也可理解为索引器的名称；索引器可以有多个参数，但实际应用中大多使用一个参数，并且该参数类型为 int。

例如，下列代码使用了索引器：

```
public class MyClass
{
    private string[]name=new new string[3];
    public string this[int index]
    {
        get{ return name[index];}
        set{ name[index]=value;}
    }
}
```

从上述代码可以看出，索引器和属性非常相似，同样都有 get 和 set 访问器，不同的是：

● 索引器的参数列表包含在方括号而不是圆括号之内。

● 属性的 get 访问器没有参数，而索引器的 get 访问器可以有参数，而且后者的 get 访问器和 set 访问器的参数相同。

● 属性可以是静态的，而索引器只能为实例成员。

通过索引器可以存取类的实例的索引成员，操作过程和数组类似。其语法格式为：

```
对象名[索引]
```

其中，索引的数据类型必须与索引器的索引类型相同。而索引器类型是表示索引器使用哪一类型的索引来存取数组或集合元素，可以是整数、字符串。

例如，通过索引器访问内部集合或数组，代码如下：

```
static void main()
{
    MyClass ms=new MyClass();
    ms[0]="Jack";
    ms[1]="Tom";
    ms[2]="Rose";
    Console.WriteLine(ms[0]);
    Console.WriteLine(ms[2]);
    Console.WriteLine(ms[3]);
    for(int i=0;i<3;i++)
        Console.WriteLine(ms[i]);
}
```

4.2.3 嵌套类

类的声明是可以嵌套的，也就是在类的内部还可以声明其他的类。类内声明的类称为嵌套类或者内部类，包含嵌套类声明的类称为包含类，嵌套类只能通过包含类访问它。

嵌套类具有多种访问修饰符，可以是 public、protected、internal、private、protected internal 中的任何一种，与其他类成员一样，它默认的访问修饰符是 private。

例如，下面声明一个嵌套类：

```
class BH                          //声明包含类 BH
{
    …
    private class QT              //声明嵌套类 QT
    {
        //嵌套类的成员
    }
    …
}
```

嵌套类可以访问包含类自身的和包含类所有继承来的私有成员和受保护的成员。当嵌套类的类名在外部使用时，必须加限定名称，即包含类名.嵌套类名。当要定义嵌套类的对象时，嵌套类应为 public 或 protected。创建嵌套类的实例的基本语法格式如下：

```
包含类.嵌套类 对象名=new 包含类.嵌套类();
```

例如，在 ClassA 类外部实例化 ClassB 类：

```
ClassA.ClassB obj=new ClassA.ClassB();
```

嵌套类的可访问域至少为包含它的类体，它受包含类的访问修饰符和它自身的访问修饰符的限制。而嵌套类成员的可访问域是嵌套类的可访问域的子集，它受包含类的访问修饰符、嵌套类的访问修饰符和它自身的访问修饰符的限制。

4.2.4 分部类

分部类是将类进行拆分，当处理较大的项目时，把一个类拆分位于多个独立文件中可以让多个开发人员同时对该类进行处理；或者使用自动生成的源时，不需要重新创建源文件就能将代码添加到类中，生成了一个类的某部分。

分部类可以将类、结构和接口划分为多个部分，存储在不同的源文件中，便于开发和维护。此外，分部类允许将计算机生成的类型部分和用户编写的类型部分分开，有助于扩充工具生成的代码。

分部类具有以下几个特点：

● 类的声明前加 partial 修饰符。
● 分部类可以放在两个不同的.cs 文件中，也可以放在同一个.cs 文件中。
● 分部类声明的每个部分都必须包含 partial 修饰符，并且分部类必须同属一个命名空间。

Visual Studio 在创建 Windows 窗体时就使用了分部类，分部类定义在两个不同的.cs 文件中。这两个文件是 Form1.cs 和 Form1.Designer.cs，Form1.cs 是用户代码文件，主要是与程序功能相关性较高的代码，Form1.Designer.cs 是自动生成的代码文件，主要是对窗体上的控件进行初始化。

下面给出分部类的文件。

```
//file1.cs
namespace exampleFBL
{
    partial class A
    {
        void fun1(){}
    }
}
//file2.cs
namespace exampleFBL
{
    partial class A
    {
        void fun2(){}
    }
}
```

在 file1.cs 和 file2.cs 文件的分部类中，分部定义了 fun1 和 fun2 方法。虽然分部类在不同的位置进行了声明，但编译时编译器会将它们进行合并，最终代码会与在同一个源文件中编写整个类的代码完全相同。

```
// merge.cs
namespace exampleFBL
{
    class A
    {
        void fun1(){}
        void fun2(){}
    }
}
```

merge.cs 是将分部类合并后的文件，它与合并前的 file1.cs 和 file2.cs 文件完全等价。

4.3　对象

C#中的对象是从类实例化来的，对象是类的具体实例，类声明对象的类型，尽管类和对象有很多联系，但是它们是完全不同的概念。要想访问类中定义的成员，必须通过实例对象来完成。

4.3.1　对象的声明和实例化

要想得到一个对象实例，必须先声明一个对象引用变量，然后使用 new 运算符创建一个对象实例，即创建了类的对象。创建类的对象可以分为以下两步：

（1）声明对象引用变量。

声明一个对象引用变量的基本语法格式为：

　　类名　对象名;

例如，下列语句定义了 Student 类的对象引用变量 s1：

Student s1;

（2）创建类的实例。

基本语法格式如下：

```
对象名 new 类名([参数列表]);
```

其中，"参数"是可选的，根据提供的构造函数来确定。

例如，下列语句创建了 Student 类的对象实例：

```
s1=new Student();
```

以上两步也可以合成一步来完成，语法格式为：

```
类 对象名=new 类名([参数列表]);
```

例如，创建一个 Student 类的对象，可以使用以下语句：

```
Student s1=new Student();
```

4.3.2　访问类的对象

访问对象就是访问对象成员，访问对象的属性或字段，语法格式如下：

```
对象名.属性名
对象名.字段名
```

其中，"."是一个运算符，该运算符用来表示对象的成员。

例如，前面定义的 s1 对象有 sno、sname、sage 字段，若要访问 sno 字段可以使用 s1.sno。

访问对象的方法，其语法格式如下：

```
对象名.方法名(参数表)
```

例如，访问前面定义的 s1 对象的成员方法 setinfo、showoinfo，可以使用如下语句：

```
s1.setinfo("20150409", "刘晓琪", 23);
s1.showinfo();
```

【例 4-2】创建一个控制台应用程序，创建学生类及其对象。

代码如下：

```csharp
using System;
namespace ex4_2
{
    class Student
    {
        public string sno;              //学号字段
        public string sname;            //姓名字段
        int sage;                       //年龄字段
        public void setinfo(string xh, string xm, int nl)      //方法成员，setinfo 方法
        {
            sno = xh; sname = xm; sage = nl;
        }
        public void showinfo()                                 //方法成员，showinfo 方法
        {
            Console.WriteLine("{0}    {1}    {2}", sno, sname, sage);
        }
    };
    class Program
    {
        static void Main(string[] args)
        {
            Student s1 = new Student();
```

```
            s1.setinfo("20150409", "刘晓琪", 23);
            s1.showinfo();
            Console.WriteLine("sno:{0} sname:{1}", s1.sno, s1.sname);
        }
    }
}
```

运行程序，结果如图 4-3 所示。

图 4-3　例 4-2 的运行结果

在上述程序中，声明了 Student 类，在 Main 方法中创建了该类的对象 s1，调用了公有成员方法 setinfo 和 showoinfo。特别要注意的是，最后一条输出语句中没有使用 s1.sage，这是因为 sage 是 Student 类中的私有成员，不能通过该类的对象去访问。但是要想输出 s1 对象 sage 字段的值，可以通过调用类的公有方法来实现。

4.4　方法

方法是类的最常用、最重要的成员之一。方法也可以称为函数，它的作用在于对类或者对象的数据进行操作，能够完成一定的功能。

4.4.1　方法的声明和调用

方法在类或结构中声明，声明时需要指定访问级别、返回值、方法名称和方法参数。方法参数放在括号内，并用逗号隔开。空括号表示声明的方法没有参数。声明方法的基本语法格式如下：

```
[方法修饰符] 返回类型 方法名([形参列表])
{
    方法体
}
```

其中，"形参列表"表示可以传递给方法的值或变量引用。"返回类型"指定该方法返回数据的类型，如果方法无返回值，则方法的返回类型是 void。每个方法都有一个签名，方法签名由方法名称、参数的类型、参数的数量和修饰符组成。需要注意的是，返回类型和形参的名称都不是方法签名的组成部分。"方法的修饰符"若省略，则方法默认为 private。

例如，下列代码声明了一个名为 fun 的方法，返回类型为 int。

```
public int fun(int x,int y)
{
    int z=x+y;
    return z;
}
```

当声明一个方法后，其他方法就可以对它进行调用。调用者可以是同一个类中的方法，也可以是其他类中的方法。在类的内部，可以直接使用方法名来调用，如果是静态方法或实例方法，可以分别使用类名或 this 来引用。在类的外部，可以通过类名调用属于类的静态方法或者通过类的实例调用实例方法。调用方式一般有如下几种：

（1）作为独立的语句：

```
Student s2 = new Student();
s2.showinfo();
```

（2）作为表达式的一部分参与运算：

```
c=obj.fun(a, b);        //调用 c1 对象的 fun 方法
```

（3）作为另一个方法的参数：

```
Console.WriteLine("两数的和：{0}", obj.fun(a, b));
```

【例 4-3】创建一个控制台应用程序，声明一个方法，通过方法的调用返回两数的和。代码如下：

```
using System;
namespace ex4_3
{
    class MyClass
    {
        public int fun(int x, int y)
        {
            int z;
            z= x + y;
            return z;
        }
    }
    class Program
    {
        static void Main(string[] args)
        {
            int a=5, b=25,c;
            MyClass obj = new MyClass();
            c = obj.fun(a, b);
            Console.WriteLine("两数的和：{0}", c);
        }
    }
}
```

运行程序，结果如图 4-4 所示。

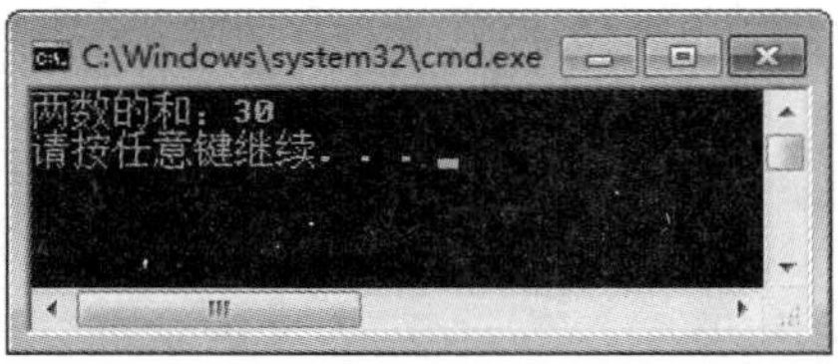

图 4-4 例 4-3 的运行结果

4.4.2 静态方法和实例方法

C#中声明类的方法有静态方法和实例方法两种。如果一个方法声明中含有 static 修饰符，则该方法为静态方法，否则为实例方法。

1. 静态方法

静态方法不属于类的某个实例，它只能访问类中的静态成员，不能访问类中的非静态成员。静态方法在类中可以直接被调用。

【例 4-4】创建一个控制台应用程序，说明静态方法的使用。

代码如下：

```
using System;
namespace ex4_4
{
    class Program
    {
        public static int Add(int a,int b)      //定义一个静态方法
        {
            return a + b;
        }
        static void Main(string[] args)
        {
            Console.WriteLine("{0}", Program.Add(8, 18));   //使用类名调用静态方法
            Console.ReadLine();
        }
    }
}
```

运行程序，结果如图 4-5 所示。

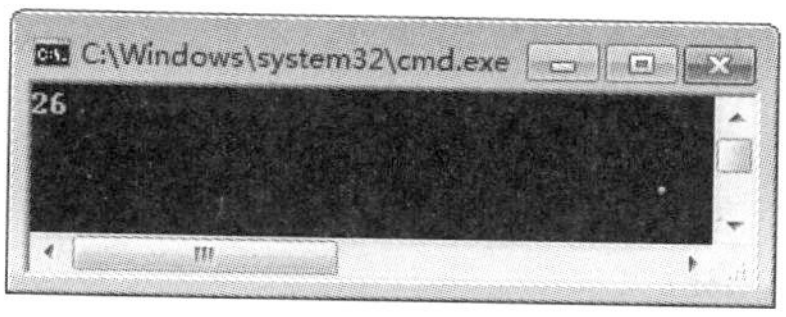

2．实例方法

图 4-5　例 4-4 的运行结果

实例方法即非静态方法，它是指对类的某个给定的实例进行操作。实例方法必须在所属的类被实例化后才能被调用。

【例 4-5】创建一个控制台应用程序，说明实例方法的使用。

代码如下：

```
using System;
namespace ex4_5
{
    class Program
    {
        public int Add(int a,int b)          //定义一个实例方法
        {
            return a+ b;
        }
        static void Main(string[] args)
        {
            Program p1 = new Program();      //创建一个对象
            Console.WriteLine("{0}", p1.Add(8, 18));   //通过对象调用实例方法
            Console.ReadLine();
        }
    }
}
```

运行程序，结果如图 4-6 所示。

4.4.3　方法的参数

图 4-6　例 4-5 的运行结果

在 C#中，方法声明中的参数是形式参数（简称形参），当方法被调用时在方法内传递给形参的变量称为实际参数（简称实参），实参的类型、个数和顺序要与形参保持一致。方法的参数主要有 4 种类型，分别为值参数、引用参数、输出参数和参数数组。

1. 值参数

值参数是通过将实参的值复制到形参来实现将值传递到方法，即按值传递。方法被调用时，系统做如下操作：

● 在托管堆栈中为形参分配空间。

● 将实参的值复制给形参。

在方法调用过程中，即使修改了形参的值，实参的值也不受影响。因为实参和形参是两个不同的变量，它们具有各自的数据，存储在不同的位置。使用值参数时，实参不一定是变量，也可以是任何计算结果满足类型要求的表达式。

【例4-6】创建一个控制台应用程序，说明值参数的使用。

代码如下：

```
using System;
namespace ex4_6
{
    class DataSwap
    {
        public void Swap(int x, int y)
        {
            Console.WriteLine("交换前形参 x 和 y 的值：{0},{1}", x, y);
            int t;
            t = x;
            x = y;
            y = t;
            Console.WriteLine("交换后形参 x 和 y 的值：{0},{1}", x, y);
        }
    }
    class Program
    {
        static void Main(string[] args)
        {
            DataSwap s1 = new DataSwap();
            int a = 6, b = 8;
            Console.WriteLine("交换前实参 a 和 b 的值：{0},{1}", a, b);
            s1.Swap(a, b);
            Console.WriteLine("交换后实参 a 和 b 的值：{0},{1}", a, b);
            Console.ReadLine();
        }
    }
}
```

运行程序，结果如图 4-7 所示。

2. 引用参数

在方法的形参中以 ref 修饰符声明的参数是引用参数，它传递的不再是值，而是引用，即按引用传递。当调用方法时，程序将把实参的引用即实参在栈中的地址传递给方法的形参，方法通过实参的引用可以获得并修改实参的值，这相

图 4-7　例 4-6 的运行结果

当于形参和实参指向了同一个位置。使用引用参数时，形参必须是变量，不能是表达式。

【例 4-7】创建一个控制台应用程序，说明引用参数的使用。

代码如下：

```
using System;
namespace ex4_7
{
    class DataSwap
    {
        public void Swap(ref int x, ref int y)
        {
            Console.WriteLine("交换前形参 x 和 y 的值：{0},{1}", x, y);
            int t;
            t = x;
            x = y;
            y = t;
            Console.WriteLine("交换后形参 x 和 y 的值：{0},{1}", x, y);
        }
    }
    class Program
    {
        static void Main(string[] args)
        {
            DataSwap s1 = new DataSwap();
            int a, b;
            a=6;b=8;
            Console.WriteLine("交换前实参 a 和 b 的值：{0},{1}", a, b);
            s1.Swap(ref a,ref b);
            Console.WriteLine("交换后实参 a 和 b 的值：{0},{1}", a, b);
            Console.ReadLine();
        }
    }
}
```

运行程序，结果如图 4-8 所示。

3．输出参数

输出参数是以 out 修饰符声明的参数，它用于将值从方法内传递到方法外。与引用参数的不同之处在于调用方法前无须对输出参数进行初始化，但在方法内部，输出参数在读取之前必须赋值。

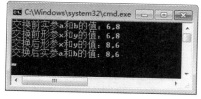

图 4-8　例 4-7 的运行结果

【例 4-8】创建一个控制台应用程序，说明输出参数的使用。

代码如下：

```
using System;
namespace ex4_8
{   class MyTest
    {
        public void Add(int x,int y,out int z)
        {
            z = x + y;
        }
```

```
        }
    class Program
    {
        static void Main(string[] args)
        {
            int a = 6, b = 8, c;
            MyTest t1 = new MyTest();
            t1.Add(a, b, out c);
            Console.WriteLine("输出结果为： {0}", c);
            Console.ReadLine();
        }
    }
}
```

图 4-9　例 4-8 的运行结果

运行程序，结果如图 4-9 所示。

4. 参数数组

以 params 修饰符声明的参数称为参数数组，用于处理数据类型相同但参数个数可变的情形。如果形参列表中包含参数数组，则它必须是参数列表中最后一个参数，即该参数数组必须位于形参列表的最后。参数数组中也不允许 params 修饰符与 ref、out 修饰符一起组合使用。

【例 4-9】创建一个控制台应用程序，说明参数数组的使用。

代码如下：

```
        using System;
        namespace ex4_9
        {
            class MyTest
            {
                public int Add(params int[] p)
                {
                    int sum = 0;
                    foreach (int i in p)
                        sum = sum + i;
                    return sum;
                }
            }
            class Program
            {
                static void Main(string[] args)
                {
                    MyTest t = new MyTest();
                    Console.WriteLine("和为： {0}", t.Add(12, 8, 6, 39, 5));
                    Console.ReadLine();
                }
            }
        }
```

运行程序，结果如图 4-10 所示。

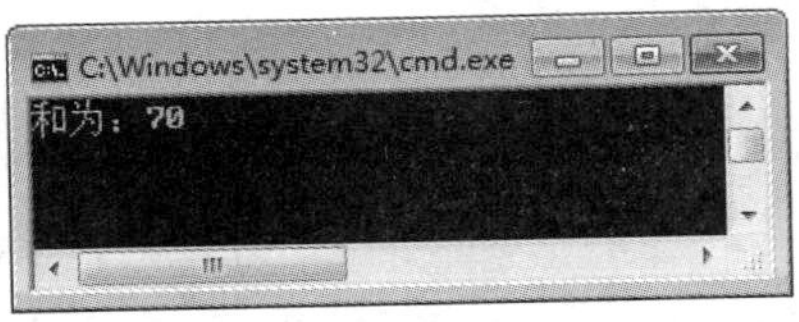

图 4-10　例 4-9 的运行结果

4.4.4　方法的重载

在 C#中，方法的重载指的是在同一个类中声明两个以上方法，它们的方法名相同，但是参数类型或参数个数不同。前面讲到了方法签名，实际上，只要在同一个类中声明的方法名相同但方法签名不同的方法都可以认为是不同的方法，即可看做是方法的重载。

【例 4-10】创建一个控制台应用程序，说明方法重载的使用。

代码如下：

```
using System;
namespace ex4_10
{
    class MyTest
    {
        public int Add(int x, int y)
        {
            return x + y;
        }
        public double Add(double x, double y)
        {
            return x + y;
        }
        public int Add(int x, int y, int z)
        {
            return x + y + z;
        }
    }
    class Program
    {
        static void Main(string[] args)
        {
            MyTest t = new MyTest();
            Console.WriteLine("两个 int 类型数的和：{0}", t.Add(2, 6));
            Console.WriteLine("两个 double 类型数的和：{0}", t.Add(3.6, 4.9));
            Console.WriteLine("三个 int 类型数的和：{0}", t.Add(1,9,27));
            Console.ReadLine();
        }
    }
}
```

运行程序，结果如图 4-11 所示。

图 4-11　例 4-10 的运行结果

4.5　构造函数和析构函数

构造函数和析构函数是类中比较特殊的方法。构造函数用于对象的实例化，析构函数用于回收对象资源。构造函数的名称与类名相同，析构函数的名称要在类名前加"~"。

4.5.1 构造函数

构造函数主要是为对象分配内存空间，并对类的数据成员进行初始化。构造函数可以分为实例构造函数和静态构造函数。

1. 实例构造函数

实例构造函数用于创建和初始化实例，在使用 new 运算符创建对象时，将调用类的实例构造函数。实例构造函数有如下特点：

- 实例构造函数的名称与类名相同。
- 实例构造函数可以包含 0 到多个参数。
- 实例构造函数没有返回类型。
- 实例构造函数可以重载，即一个类可以有多个构造函数，但各个构造函数的名称相同但参数不同。
- 如果在声明类时没有显式给出构造函数,则系统会自动生成一个函数体为空的默认构造函数。默认构造函数是实例构造函数的一种，它没有参数，构造函数体为空。需要注意的是，一旦程序中显式地声明了构造函数，默认构造函数将不会存在。

（1）定义实例构造函数。

语法格式如下：

```
[访问修饰符] 类名()
{
    实例构造函数体
}
```

（2）调用默认构造函数。

只要使用 new 运算符实例化对象，并且不为 new 提供任何参数，就会调用默认构造函数。如果一个类中包含默认构造函数，则调用默认构造函数的语法格式如下：

```
类名 对象名=new 类名();
```

（3）调用带参数的实例构造函数。

默认构造函数没有参数，如果一个类中包含带参数的实例构造函数，则调用带参数的实例构造函数的语法格式为：

```
类名 对象名=new 类名(参数列表);
```

其中，"参数列表"中的参数可以是变量或表达式。

2. 静态构造函数

静态构造函数主要用于初始化任何静态数据，或用于完成仅需执行一次的特定操作。在创建类的第一个实例或访问任何类的静态成员之前，将自动调用静态构造函数。静态构造函数有如下特点：

- 静态构造函数不能使用任何访问修饰符。
- 静态构造函数不能具有任何参数。
- 不能直接调用静态构造函数。

【例 4-11】创建一个控制台应用程序，说明构造函数的使用。

代码如下：

```
using System;
namespace ex4_11
```

```
    {
        class Student
        {
            public string Sno,Sname;
            public Student()              //定义无参的构造函数
            {
                Sno = "201601";
                Sname = "张某";
                Console.WriteLine("{0}{1}",Sno,Sname);
            }
            public Student(string xh,string xm)     //定义带参的构造函数
            {
                this.Sno = xh;
                this.Sname = xm;
                Console.WriteLine("{0}{1}", Sno, Sname);
            }
        }
        class Program
        {
            static void Main(string[] args)
            {
                //调用无参构造函数创建对象 s1
                Student s1 = new Student();
                //调用带参构造函数创建对象 s2
                Student s2 = new Student("20164040101", "张飞");
            }
        }
```

运行程序，结果如图 4-12 所示。

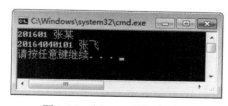

图 4-12　例 4-11 的运行结果

上述程序中，this.Sno 表示类中的成员字段。在 C#中，this 关键字经常出现在类中，但仅限于在构造函数和类的非静态方法中使用。在声明一个类后，当创建该类的对象时，该对象就隐含有一个 this 引用，类似指针，使用 this.可以调用当前对象。

4.5.2　析构函数

析构函数与构造函数的作用相反，它是当对象不再需要时，用于释放被占用的系统资源。析构函数具有如下特点：

- 析构函数不能有访问修饰符。
- 析构函数不能有参数。
- 一个类只允许有一个析构函数，而且析构函数不能重载和继承。
- 析构函数是在类对象销毁时自动执行的，因此不能由用户调用析构函数，也无法预知析构函数何时被系统调用。

● 析构函数的名称是"~"加上类的名称。

定义析构函数的语法格式如下：

```
~类名()
{
    析构函数体
}
```

【例 4-12】创建一个控制台应用程序，说明析构函数的使用。

代码如下：

```
using System;
namespace ex4_12
{
    class Student
    {
        public string Sno, Sname;
        public Student(string xh, string xm)      //定义带参的构造函数
        {
            Sno = xh;
            Sname = xm;
        }
        ~Student()            //定义析构函数
        {
            Console.WriteLine("{0}    {1}", Sno, Sname);
        }
    }
    class Program
    {
        static void Main(string[] args)
        {
            //调用带参构造函数创建对象 s1
            Student s1 = new Student("20164040101", "张飞");
        }
    }
}
```

运行程序，结果如图 4-13 所示。

图 4-13　例 4-12 的运行结果

习题 4

一、选择题

1．在 C#中创造一个对象时，系统最先执行的是（　　）中的语句。

A．main 方法　　　　B．构造函数　　　　C．初始化函数　　　　D．字符串函数

2．静态构造函数只能对（　　）数据成员进行初始化。

A．静态　　　　B．动态　　　　C．实例　　　　D．静态和实例

3．在 C#的类结构中，class 关键字前面的关键字是表示访问级别，下面（　　）表示该类只能被这个类的成员或派生类成员访问。

A．public　　　　B．private　　　　C．internal　　　　D．protected

4．下面（　　）不是用来修饰方法的参数。

A．ref　　　　B．params　　　　C．out　　　　D．in

5．下列关于"方法重载"的描述中，（　　）是不正确的。

A．方法重载可以扩充现有类的功能

B．构造函数不可以重载

C．析构函数不可以重载

D．方法重载即"同样的方法名但传递的参数不同"

6．面向对象的三个基本原则是（　　）。

A．抽象、继承、派生　　　　　　　　B．类、对象、方法

C．继承、封装、多态　　　　　　　　D．对象、属性、方法

7．关于参数数组，下列说法中错误的是（　　）。

A．参数数组必须是函数的最后一个参数

B．参数数组必须是一维数组

C．参数数组的声明同普通数组一样

D．参数数组所对应的实参的个数是不固定的

8．C#中构造函数分为实例构造函数和静态构造函数，实例构造函数可以对（　　）进行初始化，静态构造函数只能对静态成员进行初始化。

A．静态成员　　　　　　　　　　B．静态成员和非静态成员

C．非静态成员　　　　　　　　　　D．动态成员

9．以下关于 C#中构造函数的说法中正确的是（　　）。

A．构造函数可以有参数

B．构造函数有返回值

C．一般情况下，构造函数总是 private 类型的

D．构造函数可以通过类的实例调用

10．在 C#类中，（　　）允许相同名称、不同参数个数或者参数类型的方法存在。

A．方法重写　　　　B．方法重载　　　　C．方法取消　　　　D．方法覆盖

11．在 C#程序中，使用关键字（　　）来定义静态成员。

A．malloc　　　　B．class　　　　C．private　　　　D．static

二、简答题

1．什么是类，类和对象有什么区别？

2．C#定义了哪几种类的访问修饰符？

3．简述面向对象的三个基本特征。

4．C#方法有哪几种类型的参数？

5．简述构造函数和析构函数的作用和特点。

三、编程题

1．声明一个名为 MyComputer 的类，要求该类可以被任何类的成员访问，定义 string 类型的 PcType 和 int 类型的 PcPrice 两个属性。

2．声明一个 Dog 类和一个 Bird 类，它们都包含共有字段 legs 和保护字段 weight，创建它们的对象并输出数据。

3．声明一个类，在类中创建一个索引器，使用索引器访问类内成员。

第 5 章　继承与接口

【学习目标】

- 掌握继承的定义。
- 掌握派生类的声明。
- 掌握派生类的初始化顺序。
- 掌握覆写方法和隐藏方法。
- 掌握抽象类和抽象方法。
- 掌握接口的定义、实现和派生。

5.1　继承

前面介绍了面向对象的三大特性，继承是面向对象程序设计的重要特性之一。继承机制可以提高软件模块的可复用性和可扩展性，从而提高软件开发效率。

5.1.1　继承的定义

C#提供了类的继承机制，但是与 C++不同，C#只可以从一个类继承或实现多个接口，但不允许从多个类继承，也就是说 C#中只允许继承一个类，不允许继承多个类。

如果类 B 是从类 A 继承而来的，那么可以说类 B 派生于类 A。同时，可以称类 A 为基类或父类，称类 B 为派生类或子类。通过继承可以在类之间建立一种关系，使得新定义的派生类的实例可以继承已有的基类的特性和能力，同时可以加入新的特性或修改已有的特性。

其实，基类和派生类也只是一个相对的概念，类 A 是基类，但它也是一个派生类，因为任何类都派生于 object 类。

对于继承，需要注意以下几点：

（1）继承是可以传递的。如果 C 派生于 B，B 派生于 A，那么 C 不仅继承 B 的成员，还继承 A 的成员。

（2）所有的类都派生于 object 类，若没有基类说明的类，则隐式地派生于 object 类。

（3）派生类可以扩展它的基类。派生类可以添加新成员，但不能除去已经继承的成员的定义。

（4）构造函数和析构函数不能被继承。调用带参数的基类构造函数时，应使用 base 关键字。

（5）派生类可以重写基类的成员。

（6）派生类可以隐藏基类的同名成员，如果在派生类中隐藏了基类的同名成员，基类的该成员在派生类中就不能被直接访问，只能通过"base.基类方法名"访问。

5.1.2 派生类的声明

在声明一个基类后，可以对派生类进行声明。派生类声明的基本语法格式为：

```
[访问修饰符] class  派生类名称:基类名称
{
    派生类主体部分
}
```

其中基类是父类，是被继承的类；派生类是子类，是从基类继承来的类。派生类可以从它的基类中继承字段、属性、方法、事件、索引器等。访问修饰符若使用 sealed 关键字，则表示禁止继承。

继承一个类时，类成员的访问性是一个比较重要的问题，派生类继承了基类的所有成员，但派生类并不能对基类的私有成员进行直接访问，基类的私有成员只有基类自身可以访问。派生类可以访问基类的公有成员和保护成员。

【例 5-1】声明一个派生类，从派生类访问基类的非私有成员。

代码如下：

```csharp
using System;
namespace ex5_1
{
    class Person
    {
        public string xm;
        protected string xb;
        private int age;
        public void fun1()
        {
            xm = "张强";
            xb = "男";
            age = 22;
            Console.WriteLine("{0}    {1}    {2}", xm, xb, age);
        }
    }
    class Student : Person
    {
        private string sno;
        public void fun2()
        {
            sno = "20150303";
            Console.WriteLine("{0}    {1}    {2}", xm, xb, sno);
        }
    }
    class Program
    {
        static void Main(string[] args)
        {
            Student s1 = new Student();
            s1.fun1();
            Console.WriteLine(s1.xm);
```

```
                s1.fun2();
            }
        }
    }
```

运行程序，结果如图 5-1 所示。

图 5-1　例 5-1 的运行结果

上述代码中，Person 是基类，Student 是派生类，Student 类中没有定义 fun1 方法，但它继承了 Person 类的 fun1 方法。在类的外部，可以访问基类的公有成员 xm，但不能使用 s1.xb 和 s1.age 访问受保护成员和私有成员。

5.1.3　派生类的初始化顺序

派生类中的数据成员有来自基类的，也有派生类中新定义的。在创建派生类对象时，如果要实现派生类中数据成员的初始化，可以在派生类中定义构造函数。定义派生类构造函数的语法格式如下：

```
[修饰符] 派生类构造方法名(参数列表 1):base(参数列表 2)
{
    //派生类构造函数体
}
```

其中，base 表示当前对象基类的实例，使用 base 关键字可以调用基类的成员。"参数列表 1"和"参数列表 2"存在对应关系。在用"参数列表 1"创建派生类的对象时，先以"参数列表 2"调用基类的带参数构造函数，再调用派生类的带参数构造函数。

当初始化一个派生类时，通常会调用派生类的构造函数，同时也会调用基类的构造函数。派生类的初始化顺序如下：

（1）初始化类的实例字段。

（2）调用基类的构造函数，如果没有指明基类，则调用 System.Object 的构造函数。

（3）调用派生类的构造函数。

【例 5-2】创建一个控制台应用程序，说明派生类的初始化顺序。

代码如下：

```
using System;
namespace ex5_2
{
    public class ParentClass
    {
        public ParentClass()
        {
            Console.WriteLine("基类构造函数被调用");
```

```
            }
        }
        public class ChildClass:ParentClass
        {
            private string m = "Hello";
            public ChildClass()
            {
                Console.WriteLine("派生类构造函数被调用");
            }
            public void Show()
            {
                Console.WriteLine(m);
            }
        }
        class Program
        {
            static void Main(string[] args)
            {
                ChildClass c1 = new ChildClass();
                c1.Show();
                Console.ReadLine();
            }
        }
    }
```

运行程序，结果如图 5-2 所示。

图 5-2　例 5-2 的运行结果

当销毁对象时，它会先调用派生类的析构函数，然后调用最近基类的析构函数，最后调用最远的析构函数。

【例 5-3】创建一个控制台应用程序，说明调用构造函数和析构函数的过程。

代码如下：

```
using System;
namespace ex5_3
{
    class TestA
    {
        private int x;
        public TestA()
        {
            Console.WriteLine("调用 TestA 的构造函数");
        }
        public TestA(int x1)
```

```
            {
                x = x1;
                Console.WriteLine("调用 TestA 的带参数构造函数");
            }
            ~TestA()
            {
                Console.WriteLine("调用 TestA 的析构函数，并输出 TestA:x={0}", x);
            }
    }
    class TestB:TestA
    {
        private int y;
        public TestB()
        {
            Console.WriteLine("调用 TestB 的构造函数");
        }
        public TestB(int x1,int y1):base(x1)
        {
            y = y1;
            Console.WriteLine("调用 TestB 的带参数构造函数");
        }
        ~TestB()
        {
            Console.WriteLine("调用 TestB 的析构函数，并输出 TestB:y={0}", y);
        }
    }
    class TestC : TestB
    {
        private int z;
        public TestC()
        {
            Console.WriteLine("调用 TestC 的构造函数");
        }
        public TestC(int x1, int y1,int z1) : base(x1,y1)
        {
            z = z1;
            Console.WriteLine("调用 TestC 的带参数构造函数");
        }
        ~TestC()
        {
            Console.WriteLine("调用 TestC 的析构函数，并输出 TestC:z={0}", z);
        }
    }
    class Program
    {
        static void Main(string[] args)
        {
            TestC c1 = new TestC(2, 5, 8);
        }
    }
}
```

运行程序，结果如图 5-3 所示。

图 5-3　例 5-3 的运行结果

5.1.4　密封类

如果所有类都可以被继承，那么类的层次结构将会变得非常复杂，对类的理解和使用也会变得十分困难。因此，有时不希望类被继承，C#中可以使用关键字 sealed 将其声明为密封类，以防止该类被其他类继承。如果将一个密封类作为其他类的基类，C#将提示出错。

例如，下列代码定义了密封类：

```
public sealed class MyClass
{
    //类的成员
}
//密封类不能作为其他类的基类，否则编译时将出错
public class OtherClass:MyClass
{
}
```

说明：

- 密封类不能作为基类被继承，但它可以继承其他的类或接口。
- 由于受保护的成员只能从派生类进行访问，虚函数只能在派生类中重写。因此，在密封类中不能声明受保护成员或虚成员。
- 密封类不能声明为抽象的，所以 sealed 修饰符不能与 abstract 修饰符同时使用。

也可以使用关键字 sealed 声明密封方法，这样可以防止在方法所在类的派生类中对该方法的重载。

不是每个方法都可以作为密封方法，密封方法只能用于对基类的虚方法进行实现，并提供具体的实现。因此，声明密封方法时，sealed 修饰符经常与 override 修饰符一同使用。

例如，下列代码声明了一个密封类和密封方法：

```
public class A
{
    public virtual void fun()
    {
        Console.WriteLine("基类中的虚方法");
    }
}
public sealed class B: A
{
    public sealed override void fun()          //密封并重写基类中的虚方法 fun
    {
```

```
        base.fun();                              //调用基类中的 fun 方法
        Console.WriteLine("密封类中重写后的方法");
    }
}
```

5.1.5　静态类

使用 static 修饰符声明的类称为静态类，不能使用 new 关键字创建静态类的实例。静态类具有如下特点：

- 静态类不能使用 sealed 或 abstract 修饰符。
- 静态类必须直接继承自 System.Object 类型，不能是任何其他类的派生类。
- 静态类只能包含静态成员。静态成员也称为共享成员，使用 static 关键字声明，如果一个变量或操作是所有实例共享的，则应将其声明为静态的，例如静态属性、静态字段、静态方法等。静态成员属于类，不属于类的实例，无论类创建了多少个实例，类的静态成员在内存中只占同一块区域，静态成员可以在类的实例之间共享。
- 静态类不能被实例化，也不能实现任何接口。
- 静态类是密封的，因此不能被继承。
- 静态类不能包含实例构造函数，但可以包含静态构造函数。

与所有类类型的情况一样，静态类的类型信息在引用该类的程序加载时，由 .NET Framework 公共语言运行时（CLR）加载。使用静态类的优点是编译器可以进行检查，以确保不会意外地添加任何实例成员。编译器可以保证无法创建此类的实例。

【例 5-4】创建一个控制台应用程序，说明静态类的使用。

代码如下：

```
using System;
namespace ex5_4
{
    static class MyFun
    {
        public static string title ="简单数学运算";
        public const int n = 0;                  // const 修饰的常量
        public static int Abs(int i)             //求绝对值
        {
            return i > 0 ? i : -i;
        }
        public static int Max(int x, int y)      //求两个整数中的最大值
        {
            return x > y ? x : y;
        }
    }
    class Program
    {
        static void Main(string[] args)
        {
            int a, b;
            Console.WriteLine("MyFun 是：{0}", MyFun.title);
            a = MyFun.Abs(-8);
```

```
b = MyFun.Max(18, 26);
Console.WriteLine("a={0},b={1}",a,b);
Console.ReadLine();
            }
        }
    }
```

运行程序，结果如图 5-4 所示。

图 5-4　例 5-4 的运行结果

5.2　多态

多态是面向对象编程的重要概念，是面向对象程序设计的三大特性之一。因为有了继承，派生类可以继承基类的所有成员，派生类就具有了和基类相同的行为，但有时派生类的某些行为需要相互区别，那么就需要覆写基类中的方法来实现派生类特有的行为，这样的技术在面向对象编程中就是多态。多态性就是指相同类型的对象调用在派生类中实现的方法时，不同的派生类将产生不同的调用结果。

C#中的每种类型都是多态的，因为任何类型都是从 object 类型派生的。C#支持两种类型的多态性。

（1）编译时的多态性。

编译时的多态性是通过重载来实现的，方法重载实现了编译时的多态性。对于非虚的成员来说，系统在编译时，将根据传递的参数的个数、参数类型等信息决定实现何种操作。

（2）运行时的多态性。

运行时的多态性是指直到系统运行时才根据实际情况决定实现何种操作。C#中的运行时的多态性是通过覆写虚方法实现的。

5.2.1　虚方法

如果希望基类中的某个方法能在派生类中得到进一步改进，可以将这个方法定义为虚方法，虚方法是使用 virtual 关键字声明的方法。声明虚方法的基本语法格式为：

```
[访问修饰符] virtual [返回类型] 方法名称([参数列表])
{
    方法体;
}
```

例如，下列代码声明了虚方法：

```
class Driver
{
    public virtual void Run()        //Run 方法为虚方法
    {
```

```
            Console.WriteLine("汽车入库");
        }
    }
```

5.2.2　覆写基类方法

如果在基类中声明了一个虚方法，那么在派生类中可以使用 override 关键字覆写这个方法，覆写方法必须与被覆写的虚方法具有相同的方法签名。声明这个覆写方法的语法格式为：

```
[访问修饰符] override [返回类型] 方法名称([参数列表])
{
    方法体
}
```

【例 5-5】创建一个控制台应用程序，在派生类中覆写基类的虚方法。
代码如下：

```
using System;
namespace ex5_5
{
    class Driver
    {
        public virtual void Run()          //Run 方法为虚方法
        {
            Console.WriteLine("汽车入库");
        }
    }
    class Newer:Driver
    {
        public override void Run()
        {
            Console.WriteLine("汽车 5 分钟入库");
        }
    }
    class Practician : Driver
    {
        public override void Run()
        {
            Console.WriteLine("汽车 2 分钟入库");
        }
    }
    class Program
    {
        static void Main(string[] args)
        {
            Driver d1 = new Driver();
            Newer n1 = new Newer();
            Practician p1 = new Practician();
            d1.Run();
            n1.Run();
            p1.Run();
        }
    }
}
```

运行程序，结果如图 5-5 所示。

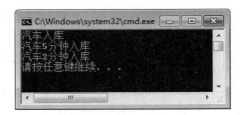

图 5-5　例 5-5 的运行结果

5.2.3　隐藏基类方法

使用 new 关键字声明与基类中同名的方法，即可隐藏基类的方法。声明语法格式如下：

[访问修饰符] new [返回类型] 方法名称([参数列表])
{
　　方法体
}

【例 5-6】创建一个控制台应用程序，在派生类中实现隐藏基类的方法。

代码如下：

```
using System;
namespace ex5_6
{
    class Person
    {
        public string id;
        public string name;
        public string sex;
        public void ShowInfo()
        {
            Console.WriteLine("身份证号：{0} 姓名：{1} 性别：{2}", id, name, sex);
        }
    }
    class Student:Person
    {
        public new void ShowInfo()        //隐藏基类方法 ShowInfo
        {
            Console.WriteLine("学号：{0} 姓名：{1} 性别：{2}",id, name, sex);
        }
    }
    class Program
    {
        static void Main(string[] args)
        {
            Student s1 = new Student();
            s1.id = "001"; s1.name = "张明"; s1.sex = "男";
            s1.ShowInfo();
        }
    }
}
```

运行程序，结果如图 5-6 所示。

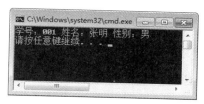

图 5-6　例 5-6 的运行结果

从运行结果可以看出，s1.ShowInfo()语句调用的是 Student 类的方法。如果 Student 类中的 ShowInfo 方法定义没有使用 new 关键字，在编译时会显示警告信息"Student.ShowInfo()隐藏继承的成员 Person.ShowInfo()。如果是有意隐藏，请使用关键字 new。"

5.2.4　抽象类和抽象方法

如果一个类不与具体的事物相联系，而只是表示一种抽象的概念，这样的类就是抽象类。抽象类中可以包含抽象方法或非抽象方法。在抽象类中声明方法时，若某个方法使用 abstract 关键字修饰，则称该方法为抽象方法。

1．抽象类

抽象类是基类的一种特殊类型，不能直接实例化，它主要用来提供多个派生类可共享的基类的公共定义。C#中用 abstract 来声明抽象类，声明抽象类的语法格式如下：

```
[访问修饰符] abstract class 类名
{
    抽象类体
}
```

例如，声明一个抽象类，该抽象类中包含一个整型变量和方法，代码如下：

```
public abstract class MyTest
{
    public int x;
    public void fun() { }
}
```

2．抽象方法

声明抽象方法的基本语法格式如下：

```
[访问修饰符] abstract void 方法名();
```

抽象方法具有如下特点：

- 只允许在抽象类中声明抽象方法。
- 声明抽象方法时不能使用 virtual、static 和 private 修饰符。
- 抽象方法不提供方法的实现，没有方法体。

如果在抽象类中声明了抽象方法，则在抽象类的派生类中必须覆写抽象方法，以提供具体的实现。

【例 5-7】创建一个控制台应用程序，在抽象类中声明抽象方法，并在派生类中覆写抽象方法。

代码如下：

```
using System;
```

```
namespace ex5_7
{
    public abstract class Animal              //抽象类的声明
    {
        public virtual void Draw()
        {
            Console.WriteLine("画一种动物");
        }
        public abstract void Paint();          //抽象方法的声明
    }
    public class Dog:Animal
    {
        public override void Draw()            //抽象方法的实现
        {
            Console.WriteLine("画一条狗");
        }
        public override void Paint()           //抽象方法的实现
        {
            Console.WriteLine("涂上棕色！");
        }
    }
    class Program
    {
        static void Main(string[] args)
        {
            Dog d1 = new Dog();
            d1.Draw();
            d1.Paint();
            Console.ReadLine();
        }
    }
}
```

运行程序，结果如图 5-7 所示。

图 5-7　例 5-7 的运行结果

5.3　接口

接口是 C#中的一种引用类型，可以把它看做是类与类之间的协议。接口包含方法、属性、索引器和事件的签名，但不包含成员实现。因此，接口中定义的成员必须在实现该接口的类或结构中提供成员实现。

5.3.1　接口的定义

一个类若要实现一个接口，则必须实现接口中声明的所有成员，即所有实现该接口的类都必须具有相同的形式。接口是类之间交互内容的一个抽象，它具有如下特点：

- 接口可以从一个或多个基接口继承，一个类或结构也可以实现多个接口。
- 接口不能包含字段、常量、运算符、实例构造函数、析构函数以及任何静态成员。
- 接口自身可从多个接口继承。
- 接口不能被实例化。
- 接口的成员默认是公有的，且不能显式声明为 public，否则会产生编译异常。

接口的定义与类的定义非常相似，语法格式如下：

```
[访问修饰符] interface  接口名[:基接口列表]
{
     接口成员
}
```

其中，访问修饰符可以为 public 和 internal；为了与类区别，接口名一般以"I"开头；若从多个基接口继承，多个基接口用逗号隔开；所有接口成员默认是公有的，在接口成员声明中不能包含任何修饰符；接口中每个成员的声明后必须加";"，不能包含任何实现。

例如，下面定义了接口，声明了一个方法。

```
Interface IMytest
{
     void ShowInfo();          //声明一个方法
}
```

5.3.2　接口的成员

接口可以声明 0 个或多个成员。一个接口的成员不仅包括自身声明的成员，还包括从基类继承来的成员，接口成员可以是属性、方法、事件和索引器，不能定义字段。

1. 接口属性成员

声明接口的属性成员的语法格式如下：

```
返回类型  属性名{get;或 set;};
```

例如，下面声明一个接口，其中包含 3 个接口属性成员：

```
public interface IMyInterface
{
     int x{get;}
     int y{set;}
     int z{set;get;}
}
```

2. 接口方法成员

声明接口的方法成员的语法格式如下：

```
返回类型  方法名([参数列表]);
```

例如，下面声明一个接口，其中包含两个接口方法成员：

```
public interface IMyInterface
{
     string myfun1();
```

```
                int myfun2();
        }
```

3. 接口事件成员

声明接口的事件成员的语法格式如下：

```
    event 委托名 事件名;
```

例如，下面声明一个接口，其中包含一个接口事件成员：

```
    public delegate void mydelegate();    //声明委托类型
    public interface IMyInterface
    {
        event mydelegate myevent;
    }
```

4. 接口索引器成员

声明接口的索引器成员的语法格式如下：

```
    数据类型 this[索引参数列表]{ get;或 set;};
```

例如，下面声明一个接口，其中包含一个接口索引器成员：

```
    public interface IMyInterface
    {
        string this[int index]
        {
            get;set;
        }
    }
```

5.3.3　接口的实现

接口的实现是指在其派生类中完成接口成员的定义，可以分为隐式实现和显式实现两种。如果类或者结构要实现的是单个接口，可以使用隐式实现；如果类或者结构继承了多个接口，那么接口中相同名称的成员就要显式实现。

接口实现的基本语法格式如下：

```
    class 类名:接口名列表
    {
        //类成员
    }
```

说明：

- 当一个类实现一个接口时，这个类必须实现整个接口，而不能选择实现接口的某一部分。
- 一个接口可以由多个类实现，而在一个类中也可以实现一个或多个接口。
- 一个类可以继承一个基类，并同时实现一个或多个接口。

1. 隐式实现接口

如果一个类实现了某个接口，那么它必然隐式地继承了该接口成员，只是增加了该接口成员的具体实现。隐式实现接口的接口成员名前没有接口名称前缀,类中对应的成员是公共的、非静态的，并且与接口成员具有相同的名称和签名。

【例 5-8】创建一个控制台应用程序，定义一个类，该类继承一个接口，设计其隐式实现接口。

代码如下：

```
using System;
namespace ex5_8
{
    interface Iadd                          //声明接口 Iadd
    {
        int sum();
    }
    public class TwoIntsum:Iadd             //类 TwoIntsum 继承接口 Iadd
    {
        int a, b;
        public TwoIntsum(int x,int y)
        {
            a = x;    b = y;
        }
        public int sum()                    //隐式接口成员的实现，不带接口名前缀
        {
            return a + b;
        }
    }
    class Program
    {
        static void Main(string[] args)
        {
            TwoIntsum t1 = new TwoIntsum(6, 12);
            Console.WriteLine("两个整数和为：{0}", t1.sum());
        }
    }
}
```

运行程序，结果如图 5-8 所示。

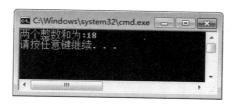

图 5-8　例 5-8 的运行结果

2. 显式实现接口

显式实现接口是实现的接口成员名前带有接口名称前缀，其实现被称为显式接口实现。若要显式实现接口成员，则不能使用任何修饰符，也不能通过派生类对象访问显式实现的成员，只能通过接口变量来调用。

【例 5-9】创建一个控制台应用程序，定义一个类，该类继承一个接口，设计其显式实现接口。

代码如下：

```
using System;
namespace ex5_9
```

```
    {
        interface Isub                              //声明接口 Isub
        {
            int minus();
        }
        public class TwoIntminus : Isub              //类 TwoIntminus 继承接口 Isub
        {
            int a, b;
            public TwoIntminus(int x, int y)
            {
                a = x;    b = y;
            }
            int Isub.minus()                         //显式接口成员的实现，带接口名前缀
            {
                return a - b;
            }
        }
        class Program
        {
            static void Main(string[] args)
            {
                TwoIntminus t1 = new TwoIntminus(58, 19);    //创建一个对象
                Isub i1 = (Isub)t1;                          //定义一个接口实例
                Console.WriteLine("两个整数之差为：{0}", i1.minus());
            }
        }
    }
```

运行程序，结果如图 5-9 所示。

图 5-9　例 5-9 的运行结果

5.3.4　接口的派生

C#中不允许一个类从多个类继承，但允许一个类从多个接口继承。如果从多个接口继承，则基接口间需要用逗号进行分隔。

【例 5-10】创建一个控制台应用程序，说明接口的派生。

代码如下：

```
    using System;
    namespace ex5_10
    {
        interface IMyInterface1              //声明 IMyInterface1 接口
        {
            void Fun1();
```

```
    }
    interface IMyInterface2                    //声明 IMyInterface2 接口
    {
        void Fun2();
    }
    //声明 IMyInterface3 接口，其继承自 IMyInterface1 和 IMyInterface2 接口
    interface IMyInterface3:IMyInterface1,IMyInterface2
    {
        void Fun3();
    }
    class MyClass:IMyInterface3                // MyClass 类从 IMyInterface3 接口继承
    {
        public void Fun1()                     //隐式接口的实现
        {
            Console.WriteLine("Fun1");
        }
        public void Fun2()                     //隐式接口的实现
        {
            Console.WriteLine("Fun2");
        }
        public void Fun3()                     //隐式接口的实现
        {
            Console.WriteLine("Fun3");
        }
    }
    class Program
    {
        static void Main(string[] args)
        {
            MyClass s1 = new MyClass();
            s1.Fun1(); s1.Fun2(); s1.Fun3();
            IMyInterface1 i1 = (IMyInterface1)s1;
            IMyInterface2 i2 = (IMyInterface2)s1;
            IMyInterface3 i3 = (IMyInterface3)s1;
            i1.Fun1(); i2.Fun2(); i3.Fun1(); i3.Fun2(); i3.Fun3();
        }
    }
}
```

运行程序，结果如图 5-10 所示。

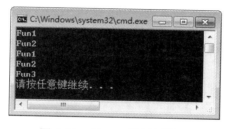

图 5-10　例 5-10 的运行结果

习题 5

一、选择题

1. 下列关于抽象类的说法中错误的是（　　）。
   A. 抽象类可以实例化
   B. 抽象类可以包含抽象方法
   C. 抽象类可以包含抽象属性
   D. 抽象类可以引用派生类的实例

2. 面向对象编程中"继承"的概念是指（　　）。
   A. 对象之间通过消息进行交互
   B. 派生自同一个基类的不同类的对象具有一些共同特征
   C. 对象的内部细节被隐藏
   D. 派生类对象可以不受限制地访问所有的基类对象

3. 在定义类时，如果希望类的某个方法能够在派生类中进一步进行改进，以处理不同的派生类的需要，则应将该方法声明成（　　）方法。
   A. sealed　　　　　B. public　　　　　C. virtual　　　　　D. override

4. 以下说法中正确的是（　　）。
   A. 虚方法必须在派生类中重写，抽象方法不需要重写
   B. 虚方法可以在派生类中重写，抽象方法必须重写
   C. 虚方法必须在派生类中重写，抽象方法必须重写
   D. 虚方法可以在派生类中重写，抽象方法不需要重写

5. 下列说法中，（　　）是正确的。
   A. 派生类可以继承多个基类的方法和属性
   B. 派生类必须通过 base 关键字调用基类的构造函数
   C. 继承最主要的优点是提高代码性能
   D. 继承是指派生类可以获取其基类特征的能力

6. 下列关于接口的说法中（　　）是正确的。
   A. 接口可以被类继承，本身也可以继承其他接口
   B. 定义一个接口，接口名必须使用大写字母 I 开头
   C. 接口像类一样，可以定义并实现方法
   D. 类可以继承多个接口，接口只能继承一个接口

7. 在 C#语言中，以下关于继承的说法中错误的是（　　）。
   A. 一个子类不能同时继承多个父类
   B. 任何类都是可以被继承的
   C. 子类继承父类，也可以说父类派生了一个子类
   D. object 类是所有类的基类

8. 以下关于密封类的说法中正确的是（　　）。
   A. 密封类可以用作基类
   B. 密封类可以是抽象类
   C. 密封类永远不会有任何派生类
   D. 密封类可以重写或继承

9. 派生类访问基类的成员，可以使用（　　）关键字
    A．base　　　　　　B．this　　　　　　C．out　　　　　　D．external
10. 在 C#中定义接口时，使用的关键字是（　　）。
    A．interface　　　　B．class　　　　　　C．base　　　　　　D．override

二、简答题

1．接口和抽象类有什么区别？
2．简述 C#类继承时调用构造函数和析构函数的执行顺序。
3．什么是虚方法？虚方法有什么作用？
4．比较方法的覆写和方法的重载。

三、编程题

1．创建一个控制台应用程序，定义一个抽象基类，其派生出两个子类：长方形类 Rectangle 和正方形类 Square，并通过抽象方法的实现计算两种图形的面积。

2．编写一个控制台应用程序，完成下列功能，并写出程序的运行结果：

（1）创建一个类 A，在类 A 中编写一个可以被重写的带 int 类型参数的方法 MyTest，并在该方法中输出传递的整型值加 20 后的结果。

（2）创建一个类 B，使其继承自类 A，然后重写类 A 中的 MyTest 方法，将类 A 中接收的整型值加 80，并输出结果。

（3）在 Main 方法中分别创建类 A 和类 B 的对象，并分别调用 MyTest 方法。

3．编写一个控制台应用程序，通过虚方法实现多态性。

（1）创建基类（长方体类 Cuboid）以及带三个参数 length、width、height 的构造函数。

（2）使用 virtual 关键字创建 Cuboid 类的虚方法 myfun()。

（3）创建 Cuboid 类的派生类（正方体类 Cube），并使用 override 关键字创建与 Cuboid 类中同名的 myfun()方法实现多态。

4．创建一个控制台应用程序，声明 3 个接口 IPerson、ITeacher 和 IStudent，其中 ITeacher 和 IStudent 继承自 IPerson，然后使用 Program 类继承这 3 个接口，并分别实现这 3 个接口中的属性和方法。

5．创建一个控制台应用程序，要求定义一个接口，该接口中封装了矩形的长和宽，而且还包含一个自定义的方法，用来计算矩形的面积，然后定义一个类，继承自该接口，在该类中实现接口中的自定义方法。

第6章　数组与集合

【学习目标】

● 理解数组和集合的概念。
● 掌握一维数组、二维数组、交错数组的定义和使用。
● 掌握集合的定义和使用。
● 能综合应用数组和集合解决问题。

6.1　数组

数组是一种数据类型，无论是 C、C++、C#还是 Java，都支持数组的概念。在 C#语言中，数组是引用类型，可以包含同一类型的多个元素，每个元素就是一个变量，这些变量可以通过数组名和下标进行访问，数组的下标从零开始。

一个数组根据包含的下标数可以分为一维数组、二维数组、三维数组等，通常把二维或二维以上的数组称为多维数组，多维数组最简单的形式是二维数组。

6.1.1　一维数组

由具有一个下标的数组元素所组成的数组称为一维数组。与基本类型变量类似，一维数组需要"先声明后使用"。

1. 一维数组的声明

在声明一维数组时，应先定义数组中元素的类型，后面跟一个方括号，然后给出变量名，语法格式为：

　　数组类型[ ]　数组名;

说明：

● 数组类型可以是前面章节给出的任何基本数据类型或自定义类型。
● 方括号[ ]必须放在数组类型后面，必不可少。
● 数组名要符合 C#标识符命名规则。

例如，声明一个整型数组 myarr：

　　int[] myarr;

数组在声明时并不会马上分配内存，只有在创建时才为其分配堆内存空间。

2. 一维数组的初始化

声明数组后，便可以对数组进行初始化。数组的初始化有两种：动态初始化和静态初始化。

（1）动态初始化。

动态初始化需要通过 new 运算符创建数组并将数组元素初始化为它们的默认值。数值类型初始化为 0，布尔类型初始化为 false，字符串类型初始化为 null，引用类型初始化为 null。

动态初始化数组的语法格式为：

数组类型[ ] 数组名=new 数据类型[n]{数组元素初始化列表};

其中，数组类型指数组中各元素的数据类型；n 为数组长度，表示数组能够容纳元素的数量；花括号{ }中为初始值部分。

如果不给定初始值部分，各元素将取默认值。例如：

int[ ] arr=new int[5];　　//arr 数组中的每个元素都初始化为 0

arr 数组包括包含从 arr[0]到 arr[4]的元素，该数组初始化后如图 6-1 所示。

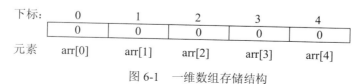

图 6-1　一维数组存储结构

初始化数组时，可以先声明后初始化。例如：

int[] arr2;　　//先声明数组 arr2
arr2 = new int[5] { 1, 3, 5, 7, 9 };

也可以在声明数组时就将其初始化，并且初始化的值为用户自定义的值。例如：

int[ ] arr3=new int[5]{2,9,3,6,8};

在 arr3 数组中，数组元素初值个数与数组长度相等，可以省略 new int[5]中的"数组长度"，即可以写成：

int[ ] arr3=new int[ ]{2,9,3,6,8};

（2）静态初始化。

在静态初始化数组时，必须与数组声明结合使用。静态初始化数组的语法格式为：

数组类型[ ] 数组名={数组元素初始化列表};

例如，对整型数组进行静态初始化：

int[] arr4={1,6,8,2,9};

这种方法在初始化数组时可以省略 new 运算符和数组的长度，编译器会根据初始值的数量来计算数组长度，并创建数组。

3．一维数组的使用

使用一维数组可以存储多个值，并且可以通过指定数组名和数组的下标来访问某个元素。

【例 6-1】创建一个控制台应用程序，定义一个一维数组，并使用 foreach 语句输出各个元素的值。

代码如下：

```
using System;
namespace ex6_1
{
  class Program
  {
    static void Main(string[] args)
    {
      int[] a = new int[] { 1, 3, 5, 7, 9, 11 };        //声明并初始化一维数组
      Console.WriteLine("数组元素依次为：");
      //使用 foreach 语句输出数组元素的值
```

```
            foreach (int t in a)
            {
                Console.WriteLine(t);
            }
            Console.ReadLine();
        }
    }
}
```

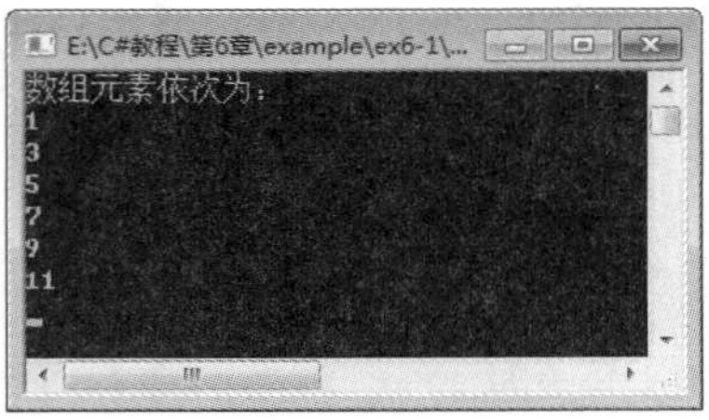

图 6-2　例 6-1 的运行结果

按 F5 键执行该程序，运行结果如图 6-2 所示。

【例 6-2】声明一个一维数组，通过键盘输入数据，并用 for 语句遍历数组元素。

代码如下：

```
using System;
namespace ex6_2
{
    class Program
    {
        static void Main(string[] args)
        {
            int[] b = new int[5];
            Console.WriteLine("通过键盘输入数据，每输入一个值按回车：");
            for(int i=0;i<b.Length;i++)
            {
                b[i] = int.Parse(Console.ReadLine());
            }
            Console.WriteLine("数组元素依次为：");
            for(int j=0;j<b.Length;j++)
                Console.Write("{0} ",b[j]);
            Console.ReadLine();
        }
    }
}
```

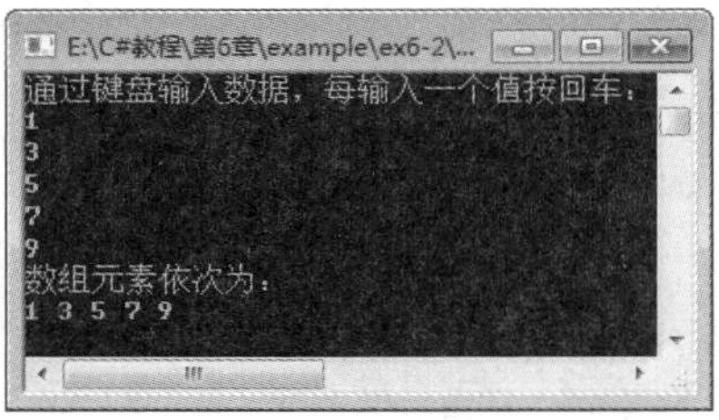

图 6-3　例 6-2 的运行结果

按 F5 键执行该程序，运行结果如图 6-3 所示。

【例 6-3】声明一个一维数组，通过数组的下标对数组元素进行读取。

代码如下：

```
using System;
namespace ex6_3
{
    class Program
    {
        static void Main(string[] args)
        {
            int[] c = new int[5];
            c[0] = 1; c[1] = 3;
            c[2] = 5; c[3] = 7;
            Console.WriteLine("数组 c 中第 3 个元素值为：");
            Console.WriteLine("{0}", c[2]);
            Console.WriteLine("数组 c 中第 5 个元素值为：");
            Console.WriteLine("{0}", c[4]);
```

```
            Console.ReadLine();
        }
    }
}
```

按 F5 键执行该程序，运行结果如图 6-4 所示。

图 6-4　例 6-3 的运行结果

6.1.2　二维数组

一维数组比较适合存储一行或一列同类型的数据，而对于有些数据，比如矩阵，用一维数组进行存储就不太方便，这时可以采用二维数组进行存储。二维数组本质上是以数组作为数组元素的数组，它的每一个元素又是一个一维数组。

1．二维数组的声明

二维数组的声明与一维数组类似，语法格式如下：

　　　数组类型[,] 数组名;

说明：

● 　数组类型为数组存储数据的数据类型。

● 　数组名要符合 C#标识符命名规则。

例如，声明一个整型数组和一个字符串型数组：

```
int[,] myarr1;
string[,] myarr2;
```

2．二维数组的初始化

声明数组后，便可以对数组进行初始化。二维数组的初始化可分为动态初始化和静态初始化。

（1）动态初始化。

动态初始化需要通过 new 运算符创建数组并将数组元素初始化为它们的默认值。二维数组动态初始化的语法格式为：

　　　数组类型[,] 数组名=new 数组类型[,]{数组元素初始化列表};

其中，数组类型指数组中各元素的数据类型；因为二维数组有两个下标：行下标和列下标，因此用逗号","隔开；花括号{ }中为初始值部分。

如果不给定初始值部分，则各元素将取默认值。例如：

```
int[ ,] arr=new int[3,4];
```

示例中声明了一个 3 行 4 列的二维数组，数组名为 arr，该数组共有 12 个元素，每个元素的值都为默认值 0。

也可以在初始化时给定初始值部分，则各元素将会取相应的初值。例如：

```
int[,] c = new int[2,3] { {1, 3,5}, {2, 4,6}};
```

该二维数组包括 6 个元素，分别为 c[0,0]、c[0,1]、c[0,2]、c[1,0]、c[1,1]、c[1,2]，对应值为 1、3、5、2、4、6，初始化后存储结构如图 6-5 所示。

列下标：　　0　　　1　　　2

行下标: 0	1	3	5
1	2	4	6

图 6-5　二维数组的存储结构

（2）静态初始化。

在静态初始化数组时，必须与数组声明结合使用。静态初始化数组的语法格式为：

```
数组类型[,] 数组名={数组元素初始化列表};
```

例如，对整型数组进行静态初始化：

```
int[,] myarr3={{1,2,3},{4,5,6},{7,8,9}};
```

3．二维数组的使用

若要访问二维数组中的某个元素，可通过数组名、行下标值和列下标值来访问。

【例 6-4】创建一个控制台应用程序，定义一个二维数组存储学生的姓名，并使用 for 语句将姓名输出。

代码如下：

```
using System;
namespace ex6_4
{
    class Program
    {
        static void Main(string[] args)
        {
            string[,] name = new string[2,3] {{ "李好", "张小丽", "周涛" },{ "Tom", "Rose",
            "Mike" } };
            Console.WriteLine("输出姓名：");
            for(int i=0;i<2;i++)
            {
                for(int j=0; j<3; j++)
                    Console.Write(name[i,j]+" ");
                Console.WriteLine();
            }
        }
    }
}
```

图 6-6　例 6-4 的运行结果

按 F5 键执行该程序，运行结果如图 6-6 所示。

【例 6-5】定义一个二维数组，将其各元素的值加 10 后存储到另一个二维数组中，并利用 foreach 语句和 for 语句将这两个二维数组元素的值输出。

代码如下：

```
using System;
namespace ex6_5
{
    class Program
    {
```

```
static void Main(string[] args)
{
    int[,] d1 = new int[3,4]{{1,2,3,4},{5,6,7,8},{9,10,11,12}};
    int[,] d2 = new int[3, 4];
    int count = 1;
    Console.WriteLine("输出数组 d1 的值：");
    foreach (int t in d1)
    {
        count+= 1;
        Console.Write(t+" " );
        if(count>4)
        {
            Console.WriteLine();
            count = 1;
        }
    }
    Console.WriteLine("输出数组 d2 的值：");
    for (int i = 0; i<3; i++)
    {
        for (int j = 0; j < 4; j++)
        {
            d2[i, j] = d1[i, j] + 10;
            Console.Write(d2[i, j] + " ");
        }
    }
}
```

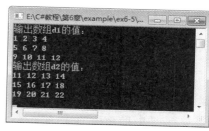

图 6-7　例 6-5 的运行结果

按 F5 键执行该程序，运行结果如图 6-7 所示。

6.1.3　多维数组

C#支持多维数组，多维数组指二维或二维以上的数组。与二维数组类似，声明 n 维数组的语法格式为：

　　数组类型[,...,] 数组名=new 数组类型[n_1,n_2,...,n_n]{数组元素初始化列表};

其中，不同维之间用逗号"，"隔开，如果是三维数组，需要用两个逗号；n_1,n_2,n_n 表示一维数组、二维数组和 n 维数组的长度。例如：

　　int[, ,] array1 = new int[4,3,3];　//声明一个三维数组

声明后即可初始化数组，例如：

　　int[, ,] array2 = new int[2, 2, 3] { { { 1, 2, 3 }, { 4, 5, 6 } }, { { 7, 8, 9 }, { 10, 11, 12 } } };

【例 6-6】定义一个三维数组，并利用 for 语句将数组元素的值输出。

代码如下：

```
using System;
namespace ex6_6
{
    class Program
    {
```

```
static void Main(string[] args)
{
    int[,,] array = new int[2,2,3]{{{1,2,3},{4,5,6}},{{7,8,9},{10,11,12}}};
    for(int i=0;i<2;i++ )
    {
        for(int j=0;j<2;j++)
        {
            for(int k=0;k<3;k++)
                Console.Write(array[i,j,k] + " ");
            Console.WriteLine();
        }
    }
}
```

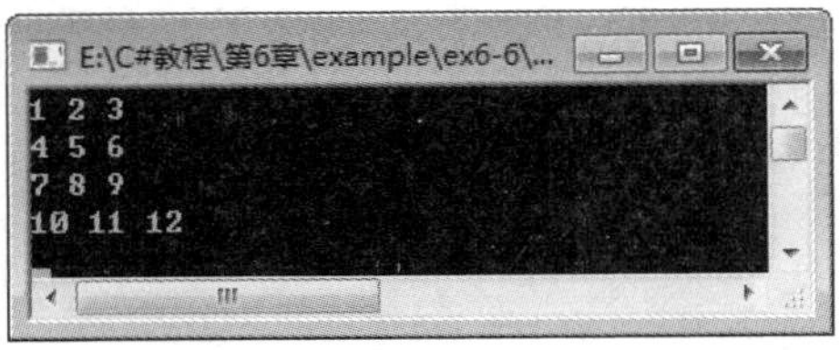

图 6-8　例 6-6 的运行结果

按 F5 键执行该程序，运行结果如图 6-8 所示。

6.1.4　交错数组

交错数组是元素为数组的数组。二维数组的大小是矩阵形式的，而交错数组元素的维度和大小可以不同。

下面声明一个由三个元素组成的一维数组，例如：

```
int[][] arr= new int[3][];        //每个元素都是一个一维整型数组
```

声明后即可初始化其元素，例如：

```
arr[0] = new int[3] { 8, 7, 2};
arr[1] = new int[4] { 1, 5, 16, 10 };
arr[2] = new int[5] { 3, 12,26,18,9 };
```

交错数组 arr 中的每个元素都是一个一维整型数组，依次为 arr[0]、arr[1]、arr[2]。其中，第一个元素是由 3 个整数组成的数组，第二个元素是由 4 个整数组成的数组，第三个元素是由 5 个整数组成的数组。也可以在声明数组时就将其初始化，例如：

```
int[][,] a= new int[3][,]
{
    new int[5] { {21,17,4,10,1},
    new int[4] {19, 6,8,10},
    new int[3] { 38,29,12 }
};
```

【例 6-7】定义一个交错数组，并利用 for 语句将数组元素的值输出。

代码如下：

```
using System;
namespace ex6_7
{
    class Program
    {
        static void Main(string[] args)
        {
            string[][] name = new string[2][];
            string[] zwname = { "张燕", "李小涛", "刘锋" };
```

```
        string[] ywname = { "Rose", "Tom", "Mike","Kate" };
        name[0] = zwname; name[1] = ywname;
        Console.WriteLine("学生姓名如下: \n 中文名: ");
        foreach (string i in name[0])
        {
            Console.Write("{0}    ", i);
        }
        Console.WriteLine("\n 英文名: ");
        foreach (string j in name[1])
        {
            Console.Write("{0}    ", j);
        }
        Console.ReadLine();
    }
  }
}
```

图 6-9　例 6-7 的运行结果

按 F5 键执行该程序, 运行结果如图 6-9 所示。

6.1.5　Array 类

Array（数组）类是 C#中所有数组的基类, 在 System 命名空间中定义。使用 C#语法创建数组时, 会创建一个派生于基类 Array 的新类, 为了使用方便, 并没有为数组按类的继承方式进行声明。Array 类提供了各种用于数组的属性和方法, 因此可以使用 Array 类中的方法和属性对数组进行遍历、排序、插入和删除等操作。

可以使用前面的语法创建数组, 也可以使用静态方法 CreateInstance()创建数组。例如:

        Array a=Array.CreateInstance(typeof(int),4);

其中, CreateInstance()方法有两个参数, 第一个参数为元素的类型, 第二个参数为数组的大小, 然后可以使用 Array 类中的 SetValue 方法设置值或 GetValue 方法读取值。

下面给出 Array 类的常用属性和方法, 如表 6-1 和表 6-2 所示。

表 6-1　Array 类的常用属性

属性	说明
IsFixedSize	获取一个值, 该值指示数组是否具有固定大小
IsReadOnly	获取一个值, 该值指示数组是否只读
Length	获取一个 32 位整数, 该整数表示所有维度的数组中的元素总数
LongLength	获取一个 64 位整数, 该整数表示所有维度的数组中的元素总数
Rank	获取数组的秩（维度）

表 6-2　Array 类的常用方法

方法	说明
Clear	根据元素的类型, 设置数组中某个范围的元素为 0、为 false、为 null
Copy(Array, Array, Int32)	从数组的第一个元素开始复制某个范围的元素到另一个数组的第一个元素位置, 长度由一个 32 位整数指定

续表

方法	说明
CopyTo(Array, Int32)	从当前的一维数组中复制所有的元素到一个指定的一维数组的指定索引位置,索引由一个 32 位整数指定
GetLength	获取一个 32 位整数,该值表示指定维度的数组中的元素数
GetLongLength	获取一个 64 位整数,该值表示指定维度的数组中的元素数
GetLowerBound	获取数组中指定维度的下界
GetType	获取当前实例的类型
GetUpperBound	获取数组中指定维度的上界
GetValue(Int32)	获取一维数组中指定位置的值,索引由一个 32 位整数指定
IndexOf(Array, Object)	搜索指定的对象,返回整个一维数组中第一次出现的索引
Reverse(Array)	逆转整个一维数组中元素的顺序
SetValue(Object, Int32)	给一维数组中指定位置的元素设置值,索引由一个 32 位整数指定
Sort(Array)	使用数组的每个元素的 IComparable 实现来排序整个一维数组中的元素
ToString	返回一个表示当前对象的字符串
Find	搜索与指定谓词定义的条件匹配的元素,返回整个数组中的第一个匹配项

Array 类是抽象类,因而不能使用它的构造函数 Array()来创建数组,但它提供了许多方法,比如对数组进行排序的 Sort 方法和 Reverse 方法、对数组进行复制的 Copy 方法。实际应用中会经常应用到数组的排序,通过遍历的方法对数组进行排序是比较麻烦的,而使用数组提供的方法就比较容易实现,Sort 方法用于对一维数组中的元素进行排序,Reverse 方法用于反转一维数组或部分数组中元素的顺序。

【例 6-8】创建一个控制台应用程序,使用 Array 类中的方法对数组进行操作。

代码如下:

```
using System;
namespace ex6_8
{
    class Program
    {
        static void Main(string[] args)
        {
            int[] a = { 25, 68, 17, 42, 33, 29, 16 };
            int[] b = new int[7];
            Console.Write("初始数组 a: ");
            foreach (int i in a)
                Console.Write(i + " ");
            Console.WriteLine();
            Array.Sort(a);                              // 数组排序
            Console.Write("数组 a 排序: ");
            foreach (int p in a)
                Console.Write(p + " ");
            Console.WriteLine();
```

```
            Array.Reverse(a);                      //数组反转
            Console.Write("数组 a 反转：  ");
            foreach (int j in a)
                Console.Write(j + " ");
            Console.WriteLine();
            Console.Write("拷贝后数组 b:  ");
            Array.Copy(a, b, 7);                   //数组拷贝
            foreach (int q in b)
                Console.Write(q + " ");
            Console.WriteLine();
        }
    }
}
```

按 F5 键执行该程序，运行结果如图 6-10 所示。

图 6-10　例 6-8 的运行结果

6.2　集合

在 C#中，集合是一个非常重要的概念。虽然使用数组可以表示相关对象的集合，但是使用数组代表集合的时候仍然会遇到一些限制，比如需要根据程序要求更改数组的大小，或者不想通过下标查找元素值。为了解决这些问题，C#和.NET Framework Class Library（FCL）提供了一系列的类用于处理不同类型的集合，这些类称为 Collection（集合）类。集合类位于 System.Collections 命名空间及其子命名空间。

System.Collections 命名空间包含接口和类，这些接口和类定义各种对象（如 ArrayList、Queque、Stack、Hashtable 和 SortedList）的集合。

System.Collections.Generic 命名空间包含定义泛型集合的接口和类，泛型集合允许用户创建强类型集合，它能提供比非泛型强类型集合更好的类型安全性和性能。

System.Collections.Specialized 命名空间包含专用的和强类型的集合，例如链接的列表词典、位向量以及只包含字符串的集合。

6.2.1　集合接口

集合可分为非泛型集合和泛型集合两种。非泛型集合类位于 System.Collections 命名空间，泛型集合类位于 System.Collections.Generic 命名空间。

System.Collections 定义了许多接口，常见的有 ICollection 接口、IEnumerable 接口、IList 接口和 IDictionary 接口。

IEnumerable 接口定义了 GetEnumerator()方法，该方法为集合类提供了计数器。它是一个很有用的接口，实现它的好处包括：

（1）支持 foreach 语句。

（2）作为一个标准的集合类与其他类库进行交互。

（3）满足更复杂的集合接口的需求。

（4）支持集合初始化器。

ICollection 接口是 System.Collections 命名空间中非泛型集合类的基接口，它继承自

IEnumerable 接口。

IDictionary 接口和 IList 接口继承自 ICollection 作为更为专用的接口，其中 IDictionary 接口是键/值对接口，它的实现如 HashTable 类；而 IList 是值的集合，其成员可通过索引访问。

如果在 C# 2.0 版本以上，应尽量使用泛型集合，泛型集合在性能和类型安全方面优于非泛型集合。下面将介绍非泛型集合，泛型集合将在第 7 章中介绍。

6.2.2 ArrayList 类

ArrayList（列表集合或动态数组）类位于 System.Collections 命名空间，它可以动态地添加和删除元素。实际上，我们可以将 ArrayList 类看做是 Array 的复杂版本，但却不等同于数组。与数组相比，ArrayList 类主要包括以下几方面的特点：

- 数组的容量或元素个数是固定的，而 ArrayList 的容量可以根据需要自动扩充。
- ArrayList 提供添加、删除和插入某一范围元素的方法，但在数组中只能一次获取或设置一个元素的值。
- ArrayList 中可以同时存放不同数据类型的元素。
- ArrayList 只能是一维形式，而数组可以是多维的。

1. 定义 ArrayList 类的对象

ArrayList 类提供了 3 种构造函数，可对应 3 种定义方法：

（1）使用默认构造函数 ArrayList()。

语法格式：ArrayList 数组名 = new ArrayList( );

例如，定义一个 ArrayList 对象并添加 5 个元素值：

```
ArrayList arr=new ArrayList();
for(int i=0;i<5;i++)
    arr.Add(i);
```

（2）使用构造函数 ArrayList(ICollection)。

语法格式：ArrayList 数组名 = new ArrayList(ICollection);

其中，ICollection 为参数，可将其他集合的元素通过参数传入 ArrayList 集合中。

例如，定义一个整型数组和一个 ArrayList 对象，并将整型数组中的元素添加到 ArrayList 对象中：

```
int[ ] arr=new int[ ]{1,3,5,7,9};
ArrayList List=new ArrayList(arr);
```

（3）使用构造函数 ArrayList(Int32)。

语法格式：ArrayList list = new ArrayList(Int32);

其中，Int32 是指 ArrayList 对象空间的大小。

例如，声明一个 ArrayList 对象，并为其赋初始值：

```
ArrayList List=new ArrayList(5);
for(int i=0;i<List.Count;i++)
{
    List.Add(i);
}
```

2. ArrayList 类的方法和属性

ArrayList 类的常用方法和属性如表 6-3 和表 6-4 所示。

表 6-3　ArrayList 类的常用方法

方法	说明
Add	将对象添加到 ArrayList 的结尾处
AddRange	将 ICollection 的元素添加到 ArrayList 的末尾
BinarySearch	使用二分检索算法在已排序的 ArrayList 或它的一部分中查找特定元素
Clear	从 ArrayList 中移除所有元素
Contains	确定某元素是否在 ArrayList 中
CopyTo	将 ArrayList 或它的一部分复制到一维数组中
IndexOf	返回 ArrayList 或它的一部分中某个值的第一个匹配项的从零开始的索引
Insert	将元素插入 ArrayList 的指定索引处
InsertRange	将集合中的元素插入 ArrayList 的指定索引处
LastIndexOf	返回 ArrayList 或它的一部分中某个值的最后一个匹配项的从零开始的索引
Remove	从 ArrayList 中移除特定对象的第一个匹配项
RemoveAt	移除 ArrayList 的指定索引处的元素
RemoveRange	从 ArrayList 中移除一定范围的元素
Reverse	将 ArrayList 或它的一部分中元素的顺序反转
SetRange	将集合中的元素复制到 ArrayList 中一定范围的元素上
Sort	对 ArrayList 或它的一部分中的元素进行排序

表 6-4　ArrayList 类的常用属性

属性	说明
Capacity	获取或设置 ArrayList 可包含的元素数
Count	获取 ArrayList 中实际包含的元素数
IsFixedSize	获取一个值，该值指示 ArrayList 是否具有固定大小
IsReadOnly	获取一个值，该值指示 ArrayList 是否为只读
IsSynchronized	获取一个值，该值指示是否同步对 ArrayList 的访问
Item	获取或设置指定索引处的元素
SyncRoot	获取可用于同步 ArrayList 访问的对象

3. ArrayList 类的使用

ArrayList 类中包括许多属性和方法，想获取 ArrayList 的容量大小，可以设置 Capacity；向 ArrayList 集合中添加元素时，可以使用 Add 方法和 Insert 方法；在 ArrayList 集合中删除元素时，可以使用 Clear 方法、Remove 方法、RemoveAt 方法和 RemoveRange 方法。

【例 6-9】创建一个控制台应用程序，定义一个 ArrayList 对象，并对其进行添加操作、删除操作、插入操作和遍历输出操作。

代码如下：

```
using System;
using System.Collections;                     //引用包含 ArrayList 类的命名空间
namespace ex6_9
{
    class Program
    {
        static void Main(string[] args)
        {
            ArrayList arr = new ArrayList();          //创建一个 ArrayList 对象
            arr.Add("Jack");                          //添加元素
            arr.Add("Tom");                           //添加元素
            arr.Add("Alice");                         //添加元素
            arr.Add("Rose");                          //添加元素
            arr.Add("James");                         //添加元素
            arr.Add("Mary");                          //添加元素
            Console.WriteLine("输出 arr 初始状态各元素的值：");
            foreach(string i in arr)                  //遍历输出集合中的元素
                Console.Write(i + "    ");
            Console.WriteLine("\n 删除操作后输出 arr 各元素的值：");
            arr.RemoveAt(2);                          //删除指定索引处的元素
            foreach (string i in arr)                 //遍历输出集合中的元素
                Console.Write(i + "    ");
            Console.WriteLine("\n 插入操作后输出 arr 各元素的值：");
            arr.Insert(3, "Anne");                    //将元素插入到指定索引处
            foreach (string i in arr)                 //遍历输出集合中的元素
                Console.Write(i + "    ");
        }
    }
}
```

按 F5 键执行该程序，运行结果如图 6-11 所示。

图 6-11　例 6-9 的运行结果

6.2.3　Queue 类

Queue（队列集合）是按照先进先出（First In First Out，FIFO）原则工作的，即最先进入队列的元素会最先移出队列。可以对 Queue 对象及其元素执行 3 个主要操作：向队列中添加元素的操作称为 Enqueue，从队列中移出元素的操作称为 Dequeue，而只获取队列首元素的值，不将该元素移出队列的操作称为 Peek。

Queue 类位于 System.Collections 命名空间，实现了 ICollection 接口和 IEnumerable 接口，但没有实现 IList 接口，因而不能用索引器访问队列。

1. 定义 Queue 类的对象

在.NET 中，System.Collections.Queue 类提供了队列的功能。Queue 类的实例化操作与 ArrayList 相似，可以使用以下方法：

（1）使用默认构造函数 Queue()。

例如，创建一个空的队列：

```
Queue que=new Queue();
```

（2）使用构造函数 Queue(Int32)。

例如，创建一个具有元素数量限制的队列：

```
Queue que=new Queue(10);     //队列的容量为 10
```

（3）使用构造函数 Queue(ICollection)。

例如，创建一个使用其他集合为参数进行实例化的队列：

```
int[] a = new int[] { 1, 2, 3, 4, 5 };
Queue otherCollection = new Queue();        //创建一个队列对象
foreach (int i in a)
    otherCollection.Enqueue(i);
Queue que = new Queue(otherCollection);      //使用其他集合元素创建队列对象
```

2. Queue 类的属性和方法

Queue 类的常用属性和方法如表 6-5 和表 6-6 所示。

表 6-5　Queue 类的常用属性

属性	说明
Count	获取 Queue 中包含的元素数
IsSynchronized	获取一个值，该值指示是否同步对 Queue 的访问（线程安全）
SyncRoot	获取可用于同步对 Queue 访问的对象

表 6-6　Queue 类的常用方法

方法	说明
Clear()	从 Queue 中移除所有对象
Clone()	创建 Queue 对象的副本
Contains(Object)	确定某元素是否在 Queue 中
Dequeue()	移除并返回位于 Queue 开始处的对象
Enqueue(Object)	将对象添加到 Queue 的结尾处
Finalize()	在垃圾回收将某一对象回收前，允许该对象尝试释放资源并执行其他清理操作
GetEnumerator()	返回循环访问 Queue 的枚举数
Peek()	返回位于 Queue 开始处的对象但不将其移除
ToString()	返回表示当前对象的字符串
ToArray()	将 Queue 元素复制到新数组
TrimToSize()	将容量设置为 Queue 中元素的实际数目
CopyTo(Array,Int32)	从指定数组索引开始将 Queue 元素复制到现有一维数组中

3. Queue 类的使用

【例 6-10】创建一个控制台应用程序，实现 Queue 类的各种操作。

代码如下：

```
using System;
using System.Collections;
namespace ex6_10
{
    class Program
    {
        static void Main(string[] args)
        {
            Queue qu = new Queue();
            foreach (int i in new int[4]{ 1, 2, 3, 4 })
                qu.Enqueue(i);                      //填充队列
            Console.WriteLine("遍历 qu 队列：");
            foreach (int i in qu)                   //qu 进行 Enqueue 操作后遍历队列
                Console.Write(i+" ");
            qu.Dequeue();                           //删除 qu 队列首元素
            Console.WriteLine("\nDequeue 操作 qu：");
            foreach(int i in qu)                    //qu 进行 Dequeue 操作后遍历队列
                Console.Write(i + " ");
            object t = qu.Peek();                   //取出队首元素但不删除
            Console.WriteLine("\n 队首元素是：{0}",t.ToString());
            Console.ReadLine();
        }
    }
}
```

按 F5 键执行该程序，运行结果如图 6-12 所示。

图 6-12 例 6-10 的运行结果

6.2.4 Stack 类

Stack（栈集合）是按照后进先出（Last In First Out，LIFO）原则工作的，即最后进入集合的元素会最先从集合中移出。可以对 Stack 对象及其元素执行 3 个主要操作：向栈中添加变量的操作称为进栈；获取栈中变量的操作称为出栈；而获取最后一个进栈变量的值，不将该元素移出栈的操作称为 Peek。

与 Queue 类相似，Stack 类位于 System.Collections 命名空间，实现了 ICollection 接口和 IEnumerable 接口。

1. 定义 Stack 类的对象

Stack 类的实例化操作与 Queue 相似，可以使用以下方法：

（1）使用默认构造函数 Stack()。

例如，创建一个空的栈：

```
Stack sta=new Stack();
```

（2）使用构造函数 Stack(Int32)。

例如，创建一个具有元素数量限制的栈：

```
Stack sta=new Stack(2);        //栈的容量为 2
sta.Push("英语");
sta.Push("数学");
```

（3）使用构造函数Stack(ICollection)。

例如，创建一个使用其他集合为参数进行实例化的栈：

```
Stack otherCollection = new Stack();        //创建一个栈对象
int [] a=new int[4]{ 1, 2, 3, 4 };
foreach (int i in a)
    otherCollection.Push(i);                //向栈中添加元素
Stack sta= new Queue(otherCollection);      //使用 otherCollection 创建 sta 对象
```

2. Stack 类的属性和方法

Stack 类的常用属性和方法如表 6-7 所示。

表 6-7　Stack 类的常用属性和方法

属性或方法	说明
Count	获取 Stack 中包含的元素数
Contains(Object)	判断某个元素是否在 Stack 中
ToArray()	复制 Stack 到一个新的数组中
Clear()	从 Stack 中移除所有的元素
Peek()	返回 Stack 顶部的对象而不删除它
Pop()	删除并返回 Stack 顶部的对象
Push(Object)	在 Stack 的顶部插入一个对象

3. Stack 类的使用

【例 6-11】创建一个控制台应用程序，实现 Stack 类的各种操作。

代码如下：

```
using System;
using System.Collections;
namespace ex6_11
{
    class Program
    {
        static void Main(string[] args)
        {
            Stack mystack = new Stack();        //创建 mystack 类的对象
            //向栈中添加元素
```

```
                    mystack.Push("Jack");
                    mystack.Push("Kitty");
                    mystack.Push("Tom");
                    mystack.Push("Alice");
                    Console.WriteLine("myStack：");
                    Console.WriteLine("\t 元素个数： " +    "{0}", mystack.Count);
                    Console.WriteLine("遍历 mystack： ");
                    foreach (Object obj in mystack)              //遍历 mystack
                    {
                       Console.Write("      {0}", obj);
                    }
                    Console.WriteLine("\n 输出 mystack 中的元素： ");
                    while (mystack.Count!=0)                     //输出 mystack 中的元素
                    {
                       Console.WriteLine(mystack.Pop());
                    }
                 }
              }
           }
```

按 F5 键执行该程序，运行结果如图 6-13 所示。

图 6-13　例 6-11 的运行结果

在程序中使用了 while 循环用于获取栈中所有的元素，这是由栈的特性决定的。对栈执行 Pop 操作时，获取了最后一个进栈元素的值，同时对该元素执行了出栈操作。因此，在执行 Pop 操作后，栈的 Count 值将减 1。

如果只想获取最后一个进栈元素的值，而不对该元素执行出栈操作，则可以使用 Peek 操作。

6.2.5　Hashtable 类

Hashtable（哈希表）类来自 System.Collections.Hashtable 命名空间，是一种以 key/value 对应的形式存储数据的集合类型。

在 Hashtable 集合中，每个元素都是一个存储在 DictionaryEntry 对象中的键/值对。每个元素包括一个 key 键和一个 value 值，它们均为 object 类型。Hashtable 具有以下特点：

● Hashtable 类中的键不允许重复，但值可以。

● Hashtable 类所存储的键/值对中，值可以为 null，但键不允许为 null。

● Hashtable 中的元素为 DictionaryEntry 结构类型，可通过 DictionaryEntry 的 Key 属性和 Value 属性访问元素。

● Hashtable 不允许进行排序操作。

1．定义 Hashtable 类的对象

Hashtable 实现了 IDictionary、ICollection 和 IEnumerable 接口。Hashtable 类的实例化操作可以使用以下方法：

（1）使用默认构造函数 Hashtable()。

```
Hashtable ht=new Hashtable( );    //创建一个空的哈希表
```

（2）使用构造函数 Hashtable(Int32)。

例如，创建一个具有元素数量限制的哈希表：

```
Hashtable ht=new Hashtable (3);    //哈希表的容量为 3
ht.Add("001", "Tom");
ht.Add("002", "Mike");
ht.Add("003", "Rose");
```

（3）使用构造函数Hashtable(IDictionary)。

新实例初始化 Hashtable 类将从指定字典的元素复制到新 Hashtable 对象。例如：

```
SortedList mysl = new SortedList( );    //创建一个排序列表 mysl 对象
mysl.Add("one", "Hello");
mysl.Add("two", "World");
mysl.Add("three", "!");
Hashtable myht= new Hashtable(mysl);    //使用 mysl 创建 myht 对象
```

2．Hashtable 类的属性和方法

Hashtable 类的常用属性和方法如表 6-8 和表 6-9 所示。

表 6-8　Hashtable 类的常用属性

属性	说明
Count	获取 Hashtable 中包含的键/值对个数
IsFixedSize	获取一个值，表示 Hashtable 是否具有固定大小
IsReadOnly	获取一个值，表示 Hashtable 是否只读
Item	获取或设置与指定的键相关的值
Keys	获取一个 ICollection，包含 Hashtable 中的键
Values	获取一个 ICollection，包含 Hashtable 中的值

表 6-9　Hashtable 类的常用方法

方法	说明
Add(Object,Object)	向 Hashtable 添加一个带有指定的键和值的元素
Clear()	从 Hashtable 中移除所有元素
ContainsKey(Object)	判断 Hashtable 是否包含指定的键
ContainsValue(Object)	判断 Hashtable 是否包含指定的值
Remove(Object)	从 Hashtable 中移除带有指定的键的元素
ToString()	返回表示当前对象的字符串

3．Hashtable 类的使用

【例 6-12】创建一个控制台应用程序，实现 Hashtable 类的各种操作。

代码如下：

```
using System;
using System.Collections;
namespace ex6_12
{
    class Program
    {
        static void Main(string[] args)
        {
            Hashtable ht = new Hashtable(10);   //创建一个 Hashtable 实例
            //添加键/值对
            ht.Add("bh010", "张云");    ht.Add("bh011", "刘小方");
            ht.Add("bh012", "郭俊");    ht.Add("bh013", "叶彩霞");
            Console.WriteLine("输出 Hashtable 集合中的 key 值和 value 值：");
            foreach(DictionaryEntry t in ht)
            {
                string k1 = t.Key.ToString();          //获取元素 key 值
                string v1 = t.Value.ToString();        //获取元素 value 值
                Console.WriteLine("{0}    {1}    ", k1,v1);
            }
            Console.WriteLine("输出 Hashtable 集合中的 key 值：");
            foreach (string m in ht.Keys)
                Console.WriteLine(m);
            Console.WriteLine("输出 Hashtable 集合中的 value 值：");
            foreach (string n in ht.Values)
                Console.WriteLine(n);
            Console.WriteLine("Hashtable 集合的大小为：{0}",ht.Count);
            Console.WriteLine(ht.ContainsKey("bh012"));
            Console.WriteLine(ht.ContainsValue("张云"));
            //使用键值获取集合元素
            Console.WriteLine("Value 值是 bh012 的 Key 值是：{0}",ht["bh012"]);
            ht.Remove("bh011");   //从 Hashtable 集合中移除 Key 值为 bh011 的元素
            Console.WriteLine("Hashtable 集合的大小为：{0}", ht.Count);
        }
    }
}
```

按 F5 键执行该程序，运行结果如图 6-14 所示。

图 6-14　例 6-12 的运行结果

6.2.6　SortedList 类

SortedList（排序列表）类表示一系列按照键来排序的键/值对，这些键值对可以通过键和索引来访问。

排序列表是数组和哈希表的组合。它包含一个可使用键或索引访问各项的列表。若使用索引访问各项，则它是一个数组列表；若使用键访问各项，则它是一个哈希表。

SortedList 类与 Hashtable 类非常相似，最大的区别在于，SortedList 集合中的各项总是按键排序，而 Hashtable 集合中的元素没有进行排序。SortedList 具有以下优点：可根据需要自动增大容量；允许通过相关联键或通过索引对值进行访问，可提供更大的灵活性。

1. SortedList 类的构造函数

SortedList 类位于 System.Collection 命名空间，实现了 ICollection、IEnumerable、IDictionary 等接口。下面介绍 SortedList 类的几种构造函数。

（1）SortedList()。

初始化 SortedList 类的新实例。该实例为空、具有默认初始容量并依据 IComparable 接口进行排序。其中，IComparable 接口由加入到 SortedList 中的每一个键实现。例如：

```
SortedList myst1=new SortedList();
```

（2）SortedList (IComparer)。

初始化 SortedList 类的新实例，该实例为空、具有默认初始容量并依据指定的 IComparer 接口进行排序。

（3）SortedList (IDictionary)。

初始化 SortedList 类的新实例，该实例包括从指定字典复制的元素、具有与所复制的元素数同样的初始容量并依据由每一个键实现的 IComparable 接口排序。例如：

```
Hashtable ht= new Hashtable();
ht.Add("one", "Hello");
ht.Add("two", "C#");
ht.Add("three", "!");
SortedList myst2 = new SortedList(ht);
```

（4）SortedList(Int32)。

初始化 SortedList 类的新实例，该实例为空、具有指定的初始容量并依据 IComparable 接口进行排序。例如：

```
SortedList myst3= new SortedList( 3 );
myst3.Add("01", "Hello");
myst3.Add("02", "C#");
myst3.Add("03", "!");
```

2. SortedList 类的属性和方法

SortedList 类的常用属性和方法如表 6-10 和表 6-11 所示。

表 6-10　SortedList 类的常用属性

属性	说明
Count	获取 SortedList 中包含的元素数
IsFixedSize	获取一个值，该值指示 SortedList 是否具有固定大小

续表

属性	说明
IsReadOnly	获取一个值，该值指示 SortedList 是否为只读
Keys	获取包含 SortedList 中的键的集合
Values	获取包含 SortedList 中的值的集合
Capacity	获取或设置 SortedList 的容量

表 6-11　SortedList 类的常用方法

方法	说明
Add(Object, Object)	向 SortedList 集合中添加一个带有指定的键和值的元素
ContainsKey(Object)	返回布尔型值，表明 SortedList 集合中是否包含指定键
ContainsValue(Object)	返回布尔型值，表明 SortedList 集合中是否包含指定值
IndexOfKey(Object)	返回指定键值在 SortedList 集合中的索引值
IndexOfValue(Object)	返回指定元素值在 SortedList 集合中的索引值
GetByIndex(Int32)	获取 SortedList 的指定索引处的值
GetKey(Int32)	获取 SortedList 的指定索引处的键
Remove(Object)	从 SortedList 集合中移除指定键值的元素

3．SortedList 类的使用

【例 6-13】创建一个控制台应用程序，实现 SortedList 类的各种操作。

代码如下：

```
using System;
using System.Collections;
namespace ex6_13
{
    class Program
    {
        static void Main(string[] args)
        {   SortedList myst= new SortedList();
            myst.Add("010", "北京"); myst.Add("0755", "深圳");
            myst.Add("027", "武汉"); myst.Add("021", "上海");
            Console.WriteLine("myst 排序列表：");
            Console.WriteLine("   Count:      {0}", myst.Count);
            Console.WriteLine("   Capacity: {0}", myst.Capacity);
            Console.WriteLine("排序表中存放的元素依次是：");
            for(int i=0;i<myst.Count;i++)
                Console.WriteLine("{0}\t{1}", myst.GetKey(i), myst.GetByIndex(i));
        }
    }
}
```

按 F5 键执行该程序，运行结果如图 6-15 所示。

图 6-15　例 6-13 的运行结果

习题 6

一、选择题

1.（　　）正确定义了一个数组。

  A．int array1=new int [10];　　　　　　B．int[] array1=new int;

  C．int[] array1=new int[10];　　　　　　D．int[] array1=new int(10);

2．在 C#程序中，使用（　　）关键字来创建数组。

  A．new　　　　　B．array　　　　　C．static　　　　　D．this

3．下列代码的运行结果是（　　）。

```
int[ ]age=new int[]{16,18,20,14,22};
foreach(int i in age){
    if(i>18)
        continue;
    Console.Write(i.ToString()+" ");
}
```

  A．16 18 20 14 22　　　　　　　　　B．16 18 14 22

  C．16 18 14　　　　　　　　　　　　D．16 18

4．下列关于数组访问的描述中，（　　）是错误的。

  A．数组元素索引是从 0 开始的

  B．对数组元素的所有访问都要进行边界检查

  C．如果使用的索引小于 0 或大于数组的大小，编译器将抛出一个异常

  D．数组元素的访问是从 1 开始，到 Length 结束

5．int[][] myArray3=new int[3][]{new int[3]{5,6,2},new int[2]{3,2}};，myArray3[2][2]的值是（　　）。

  A．9　　　　　　B．2　　　　　　C．6　　　　　　D．越界

6．C#中，关于 Array 类和 ArrayList 类，说法错误的是（　　）。

  A．ArrayList 类是 Array 类的优化版本

  B．Array 类的元素个数是固定的

  C．Array 类的下界始终是 0

  D．ArrayList 是单维的

7. ArrayList 中（　　）属性可以指定 ArrayList 的容量。

　　A．Value　　　　　　B．Capacity　　　　　C．Total　　　　　　D．Count

8. 在.NET 中，ArrayList 对象位于（　　）命名空间。

　　A．System.Array　　　　　　　　　B．System.IO

　　C．System.Collection　　　　　　　D．System.RunTime

9. 下列代码的运行结果是（　　）。

```
Static void Main(){
    int [] num=new int[] {1,2,3,4,5};
    Array.Reverse(num);
    foreach(int i in num) {
        Console.write(i);
    }
}
```

　　A．0000　　　　　　B．12345　　　　　　C．54321　　　　　D．不确定

10. 下列代码的运行结果是（　　）。

```
Hashtable hsStu = new Hashtable();
hsStu.Add(3,"优");
hsStu.Add(2, "良");
hsStu.Add(1, "中");
Console.WriteLine(hsStu[3]);
```

　　A．3　　　　　　　B．优　　　　　　　C．1　　　　　　　D．中

二、简答题

1. 简述交错数组和二维数组的区别。

2. 什么是集合，集合包括哪几种？

3. 什么是数组，数组最适合在哪种情况下使用？

三、编程题

1. 定义一个 3 行 4 列的二维数组，求数组中的最大值和最小值。

2. 已知有 5 个元素的数组，请用冒泡排序法将其排序。

3. 给出两个矩阵，求其积。

4. 已知有 6 个元素的数组，用户输入一个数值，找出这个数值在数组中的序号，如果没有则输出"不存在"。

第 7 章　泛型

【学习目标】

- 理解泛型的概念。
- 掌握泛型类、泛型结构、泛型接口、泛型方法和泛型的继承。
- 掌握泛型的约束。
- 掌握泛型集合。

7.1　泛型概述

我们在编写程序时，经常会遇到功能相似的几个模块，比如一个是处理整型数据，另一个是处理字符型数据，因为方法的参数类型不同，一般采取的办法是写多个方法分别去处理。有没有一种办法，在方法中传入通用的数据类型，从而减少代码呢？泛型的出现解决了这个问题。

C#泛型参数化了类型，把类型作为参数抽象出来，从而使我们在实际的运用当中能够更好地实现代码的重复利用，同时它提供了更强的类型安全和更高的效率。

7.1.1　泛型的定义

所谓泛型，即通过参数化类型来实现在同一份代码上操作多种数据类型，泛型编程是一种编程范式，它利用"参数化类型"将类型抽象化，从而实现更为灵活的复用。

C#提供了类、结构、接口、委托和方法 5 种泛型，前 4 种都是类型，而方法是成员。在概念上，泛型类似于 C++模板，但在实现和功能方面又有所不同。

- C#泛型未提供与 C++模板相同程度的灵活性。例如，尽管在 C#泛型类中可以调用用户定义的运算符，但不能调用算术运算符。
- C#不允许非类型模板参数。
- C#不支持显式专用化，即特定类型模板的自定义实现。
- C#不支持部分专用化，即类型参数子集的自定义实现。
- C#不允许将类型参数用作泛型类型的基类。
- C#不允许类型参数具有默认类型。
- 在 C#中，尽管构造类型可用作泛型，但泛型类型参数自身不能是泛型。C++允许模板参数。
- C++允许那些可能并非对模板中的所有类型参数都有效的代码，然后将检查该代码中是否有用作类型参数的特定类型。C#要求相应地编写类中的代码，使之能够使用任何满足约束的类型。

7.1.2　泛型类

泛型类封装不是特定于具体数据类型的操作，泛型类最常用于集合，如链表、哈希表、堆栈、队列、树等。像从集合中添加和移除项的操作都以大体上相同的方式执行，与所存储数据的类型无关。

一般情况下，创建泛型类的过程为：从一个现有的具体类开始，逐一将每个类型更改为类型参数，直至达到通用化和可用性的最佳平衡。

泛型类的定义为：

```
class   ClassName<T>
{
        //泛型类的构造函数
        [访问修饰符] ClassName(参数)
        {
              …
        }
        //泛型类的其他成员

}
```

其中，ClassName 为类名，T 是类型参数的名称，可看做是一个占位符，用尖括号"<>"括起来。T 不是一种类型，而是代表了某种可能的类型，它在创建类的实例时确定，以后用实际类型替代。创建泛型类时需要注意以下几个方面：

● 确定将哪些类型通用化为类型参数。通常能够参数化的类型越多，代码就会变得越灵活，重用性就越好。

● 如果存在约束，应对类型参数应用什么约束。

● 是否将泛型行为分解为基类和子类。

● 是否实现一个或多个泛型接口。

泛型类与普通类的区别在于，泛型多了一个或多个表示类型的占位符，而且 T 可以用于在类内部定义局部变量、用作方法参数和方法的返回值类型。

声明一个泛型类，例如：

```
class MyClass<T >
{
    T field;                        //T 用于定义局部变量
    public MyClass(T data)          //T 用于定义构造方法参数
    {
        field=data;
    }
    public T GetField()             //T 用作方法的返回值修饰
    {
        return field;
    }
}
```

【例 7-1】创建一个应用程序，实现泛型类的定义和使用。

代码如下：

```
using System;
namespace ex7_1
{
        //定义一个泛型类
        public class Stack<T>
        {
            private T[] stk;
```

```
        int pointer;
        public Stack(int num)
        {
            stk = new T[num];
            pointer = 0;
        }
        public void Push(T elem)
        {
            stk[pointer] = elem;
            pointer++;
        }
        public T Pop()
        {
            pointer--;
            return stk[pointer];
        }
        public void display()
        {
            Console.WriteLine("元素依次入栈为：");
            foreach (T t1 in stk)
            {
                Console.WriteLine(t1);
            }
        }
    }
}
//使用泛型类
class Program
{
    static void Main(string[] args)
    {
        Stack<string> stk1 = new Stack<string>(3); //实例化一个 string 类型的对象
        stk1.Push(@"A");
        stk1.Push(@"B");
        stk1.Push(@"C");
        stk1.display();
        Console.WriteLine("元素出栈依次为：");
        Console.WriteLine(stk1.Pop());
        Console.WriteLine(stk1.Pop());
        Console.WriteLine(stk1.Pop());
        Stack<int> stk2 = new Stack<int>(3);    //实例化一个 int 类型的对象
        stk2.Push(1);
        stk2.Push(8);
        stk2.Push(10);
        stk2.display();
        Console.WriteLine("元素出栈依次为：");
        Console.WriteLine(stk2.Pop());
        Console.WriteLine(stk2.Pop());
        Console.WriteLine(stk2.Pop());
        Console.ReadLine();
    }
}
}
```

按 F5 键执行该程序，运行结果如图 7-1 所示。

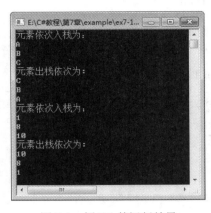

图 7-1　例 7-1 的运行结果

7.1.3　泛型结构

声明泛型结构的语法格式如下：

```
Struct 结构名称<T>
{
    //结构体语句
}
```

与泛型类类似，泛型结构也有类型参数和类型参数约束。

【例 7-2】创建一个应用程序，实现泛型结构的定义和使用。

代码如下：

```
using System;
namespace ex7_2
{
    class Program
    {
        static void Main(string[] args)
        {
            Showfo<int> s1 = new Showfo<int>(68);
            Showfo<double> s2 = new Showfo<double>(3.2);
            Console.WriteLine(s1.Getvalue);
            Console.WriteLine(s2.Getvalue);
            Console.ReadLine();
        }
    }
    struct Showfo<T>                    //定义一个泛型结构
    {
        private T value;
        public Showfo(T val)
        {
            value = val;
        }
        public T Getvalue
```

```
            {
                get
                {
                    return value;
                }
            }
        }
    }
```

按 F5 键执行该程序，运行结果如图 7-2 所示。

图 7-2　例 7-2 的运行结果

7.1.4　泛型接口

声明泛型接口的语法格式如下：

```
Interface  接口名称<T>
{
    //接口体语句
}
```

和泛型类一样，泛型接口在原接口定义的基础上增加了类型参数<T>，类型参数可用于定义接口成员的返回类型和成员方法的参数类型。需要注意的是，泛型类型声明所实现的接口必须对所有可能的构造类型都保持唯一，否则就无法确定该为某些构造类型调用哪个方法。

【例 7-3】创建一个控制台应用程序，实现泛型接口的定义和使用。

代码如下：

```
using System;
namespace ex7_3
{
    class Program
    {
        static void Main(string[] args)
        {
            IMess<string> ms = new Mess<string>();
            ms.showfo("Welcome!");
            Console.ReadLine();
        }
    }
    //定义泛型接口
    interface IMess<T>
    {
        //定义泛型方法
        void showfo(T info);
        T getinfo();
    }
    //实现泛型接口
    class Mess<T> : IMess<T>
    {   private T inf;
        //实现泛型接口的方法
        public void showfo(T inform)
        {
            inf=inform;
            Console.WriteLine(inform);
```

```
        }
        public T getinfo()
        {
            return inf;
        }
    }
}
```

图 7-3　例 7-3 的运行结果

按 F5 键执行该程序，运行结果如图 7-3 所示。

7.1.5　泛型方法

泛型方法是使用类型参数声明的方法。泛型方法可以在类、结构或接口声明中声明，这些类、结构或接口本身可以是泛型或非泛型。一般情况下，泛型方法包括两个参数列表：一个泛型类型参数列表和一个形参列表。声明泛型方法的语法格式为：

```
[访问修饰符]返回值类型  方法名<类型参数列表>(形参列表)
{
    //方法体语句
}
```

下列代码声明了一个泛型方法：

```
static void Swap<T>(ref T m, ref T n)
{
    T temp;
    temp = m;
    m = n;
    n = temp;
}
```

声明泛型方法后，可进行泛型方法的调用：

```
public static void TestSwap()
{   //使用 int 作为类型参数调用泛型方法
    int a1 = 6;
    int b1 = 8;
    Swap<int>(ref a1, ref b1);
    Console.WriteLine(a1 + " " + b1);
    //使用 double 作为类型参数调用泛型方法
    double a2 = 6.2;
    double b 2= 8.8;
    Swap<double>(ref a2, ref b2);
    Console.WriteLine(a2 + " " + b2);
}
```

在一些情况下，编译器可以根据传入的方法参数判断出类型参数的具体类型，此时可以省略指定实际泛型参数，但是编译器不能根据返回值推断泛型参数。

泛型方法和普通方法一样，可以使用类型参数进行重载。例如：

```
void fun() { }
void fun<T>() { }
void fun<T, U>() { }
```

7.1.6　泛型的继承

构造类型用于引用泛型类型，它可以分为开放构造类型和封闭构造类型两种。

- 使用一个或多个类型形参的构造类型称为开放构造类型。若类型参数处于未指定状态，则创建的是开放构造类型。
- 不使用类型形参的构造类型称为封闭构造类型。若引用的泛型类型指定了类型实参，则创建的是封闭构造类型。

一般来说，泛型的继承具有如下规则：

（1）泛型类可以从非泛型类、封闭构造类型、开放构造类型继承。例如：

```
class BaseClass{ }                              //非泛型类
class BaseClassGeneric<T>{ }                     //泛型类
class ClassName1<T>:BaseClass{ }                 //泛型类继承自非泛型类
class ClassName2<T>: BaseClassGeneric<int>{ }    //泛型类继承自封闭构造类型
class ClassName3<T>: BaseClassGeneric< >{ }      //泛型类继承自开放构造类型
```

（2）非泛型类可以从封闭构造类型继承，但无法从开放构造类型或裸类型参数继承。例如：

```
class BaseClass{ }                               //非泛型类
class BaseClassGeneric<T>{ }                      //泛型类
class ClassName1: BaseClassGeneric<int>{ }        //非泛型类可以从封闭构造类型继承
class ClassName2: BaseClassGeneric<T>{ }          //非泛型类不能从开放构造类型继承
class ClassName3: T{ }                            //非泛型类不能从裸类型参数继承
```

（3）开放构造类型继承的泛型类，如果基类的某个类型参数没有在派生类中使用，则必须在基类中为这个类型参数提供类型实参。例如：

```
class BaseClassGeneric<T,U>{ }                    //泛型类
class ClassName1<T>: BaseClassGeneric<T,int>{ }   //编译正确
class ClassName2<T>: BaseClassGeneric<T,U>{ }     //编译错误
```

（4）从开放构造类型继承的泛型类如果有约束，则泛型类也必须指定约束，且泛型类的约束是基类型约束的超集或包含基类型约束。

（5）开放构造类型和封闭构造类型可以作方法参数。

7.2　泛型约束

在定义泛型类时，可以在类型参数上加一个或多个约束来限制类型参数的取值范围，通过 where 子句来指定类型参数必须满足的约束条件。其语法格式为：

```
Class className<T>where T:约束类型
{
    //泛型类的成员
}
```

其中，T 是类型参数的名称，类型参数和约束类型中间用冒号隔开。

对于有类型参数约束的类，使用不被允许的类型初始化时会产生编译错误。泛型约束有 6 种类型，如表 7-1 所示。

表 7-1　泛型约束类型

约束类型	说明
Where T:class	类型参数必须是引用类型，包括类、接口、委托、数组类型
Where T:struct	类型参数必须是值类型，可以是除 Nullable 外的任何值类型
Where T:<base class name>	类型参数必须是指定的类或它的派生类
Where T:<interface name>	类型参数必须是指定的接口或实现了该接口的类型
Where T:new()	类型参数必须具有一个无参数的公共构造函数
Where T:U	类型参数必须是类型实参 U 或者是 U 的派生类（也称裸类型约束）

几个类型参数的约束之间没有次序要求，但对于某一个类型参数的多种约束类型是有次序要求的。一般将 class、struct 和<base class name>这 3 种约束类型放在最前面，<interface name>约束类型次之，new()约束类型放在最后。

1. 引用类型约束

引用类型约束的表示形式为 T:class，它确保传递的类型实参必须是引用类型。其语法格式如下：

```
class className<T>where T:class
{
    //泛型类的成员
}
```

其中，T 只能为引用类型，若为值类型会出现编译错误。

2. 值类型约束

值类型约束的表示形式为 T:struct，它确保传递的类型实参是值类型（不包括可空类型）。其语法格式如下：

```
class className<T>where T:struct
{
    //泛型类的成员
}
```

其中，T 只能为值类型，若为引用类型则会出现编译错误。

【例 7-4】使用 struct 实现值类型约束。

代码如下：

```
using System;
namespace ex7_4
{
    class Program
    {
        static void Main(string[] args)
        {
            ShowObjectType<int> sw = new ShowObjectType<int>();
            sw.ShowValue<int>(8);
            sw.ShowValue<double>(8.1);
            Console.ReadLine();
        }
        public class ShowObjectType<T> where T : struct
```

```
        {
            public void ShowValue<T>(T t)
            {
                Console.WriteLine(t.GetType());
            }
        }
    }
}
```

按 F5 键执行该程序，运行结果如图 7-4 所示。

图 7-4 例 7-4 的运行结果

3. 基类约束

基类约束的表示形式为 T:基类名，它确保类型实参支持指定的基类类型参数。其语法格式如下：

```
class className<T>where T:基类名
{
    //泛型类的成员
}
```

【例 7-5】基类约束的使用。

代码如下：

```
using System;
namespace ex7_5
{
    public class Person
    {
        private string cardno;              //身份证号
        private string name;                //姓名
        public Person(string i, string s)
        {
            cardno = i;
            name = s;
        }
        public string CardNo
        {
            get { return cardno; }
            set { cardno = value; }
        }
        public string Name
        {
            get { return name; }
            set { name = value; }
        }
```

```
        }
public class PersonList<T> where T : Person        // Person 链表类泛型
{
    private class Node
    {
        private Node next;                         //指向下一个结点
        private T data;                            //结点值
        public Node(T t)                           //构造函数
        {
            next = null;
            data = t;
        }
        public Node Next
        {
            get { return next; }
            set { next = value; }
        }
        public T Data
        {
            get { return data; }
            set { data = value; }
        }
    }
    private Node head;
    public PersonList()                            //构造函数
    {
        head = null;
    }
    public void AddHead(T t)                       //插入一个结点，放在头部
    {
        Node n = new Node(t);
        n.Next = head;
        head = n;
    }
    public T FindbyCardNo(string s)
    {
        Node current = head;
        T t = null;
        while (current != null)
        {
            //The constraint enables access to the Name property.
            if (current.Data.CardNo == s)
            {
                t = current.Data;
                break;
            }
            else
            {
                current = current.Next;
            }
```

```
                    }
                    return t;
                }
        }
        class Program
        {
            static void Main(string[] args)
            {
                    PersonList<Person> ps = new PersonList<Person>();
                    Person p;
                    Person p1 = new Person("420123", "李小芳");
                    Person p2 = new Person("420134", "王涛");
                    Person p3 = new Person("420145", "张成功");
                    ps.AddHead(p1);
                    ps.AddHead(p2);
                    ps.AddHead(p3);
                    p = ps.FindbyCardNo("420123");              //按身份证号查找
                    Console.WriteLine("身份证号：{0} 对应 姓名：{1}", p.CardNo,p.Name);
                    Console.ReadLine();
            }
        }
    }
```

按 F5 键执行该程序，运行结果如图 7-5 所示。

图 7-5　例 7-5 的运行结果

4. 接口约束

接口约束的表示形式为 T:接口名，它确保指定的类型实参必须是接口或实现了该接口的类。其语法格式如下：

```
class className<T>where T:接口名
{
    //泛型类的成员
}
```

用于约束的接口可以有多个，各接口之间通过逗号隔开。

5. new()构造函数约束

构造函数类型约束的表示形式为 T:new()，它确保指定的类型实参有一个公共无参构造函数的非抽象类型。如果类型参数有多个约束，则此约束必须最后指定。其语法格式如下：

```
class className<T>where T:new()
{
    //泛型类的成员
}
```

6. 组合约束

组合约束是将多个不同种类的约束合并在一起的情况。需要注意的是，没有任何一种类型既是引用类型，又是值类型，所以引用约束和值约束不能同时使用。

若接口约束中同时包含基类约束，则基类必须放在接口的前面。例如：

```
Class MyClass<T> where T:class,IMyInterface
```

不同的类型参数可以有不同的约束，但每种类型参数必须分别使用一个单独的 where 关键字。例如：

```
Class MyClass<T,U> where T:class,where U:new()
```

7.3 泛型集合

在前面章节中已经学习了集合，比如 ArrayList、Queue、HashTable 等。使用集合时，可以存储任意类型的数据，它提供方便的同时也带来了一系列问题。最主要的问题在于使用过程中需要进行装箱和拆箱操作，效率低下，而且它有可能引发由于类型不安全而导致的运行时异常。

如何才能解决上述问题呢？C#中提供了一系列相关的泛型集合类，通过泛型集合类可以避免上述不足。使用泛型集合类可以提供更高的类型安全性，在某些情况下还可以提供更好的性能，特别是在存储值类型时，这种优势更明显。

泛型集合类位于 System.Collections.Generic 命名空间，使用前需要引入该命名空间。表 7-2 列出了几种常用的泛型集合类（或接口）及其对应的非泛型集合类（或接口）。

表 7-2 泛型集合类和非泛型集合类

泛型集合类	非泛型集合类
List<T>	ArrayList
Queue<T>	Queque
Stack<T>	Stack
Dictionary<K,V>	Hashtable
SortedList<K,V>	SortedList
ICollection<T>	ICollection
IComparable<T>	System.IComparable
IDictionary<K,T>	IDictionary
IEnumerable<T>	IEnumerable
IEnumerator<T>	IEnumerator
IList<T>	IList

7.3.1 List<T>

List<T>类是 ArrayList 类的泛型等效版本，两者功能相似。List<T>类兼具泛型和 ArrayList 类的优点，使用它可以限制集合中存储数据的类型，类型明确，无需强制转换，若是不兼容的类型会出现编译错误。例如：

```
ArrayList arr=new ArrayList();        //ArrayList 集合
arr.Add(8);                           //添加元素
arr.Add(21);                          //添加元素
int sum=0;
for(int i=0;i<arr.Count;i++)
    sum+=(int)arr[i];                 //需要对 arr[i]进行强制转换
Console.writeLine(sum);
```

上述代码利用 for 语句从 ArrayList 取值时，得到的是 object 类型，而不是整型数据，因此需要对其进行强制转换。

如果使用泛型集合 List<T>，则能充分体现泛型集合的优势。例如：

```
List<int>arr=new List<int>( );        //泛型集合
arr.Add(8);                           //添加元素
arr.Add(21);                          //添加元素
int sum=0;
for(int i=0;i<arr.Count;i++)
    sum+=arr[i];                      //不需要对 arr[i]进行强制转换
Console.writeLine(sum);
```

与使用 ArrayList 集合不同的是，添加整型数据，利用 for 语句取值时，得到的仍是整型数据，因此不需要对其进行强制转换。

1. 定义 List<T>类的对象

List<T>类的实例化操作可以使用以下方法：

（1）使用默认构造函数 List<T> ()。

格式：List<T>列表名=new List<T>();　　　　　//该实例为空，具有默认容量 0

（2）使用构造函数List<T>(Int32)。

格式：List<T>列表名=new List<T>(int capacity);　　//capacity 为指定的初始容量

例如：List<T> st=new List<T>(8);

（3）使用构造函数List<T> (IEnumerable<T>ICollection)。

格式：List<T>列表名=new List<T> (IEnumerable<T>ICollection);

例如：string[] arr= { "Tom", "Jack", "Alice" };

　　　List<string> lst= new List<string>(arr);　　　//从指定集合 arr 复制元素到新实例中

2. List<T>类的方法和属性

List<T>类的常用方法和属性如表 7-3 和表 7-4 所示。

表 7-3　List<T>类的常用方法

方法	说明
Add	将对象添加到 List 的结尾处
AddRange	将指定集合的元素添加到 List 的末尾
BinarySearch	在整个已排序的 List<T> 中搜索元素，并返回该元素从零开始的索引
Clear	从 List<T> 中移除所有元素
Contains	确定某元素是否在 List<T> 中
CopyTo	将整个 List<T> 或它的一部分复制到一个数组中

续表

方法	说明
Exists	确定List<T>是否包含与指定谓词定义的条件匹配的元素
Find	搜索与指定谓词所定义的条件相匹配的元素，并返回整个List<T>中的第一个匹配元素
FindAll	检索与指定谓词定义的条件匹配的所有元素
FindIndex	搜索与指定谓词所定义的条件相匹配的元素，并返回整个List<T>或它的一部分中第一个匹配项的从零开始的索引
FindLast	搜索与指定谓词所定义的条件相匹配的元素，并返回整个List<T>中的最后一个匹配元素
FindLastIndex	搜索与指定谓词所定义的条件相匹配的元素，并返回整个List<T>或它的一部分中最后一个匹配项的从零开始的索引
ForEach	对List<T>的每个元素执行指定操作
GetEnumerator	返回循环访问List<T>的枚举数
GetRange	在源List<T>中创建元素范围的浅表复制
IndexOf	返回整个List<T>或它的一部分中某个值第一个匹配项的从零开始的索引
Insert	将元素插入List<T>的指定索引处
InsertRange	将集合中的某个元素插入List<T>的指定索引处
LastIndexOf	返回整个List<T>或它的一部分中某个值最后一个匹配项从零开始的索引
Remove	从List<T>中移除特定对象的第一个匹配项
RemoveAll	移除与指定谓词所定义的条件相匹配的所有元素
RemoveAt	移除List<T>的指定索引处的元素
RemoveRange	从List<T>中移除一定范围的元素
Reverse	将整个List<T>或它的一部分中元素的顺序反转
Sort	使用默认比较器对整个List<T>中的元素进行排序
ToArray	将List<T>的元素复制到新数组中
TrimExcess	将容量设置为List<T>中元素的实际数目（如果该数目小于某个阈值）
TrueForAll	确定List<T>中的每个元素是否都与指定谓词所定义的条件匹配

表 7-4　List<T>类的常用属性

属性	说明
Capacity	获取或设置该内部数据结构在不调整大小的情况下能够保存的元素总数
Count	获取 List 中实际包含的元素数

【例 7-6】创建一个控制台应用程序，定义一个 List<T>对象，分别使用 Add 方法和 Insert 方法向 List<T>的结尾处和指定索引处添加元素。

代码如下：

```
using System;
namespace ex7_6
```

```
    {
        struct Employee
        {
            public string id;          //职工编号
            public string name;        //职工姓名
        };
        class Program
        {
            static void Main(string[] args)
            {
                int t;
                List<Employee> myele= new List<Employee>();
                Employee e1 = new Employee();
                e1.id = "k001";e1.name = "Jack";
                myele.Add(e1);
                Employee e2= new Employee();
                e2.id = "k002"; e2.name = "Alice";
                myele.Add(e2);
                Employee e3 = new Employee();
                e3.id = "k003"; e3.name = "Tom";
                Console.WriteLine("输出元素：");
                myele.Add(e3);
                t = 0;
                foreach(Employee em in myele)
                {
                    Console.WriteLine("{0}    {1}    {2}", t, em.id, em.name);
                    t++;
                }
                Console.WriteLine("容量：{0},元素个数：{1}", myele.Capacity,myele.Count);
                Console.WriteLine("在索引 2 处插入一个元素");
                Employee e4 = new Employee();
                e4.id = "k004";
                e4.name = "Rose";
                myele.Insert(2, e4);          //在索引 2 处插入一个元素
                Console.WriteLine("输出元素：");
                t = 0;
                foreach (Employee em in myele)
                {
                    Console.WriteLine("{0}    {1}    {2}", t, em.id, em.name);
                    t++;
                }
                Console.WriteLine("插入元素后：");
                Console.WriteLine("容量：{0},元素个数：{1}", myele.Capacity, myele.Count);
                Console.ReadLine();
            }
        }
    }
```

按 F5 键执行该程序，运行结果如图 7-6 所示。

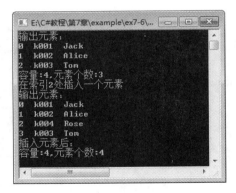

图 7-6　例 7-6 的运行结果

3.　List<T>与 ArrayList 的比较

大多数情况下，List<T>泛型集合类比 ArrayList 类执行得更好，但是对于类型使用值类型的情况，则尽量使用 List<T>泛型集合类。表 7-5 列出了 List<T>与 ArrayList 的异同点。

表 7-5　List<T>与 ArrayList 的异同点

项目	List<T>	ArrayList
不同点	对所增加的元素进行类型检查	可以增加任何类型
	无须装箱和拆箱	需要装箱和拆箱
相同点	通过索引访问元素；添加、删除元素方法相同	

7.3.2　Queue<T>

Queue<T>类与 Queue 类的功能相同，但 Queue<T>类包含特定数据类型的元素，使用时不存在装箱和拆箱操作，效率更高，而且类型更安全。

1.　定义 Queue<T>类的对象

Queue<T>类的实例化操作可以使用以下方法：

（1）使用默认构造函数 Queue<T> ()。

格式：Queue<T>队列名=new Queue<T> ();　　　　　　　//该队列为空，具有默认容量 0

例如：Queue<T> que1=new Queue<T> ();

（2）使用构造函数 Queue<T> (Int32)。

格式：Queue<T>队列名=new Queue<T> (int capacity);　　//capacity 为指定的初始容量

例如：Queue<T> que1=new Queue<T> (8);

（3）使用构造函数Queue<T> (IEnumerable<T>ICollection)。

格式：Queue<T>队列名=new Queue<T> (IEnumerable<T>ICollection);

例如：Queue<string> que2 = new Queue<string>();

　　　que2.Enqueue("Tom");

　　　que2.Enqueue("Jack");

　　　que2.Enqueue("Alice");

　　　Queue<string> que3= new Queue<string>(que2.ToArray());

2. Queue<T>类的属性和方法

Queue<T>类的常用属性和方法如表 7-6 所示。

表 7-6 Queue<T>类的常用属性和方法

属性和方法	说明
Count	获取 Queue<T> 中包含的元素数
Clear	从 Queue<T> 中移除所有对象
Contains	确定某元素是否在 Queue<T> 中
CopyTo	从指定数组索引开始将 Queue<T> 元素复制到现有一维数组中
Dequeue	移除并返回位于 Queue<T> 开始处的对象
Enqueue	将对象添加到 Queue<T> 的结尾处
GetEnumerator	返回循环访问 Queue<T> 的枚举数
Peek	返回位于 Queue<T> 开始处的对象但不将其移除
ToArray	将 Queue<T>的元素复制到新数组中
TrimExcess	若元素数小于当前容量的 90%，则将容量设置为 Queue<T> 中的实际元素数

【例 7-7】创建一个控制台应用程序，定义一个 Queue<T>对象，分别使用 Enqueue、Dequeue、ToArray 等方法进行操作。

代码如下：

```
using System;
namespace ex7_7
{
    class Program
    {
        static void Main(string[] args)
        {
            Queue<string> qu1 = new Queue<string>();
            qu1.Enqueue("apple");
            qu1.Enqueue("banana");
            qu1.Enqueue("pear");
            qu1.Enqueue("peach");
            qu1.Enqueue("grape");
            Console.WriteLine("输出队列 qu1 中各元素：");
            foreach (string s in qu1)
            {
                Console.WriteLine(s);
            }
            Console.WriteLine("队列中元素个数：" + qu1.Count);
            Console.WriteLine("\n 第一个元素出队列 '{0}'", qu1.Dequeue());
            Queue<string> qu2 = new Queue<string>(qu1.ToArray());
            Console.WriteLine("输出队列 qu2 中各元素：");
            foreach (string s in qu2)
            {
                Console.WriteLine(s);
```

```
            }
        Console.ReadLine();
    }
  }
}
```

按 F5 键执行该程序，运行结果如图 7-7 所示。

图 7-7　例 7-7 的运行结果

7.3.3　Stack<T>

Stack<T>类与 Stack 类的功能相似，但 Stack<T>类包含特定数据类型的元素，使用时不存在装箱和拆箱操作，效率更高，而且类型更安全。

1. 定义 Stack<T>类的对象

Stack<T>类的实例化操作可以使用以下方法：

（1）使用默认构造函数 Stack<T> ()。

格式：Stack <T>栈名=new Stack <T> ();　　　　　　　　//该栈为空，具有默认容量 0

例如：Stack <T> stk1=new Stack <T> ();

（2）使用构造函数 Stack <T> (Int32)。

格式：Stack <T>栈名=new Stack <T> (int capacity);　　　//capacity 为指定的初始容量

例如：Stack <T> stk2=new Stack <T> (8);

（3）使用构造函数 Stack <T> (IEnumerable<T>ICollection)。

格式：Stack <T>栈名=new Stack <T> (IEnumerable<T>ICollection);

例如：Stack <string> stk3 = new Stack<string>();

　　　　Stk3.Push("Tom");

　　　　Stk3.Push("Jack");

　　　　Stk3.Push("Alice");

　　　　Stack <string> stk4= new Stack<string>(stk3.ToArray());

2. Stack<T>类的属性和方法

Stack<T>类的常用属性和方法如表 7-7 所示。

表 7-7 Stack<T>类的常用属性和方法

属性和方法	说明
Count	获取 Stack<T> 中包含的元素数
Clear	从 Stack<T> 中移除所有对象
Contains	确定某元素是否在 Stack<T> 中
GetEnumerator	返回 Stack<T> 的枚举数
Peek	返回位于 Stack<T> 顶部的对象而不删除
Pop	移除并返回位于 Stack<T> 顶部的对象
Push	将对象添加到 Stack<T> 顶部
ToArray	将 Stack<T> 的元素复制到新数组中
TrimExcess	若元素数小于当前容量的 90%，则将容量设置为 Stack<T> 中的实际元素数

【例 7-8】创建一个控制台应用程序，定义一个 Stack<T>对象，进行入栈、出栈操作。代码如下：

```
using System;
namespace ex7_8
{
    class Program
    {
        static void Main(string[] args)
        {
            Stack<string> sta1 = new Stack<string>();
            sta1.Push("apple");           //入栈操作
            sta1.Push("banana");
            sta1.Push("pear");
            sta1.Push("peach");
            sta1.Push("grape");
            Console.WriteLine("输出栈中各元素：");
            foreach (string s in sta1)
            {
                Console.WriteLine(s);
            }
            Console.WriteLine("栈中元素个数：" + sta1.Count);
            Console.WriteLine("\n Peeking '{0}'", sta1.Peek());
            Console.WriteLine("栈中元素个数：" + sta1.Count);
            Console.WriteLine("\n 出栈 '{0}'", sta1.Pop());
            Console.WriteLine("栈中元素个数：" + sta1.Count);
            int number = sta1.Count;
            for (int i = 0; i < number; i++)
            Console.WriteLine("出栈操作：'{0}'",sta1.Pop());
            Console.WriteLine("栈中元素个数：" + sta1.Count);
            Console.ReadLine();
        }
    }
}
```

按 F5 键执行该程序，运行结果如图 7-8 所示。

图 7-8   例 7-8 的运行结果

7.3.4   Dictionary<K,V>和 KeyValuePair<K,V>

Dictionary<K,V>类与 Hashtable 类的功能相似，用于存储键值对型数据。其中，键的取值一般为整型或字符串型数据，且键一定不能有重复；值的取值非常广泛，可以是值类型、内置引用类型，也可以是自定义类型。

Dictionary<K,V>中的元素可以进行各种操作，比如增加、删除、遍历。键值对元素遍历时，需要借助 KeyValuePair<K,V>来实现，而 KeyValuePair<K,V>与 Hashtable 中元素遍历时的 DictionaryEntry 对应。

1. KeyValuePair<K,V>结构

（1）构造函数。

public KeyValuePair<K,V>(K,V)：初始化新实例，KeyValuePair<K,V>具有指定的键和值结构。

（2）属性。

Key 表示获取键/值对中的键，Value 表示获取键/值对中的值。

（3）方法。

常用方法有GetType()和ToString()。前者获取当前实例的Type；后者返回的字符串表示形式 KeyValuePair<K,V>，使用的字符串表示形式的键和值。

2. Dictionary<K,V>类的构造函数

Dictionary<K,V>有以下 7 个构造函数：

- Dictionary<K,V>()：创建一个空的新实例，具有默认的初始容量并为键类型使用默认的相等比较器。

- Dictionary<K,V>(IDictionary<K,V>)：初始化新实例，该实例包含从指定的IDictionary <K,V>复制的元素并为键类型使用默认的相等比较器。

- Dictionary<K,V>(IDictionary<K,V>,IEqualityComparer<T>)：初始化新实例，该实例包含从指定的IDictionary<K,V>中复制的元素并使用指定的IEqualityComparer<T>。

- Dictionary<K,V>(IEqualityComparer<T>)：初始化新实例，该实例为空，具有默认的初始容量并使用指定的 IEqualityComparer<T>。

- Dictionary<K,V>(Int32)：初始化新实例，该实例为空，具有指定的初始容量并为键类

型使用默认的相等比较器。

- Dictionary<K,V>(Int32,IEqualityComparer<T>)：初始化新实例，该实例为空，具有指定的初始容量并使用指定的 IEqualityComparer<T>。
- Dictionary<K,V>(SerializationInfo,StreamingContext)：用序列化数据初始化 Dictionary<K,V> 类的新实例。

3．Dictionary<K,V>类的属性和方法

Dictionary<K,V>类的常用属性和方法如表 7-8 和表 7-9 所示。

表 7-8　Dictionary<K,V>类的常用属性

属性	说明
Comparer	获取用于确定字典中的键是否相等的 IEqualityComparer<T>
Count	获取包含在 Dictionary<K,V>中的键/值对的数目
Item[TKey]	获取或设置与指定的键关联的值
Keys	获取一个包含 Dictionary<K,V> 中的键的集合
Values	获取一个包含 Dictionary<K,V> 中的值的集合

表 7-9　Dictionary<K,V>类的常用方法

方法	说明
Add	将指定的键和值添加到字典中
Clear	将所有的键和值从 Dictionary<K,V>中移除
ContainsKey	确定 Dictionary<K,V>是否包含指定键
ContainsValue	确定 Dictionary<K,V>是否包含特定值
GetEnumerator	返回循环访问 Dictionary<K,V>的枚举数
Remove	将带有指定键的值从 Dictionary<K,V>中移除
TryGetValue	获取与指定键关联的值

【例 7-9】Dictionary<K,V>和 KeyValuePair<K,V>的应用。

代码如下：

```
using System;
namespace ex7_9
{
    class Program
    {
        static void Main(string[] args)
        {
            //创建 Dictionary<K,V>，并添加元素
            Dictionary<string, string> dic = new Dictionary<string, string>();
            dic.Add("201801", "Tom");
            dic.Add("201802", "Mary");
            dic.Add("201803", "Kate");
            dic.Add("201804", "Jack");
            dic.Add("201805", "James");
```

```csharp
                Console.WriteLine("集合元素个数为：{0}", dic.Count);
                dic.Remove("201804");
                Console.WriteLine("遍历集合：");
                Console.WriteLine("学号        姓名");
                foreach (KeyValuePair<string, string> kvp in dic)
                {
                    Console.WriteLine("{0}    {1}", kvp.Key, kvp.Value);
                }
                //检查元素是否存在，若不存在则添加
                if (!dic.ContainsKey("201802"))
                {
                    dic.Add("201802", "Mary");
                }
                //获取键的集合
                Dictionary<string, string>.KeyCollection keys = dic.Keys;
                Console.WriteLine("输出学号：");
                //遍历键的集合
                foreach (string xh in keys)
                {
                    Console.WriteLine(xh);
                }
                Dictionary<string, string>.ValueCollection values = dic.Values;
                Console.WriteLine("输出姓名：");
                //遍历值的集合
                foreach (string xhxm in values)
                    Console.WriteLine(xhxm);
                Console.WriteLine("遍历集合中的值元素");
                foreach (string strname in dic.Values)
                    Console.WriteLine(strname);
                string mydic = dic["201803"];
                //获取键对应值
                Console.WriteLine("'201803'对应的姓名：{0}", mydic);
                Console.ReadLine();
            }
        }
    }
```

按 F5 键执行该程序，运行结果如图 7-9 所示。

图 7-9　例 7-9 的运行结果

7.3.5 SortedList<K,V>

SortedList<K,V>是基于键对集合进行排序的集合类，允许每个键只有一个对应值，可以使用 foreach 遍历该集合，枚举器返回的是 keyvaluepair<k,v>类型的元素。

SortedList<K,V>是 SortedList 的泛型版本，具有 SortedList 的特性，但 SortedList<K,V>在编译时能够对添加的元素进行类型检查，使用时不存在装箱和拆箱操作，效率更高，且类型更安全。

1. SortList<K,V>类的属性和方法

SortList<K,V>类的常用属性和方法如表 7-10 和表 7-11 所示。

表 7-10 SortedList<K,V>类的常用属性

属性	说明
Capacity	获取或设置 SortedList<T,V> 可包含的元素数
Count	获取包含在 SortedList<T,V> 中的键/值对的数目
Item	获取或设置与指定的键关联的值
Keys	获取包含 SortedList<T,V> 中的键的集合
Values	获取包含 SortedList<T,V> 中的值的集合

表 7-11 SortedList<T>类的常用方法

方法	说明
Add	将带有指定键和值的元素添加到 SortedList<T,V> 中
Clear	从 SortedList<K,V> 中移除所有元素
ContainsKey	确定 SortedList<K,V> 是否包含特定键
ContainsValue	确定 SortedList<K,V> 是否包含特定值
GetEnumerator	返回循环访问 SortedList<K,V> 的枚举数
IndexOfKey	在整个 SortedList<K,V> 中搜索指定键并返回从零开始的索引
IndexOfValue	在整个 SortedList<K,V> 中搜索指定的值，并返回第一个匹配项从零开始的索引
Remove	从 SortedList<K, V> 中移除带有指定键的元素
RemoveAt	移除 SortedList<K,V> 的指定索引处的元素
TrimExcess	如果元素数小于当前容量的 90%，将容量设置为 SortedList<K,V> 中的实际元素数
TryGetValue	获取与指定键关联的值

2. SortedList<K,V>的构造函数

SortedList<K,V>有以下 6 个构造函数：

- SortedList<K,V>()：创建一个空的实例，具有默认的初始容量并使用默认的 IComparer<T>。
- SortedList<K,V>() (IComparer<T>)：创建一个空的实例，具有默认的初始容量并使用指定的 IComparer<T>。

- SortedList<K,V> (IDictionary<K,T>)：创建一个实例，包含从指定的IDictionary<K,T>中复制的元素，其容量足以容纳所复制的元素数并使用默认的IComparer<T>。
- SortedList<K,V>(IDictionary<K,T>,IComparer<T>)：创建一个新实例，该实例包含从指定的IDictionary<K,T>中复制的元素，其容量足以容纳所复制的元素数并使用指定的IComparer<T>。
- SortedList<K,V>(Int32)：创建一个空的实例，具有指定的初始容量，并使用默认的IComparer<T>。
- SortedList<K,V>(Int32,IComparer<T>)：创建一个空的实例，具有指定的初始容量并使用指定的IComparer<T>。

【例 7-10】SortedList<K,V>的应用。

代码如下：

```
using System;
namespace ex7_10
{
    class Program
    {
        static void Main(string[] args)
        {
            SortedList<string, string> st = new SortedList<string, string>();
            st.Add("201805", "James");
            st.Add("201802", "Mary");
            st.Add("201804", "Jack");
            st.Add("201801", "Tom");
            st.Add("201803", "Kate");
            Console.WriteLine("集合元素个数为：{0}", st.Count);
            Console.WriteLine("输出集合元素：");
            Console.WriteLine("Key    Value  ");
            for (int i = 0; i < st.Count; i++)
            {
                Console.WriteLine("{0} {1}", st.Keys[i].ToString(), st.Values[i].ToString());
            }
            Console.ReadLine();
        }
    }
}
```

按 F5 键执行该程序，运行结果如图 7-10 所示。

图 7-10　例 7-10 的运行结果

7.3.6 HashSet<T>

HashSet<T>是一个泛型集合，能完成集合运算，例如对两个集合求并集、交集、差集等。集合中包含一组不重复出现且无特定顺序的元素，其容量会按需自动增加。

1. HashSet<T>的构造函数

HashSet<T>有以下 5 个构造函数：

- HashSet<T>()：使用默认相等比较器创建一个空的新实例。
- HashSet<T>(IEnumerable<T>)：使用默认相等比较器创建一个新实例，并把指定集合中的数据复制到集合中。
- HashSet<T>(IEnumerable<T>,IEqualityComparer<T>)：使用指定的相等比较器创建一个新实例，并把指定集合中的数据复制到集合中。
- HashSet<T>(IEqualityComparer<T>)：使用指定的相等比较器创建一个空的新实例。
- HashSet<T>(SerializationInfo,StreamingContext)：使用序列化数据初始化 Hash<T>类的新实例。

2. HashSet<T>类的属性和方法

HashSet<T>类的常用属性和方法如表 7-12 和表 7-13 所示。

表 7-12　HashSet<T>类的常用属性

属性	说明
Comparer	获取用于确定集合中的值是否相等的IEqualityComparer<T>对象
Count	获取集合中包含的元素数

表 7-13　HashSet<T>类的常用方法

方法	说明
Add	将指定的元素添加到集合中
Clear	从 HashSet<T>对象中移除所有元素
Contains	检测集合中是否包含指定的元素
CopyTo	将当前集合中的元素复制到指定的数组中
CreateSetComparer	返回一个IEqualityComparer对象，该对象用于对 HashSet<T>对象进行相等测试
ExceptWith	从当前 HashSet<T>对象中移除指定集合中的所有元素
GetEnumerator	返回循环访问 HashSet<T>对象的枚举器
GetObjectData	实现System.Runtime.Serialization.ISerializable 接口，并返回序列化 HashSet<T>对象所需的数据
IntersectWith	修改当前的 HashSet<T>对象，以仅包含该对象和指定集合中存在的元素
IsProperSubsetOf	确定 HashSet<T>对象是否为指定集合的真子集
IsProperSupersetOf	确定 HashSet<T>对象是否为指定集合的真超集

续表

方法	说明
IsSubsetOf	确定 HashSet\<T>对象是否为指定集合的子集
IsSupersetOf	确定 HashSet\<T>对象是否为指定集合的超集
Overlaps	确定是否当前的 HashSet\<T>对象和指定的集合共享通用元素
Remove	从 HashSet\<T>对象移除指定元素
RemoveWhere	从 HashSet\<T>集合中移除与指定谓词所定义的条件相匹配的所有元素
SetEquals	确定 HashSet\<T>对象和指定集合中是否包含相同的元素
SymmetricExceptWith	修改当前的 HashSet\<T>对象，以仅包含该对象或指定集合中存在的元素（但不可同时包含两者中的元素）
TrimExcess	将 HashSet\<T>对象的容量设置为它包含的元素的实际个数，向上舍入为接近的特定于实现的值
UnionWith	修改当前 HashSet\<T>对象，以包含该对象本身和指定集合中存在的所有元素

【例 7-11】HashSet\<T>类的各种操作。

代码如下：

```
using System;
namespace ex7_11
{
    class Program
    {
        static void Main(string[] args)
        {
            HashSet<string> ha1 = new HashSet<string>();
            HashSet<string> ha2 = new HashSet<string>();
            HashSet<string> ha3 = new HashSet<string>(new string[]{ "a", "c", "e" });
            HashSet<string> ha4 = new HashSet<string>();
            ha1.Add("a"); ha1.Add("b"); ha1.Add("c"); ha1.Add("d");
            ha2.Add("a"); ha2.Add("b"); ha2.Add("d"); ha2.Add("e");
            ha4.Add("c"); ha4.Add("d"); ha4.Add("e");
            Console.WriteLine("ha1 包含元素'd': " + ha1.Contains("d"));
            Console.WriteLine("ha1 与 ha2 相等: " + ha1.SetEquals(ha2));
            Console.WriteLine("h3 元素个数为: " + ha3.Count);
            ha1.UnionWith(ha2);
            Console.WriteLine("ha1 与 ha2 求并集后 ha1 中的元素为: ");
            foreach (string i in ha1)
                Console.Write(i + "\t");
            ha2.IntersectWith(ha2);
            Console.WriteLine("\n ha2 与 ha3 求交集后 ha2 中的元素为: ");
            foreach (string i in ha2)
                Console.Write(i + "\t");
            Console.WriteLine("\nha2 是 ha1 的子集: "+ha2.IsSubsetOf(ha1));
            Console.WriteLine("ha2 是 ha1 的真子集: " + ha2.IsSupersetOf(ha1));
            ha3.ExceptWith(ha4);
            Console.WriteLine("ha3 与 ha4 求差集后 ha3 中的元素为: ");
```

```
        foreach (string i in ha3)
        {
            Console.Write(i + "\t");
        }
        Console.ReadLine();
    }
  }
}
```

按 F5 键执行该程序，运行结果如图 7-11 所示。

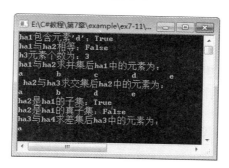

图 7-11　例 7-11 的运行结果

习题 7

一、简答题

1．什么是泛型，泛型集合和非泛型集合有什么区别？

2．泛型约束有哪几种？

3．简述泛型类型声明语句中 where 关键字的使用方法。

4．比较 List<T> 与 ArrayList，并举例说明。

二、编程题

1．设计一个控制台应用程序，定义一个泛型，实现两个整数大小的比较。

2．设计一个控制台应用程序，定义一个 List<T> 对象，添加若干学生的学号、姓名和成绩，并输出。

3．设计一个控制台应用程序，使用 Hash<T> 实现集合的并、差、交等操作。

4．创建一个控制台应用程序，定义一个名为 Students 的 Dictionary<K,V> 泛型集合类对象，执行添加、删除、修改等操作。其中，该对象以学生信息中的学号为键类型，以学生信息类为值类型，而学生信息类包括学号、姓名、年龄、班级等信息。

第 8 章 委托与事件

【学习目标】

● 理解委托和事件的概念。
● 掌握委托的声明、实例化和调用。
● 掌握多播委托。
● 掌握委托和事件的关系。
● 掌握事件的定义和使用。

8.1 委托的定义和使用

在现实生活中，委托就是让别人去代替自己办事。比如你有一份很重要的文件要传给客户，而自己又没办法亲自去做。这时可以委派同事小李帮你去做，他可以通过发电子邮件方式给客户传文件，也可以通过发传真方式传文件，总之可以采用许多种方法，小李只需要获得你的许可拿到文件便可以替你完成传文件这件事了。

委托类似于 C/C++中的函数指针，但与之不同的是：C#中的委托是面向对象的，类型是安全的，避免了函数指针的不安全性问题。

委托（delegate）是一种引用类型，它是将委托对象与方法相关联，然后通过委托对象名调用方法。即委托可看作是一个方法的指针或容器，调用委托就相当于调用所有它所引用的方法。

C#提供的这种构造，用委托实例封装可调用实体的方法，将方法作为参数进行传递，实现了动态调用方法的目的。

8.1.1 委托的声明

委托和其他引用类型一样，需要先声明，然后实例化。声明委托的语法格式为：

[访问修饰符] delegate 返回类型 委托类型名([形参列表])

例如，声明一个委托类型 MyDelegate，该委托类型引用了一个包含整型参数且返回值为 void 的方法。

public delegate int MyDelegate(int m,int n);

该语句声明了一个委托类型，它与声明方法的语法格式类似，访问修饰符是 public，语句以分号结尾。需要注意的是，委托能引用的方法也是有限制的，要想方法能被封装在委托类型中，委托和所引用的方法须满足以下两个条件：一是它们具有相同的参数数目，并且类型相同，顺序相同，参数修饰符也相同；二是它们的返回类型相同。

8.1.2 委托的实例化

实例化委托的过程就是将委托和方法关联的过程。在声明了委托类型后，必须创建它的一个实例，使其与方法关联。委托实例化的语法格式为：

   委托类型名　委托对象名=new 委托类型名(实例方法或静态方法);

  例如，创建 MyDelegate 委托类型的一个委托对象。

   MyDelegate a;   //定义一个委托对象 a

  委托对象还需要实例化为调用的方法，通常将这些方法放在一个类中（或放在程序的 Program 类中）。例如：

```
Class MyClass
{
    public int f1(int x,int y)           //定义方法 f1
    {
       return x+y;
    }
    public int f2(int x,int y)           //定义方法 f2
    {
       return 2*x+3*y;
    }
}
```

  可以使用以下语句实例化委托对象 a：

   MyClass opt=new MyClass();   //创建 MyClass 类的对象

   MyDelegate a=new MyDelegate(opt.f1); //实例化委托对象 a，并与 opt.f1()方法相关联

  说明：MyClass 类中有两个方法 f1 方法和 f2 方法，其中 f1 方法有两个 int 类型的参数，返回类型为 int，它与委托类型的声明相一致。

  委托不仅可以关联实例方法，还可以关联静态方法。例如：

```
delegate void MyDelegate();
class SampleClass
{
    public void InstanceMethod()
    {  //实例方法
       System.Console.WriteLine("实例方法");
    }
    static public void StaticMethod()
    {  //静态方法
       System.Console.WriteLine("静态方法");
    }
}
class TestSampleClass
{
  static void Main()
  {
      SampleClass   sc = new SampleClass();
      MyDelegate   p1 = sc.InstanceMethod;      //关联到实例方法
      p();
      p= SampleClass.StaticMethod;              //关联到静态方法
      p();
  }
}
```

8.1.3 委托的调用

通过委托对象名可以调用委托对象，语法格式为：

    委托对象名(实参列表);

例如，调用上面创建的委托对象 a：

    a(3,9);

委托对象创建后是不可变的，如果其他方法在参数个数、返回值类型等上与委托声明一致，也可以与该方法相关联。例如：

```
MyClass    opt=new MyClass();          //创建对象
MyDelegate    a=new MyDelegate(opt.f1);  //实例化委托对象 a，并与 opt.f1 方法相关联
a(8,5);                                //调用委托对象 a，相当于执行 opt.f1(8,5)
a=new MyDelegate(opt.f2);              //委托对象 a 与 opt.f2 方法相关联
a(6,3);                                //调用委托对象 a，相当于执行 opt.f2(6,3)
```

【例 8-1】创建一个控制台应用程序，说明委托的使用。

代码如下：

```
using System;
namespace ex8_1
{
    delegate int MyDelegate(int m, int n);    //声明委托类型
    class MyClass
    {
        public int sum(int x,int y)
        {
            return x + y;
        }
        public int avg(int x,int y)
        {
            return (x + y)/2;
        }
        public int max(int x,int y)
        {
            return x > y?x:y;
        }
    }
    class Program
    {
        static void Main(string[] args)
        {
            MyClass s = new MyClass();               //创建一个 MyClass 类的对象
            MyDelegate p = new MyDelegate(s.sum);     //委托对象与 s.sum 方法关联
            Console.WriteLine("求和：63+37={0}", p(63,37));
            p= new MyDelegate(s.avg);                 //委托对象与 s.avg 方法关联
            Console.WriteLine("求平均值：(63+37)/2={0}", p(63,37));
            p = new MyDelegate(s.max);                //委托对象与 s.max 方法关联
            Console.WriteLine("求两个数较大者：63>37? {0}", p(63,37));
            Console.ReadLine();
        }
    }
}
```

按 F5 键执行该程序，运行结果如图 8-1 所示。

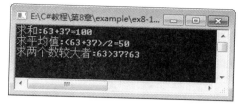

图 8-1　例 8-1 的运行结果

在上述程序中，委托对象有参数，但这个参数并没有被委托使用，而是传递给关联的方法，由关联的方法进行处理并将结果传给委托。

8.2　多播委托

C#允许使用一个委托对象来同时调用多个方法，当向委托对象添加更多的其他方法时，这些方法被存储在委托的调用列表中，这种委托就是多路广播委托（或称多播委托）。

可以使用"+"、"-"、"+="、"-="等运算符向调用列表中增加或移出方法。例如：

【例 8-2】创建一个控制台应用程序，实现委托的组合。

代码如下：

```csharp
using System;
namespace ex8_2
{
    delegate void MyDelegate(string x);              //声明委托
    class MyClass
    {
        public void function1(string s)
        {
            Console.WriteLine("{0},welcome!", s);
        }
        public void function2(string s)
        {
            Console.WriteLine("{0},Nice to meet you!", s);
        }
    class Program
    {
        static void Main(string[] args)
        {
            MyClass obj = new MyClass();             //创建一个 MyClass 类的对象
            MyDelegate p1, p2, p3, p4,p;
            p1 = obj.function1;
            p2 = obj.function2;
            p3 = p1 + p2;                            //合并两个委托
            p4 = p3 - p2;                            //从 p3 中移除一个委托
            Console.WriteLine("调用委托 p1： ");
            p1("Jack");
            Console.WriteLine("\n 调用委托 p2： ");
            p2("Rose");
            Console.WriteLine("\n 调用委托 p3： ");
```

```
                    p3("Tom");
                    Console.WriteLine("\n 调用委托 p4：");
                    p4("Alice");
                    Console.ReadLine();
                }
            }
        }
    }
```

按 F5 键执行该程序，运行结果如图 8-2 所示。

图 8-2　例 8-2 的运行结果

在程序的主函数中，obj.function1 和 obj.function2 两个方法被存储在委托的调用列表中。其中，p1 委托指向 obj.function1 方法，p2 委托指向 obj.function2 方法，p3 委托是 p1 委托和 p2 委托组合后的新委托，相当于指向了 obj.function1 和 obj.function2 两个方法。p4 委托是 p3 委托去掉 p2 委托指向的方法后的新委托，即 p4 委托只指向 obj.function1 方法。

【例 8-3】创建一个控制台应用程序，向委托调用列表中增加或移除方法。

代码如下：

```
using System;
namespace ex8_3
{
    delegate void MyDelegate(string x);            //声明委托类型
    class MyClass
    {
        public void GoodAM(string s)
        {
            Console.WriteLine("Good morning:{0}", s);
        }
        public void GoodPM(string s)
        {
            Console.WriteLine("Good afternoon:{0}", s);
        }
        class Program
        {
            static void Main(string[] args)
            {
                MyClass obj = new MyClass();           //创建一个 MyClass 类的对象
                MyDelegate p; ;
```

```
        p=obj.GoodAM;
        p+=obj.GoodPM;                          //将 GoodPM 方法添加到调用列表中
        Console.WriteLine("向调用列表添加 GoodPM 方法后调用委托 p：");
        p("Jack");
        p-=obj.GoodPM;                          //从调用列表中移除 GoodPM 方法
        Console.WriteLine("\n 将 GoodPM 方法从调用列表移除后调用委托 p：");
        p("Jack");
        Console.ReadLine(); }
      }
    }
  }
```

按 F5 键执行该程序，运行结果如图 8-3 所示。

图 8-3　例 8-3 的运行结果

8.3　匿名方法

没有方法名称的方法称为匿名方法，可以将委托与匿名方法关联。声明匿名方法的语法格式如下：

　　　　委托类型名　委托对象名=delegate(参数列表){方法体; };

使用匿名方法可以不用事先声明一个与委托相关联的方法，而是在委托使用时才定义方法体。但使用匿名方法时，需要注意以下事项：

● 匿名方法中不能使用跳转语句调至此匿名方法的外部。同时，匿名方法外部的跳转语句也不能跳转到此匿名方法的内部。

● 在匿名方法内部不能访问不安全的代码。同时，也不能访问在匿名方法外部定义的 ref 和 out 参数，但是可以使用在匿名方法外部定义的其他变量。

【例 8-4】创建一个控制台应用程序，创建不带参数列表的匿名方法。

代码如下：

```
using System;
namespace ex8_4
{
    public delegate int annoymydelegate();              //声明委托类型
    class Program
    {
        static void Main(string[] args)
        {
            annoymydelegate p = delegate              //匿名方法不带参数
              {
```

```
                    Console.WriteLine("HelloWorld");
                    return 1;                            //在匿名方法中返回一个值
                };
                int t = p();                             //通过委托调用匿名方法
                Console.WriteLine(t);
                Console.ReadLine();
            }
        }
    }
```

按 F5 键执行该程序，运行结果如图 8-4 所示。

图 8-4   例 8-4 的运行结果

本程序创建了一个不带参数的匿名方法。如果匿名方法没有参数列表，则该匿名方法可以赋给任意委托对象；如果匿名方法带参数列表，则形如(参数 1,参数 2,…,参数 n)的参数列表中各个参数不能省略参数类型。

【例 8-5】创建一个控制台应用程序，创建带参数列表的匿名方法。

代码如下：

```
    using System;
    namespace ex8_5
    {
        public delegate void annoymydelegate(string xh,string xm);
        class Program
        {
            static void Main(string[] args)
            {
                //匿名方法带参数
                annoymydelegate p = delegate (string sno, string sname)
                {
                    Console.WriteLine("我的学号是：" + sno + "，姓名是：" + sname);
                };
                p("20180101", "Jack");
                Console.ReadLine();
            }
        }
    }
```

按 F5 键执行该程序，运行结果如图 8-5 所示。

图 8-5   例 8-5 的运行结果

本例声明了一个带参无返回值的委托类型，然后在 Main()函数中创建了一个委托对象，并指向带参数的匿名方法，最后使用 p()调用匿名方法。形如(参数 1,参数 2,…,参数 n)的参数列表用于给匿名方法传递参数，程序中将值"20180101"和"Jack"分别传递给了 sno 和 sname。

8.4　委托中的协变和逆变

委托方法的返回值直接或间接地继承委托声明中的返回值类型，称为协变；委托声明中的参数类型继承自委托方法的参数类型，称为逆变。

【例 8-6】　协变的使用。

代码如下：

```
namespace ex8_6
{
    public class Person
    {
    }
    public class Student:Person
    {
    }
    class Program
    {
        //委托声明中返回值类型为 Person 类
        public delegate Person MyMethod();
        //委托方法的返回值类型是 Person 类的派生类
        public static Student function()
        {
            return null;
        }
        static void Main(string[] args)
        {
            MyMethod p = function;
            Person pn = p();
        }
    }
}
```

该例中委托方法的返回值类型是 Student，继承于委托声明的返回值类型 Person。

【例 8-7】逆变的使用。

代码如下：

```
namespace ex8_7
{
    public class Person
    {
    }
    public class Student : Person
    {
    }
    class Program
```

```
        {
            //委托声明参数类型为 Student 类
            public delegate void MyMethod(Student st);
            //委托方法的参数类型是 Person 类
            public static void function(Person pe)
            {
                return ;
            }
            static void Main(string[] args)
            {
                MyMethod p = function;
                p(new Student());
            }
        }
    }
```

该例中委托声明中的参数类型是 Student，继承于委托方法的参数类型 Person。

8.5 Lambda 表达式

Lambda（λ）表达式是从匿名方法演变而来，但比匿名方法更加简洁。C#的 Lambda 表达式是使用 Lambda 运算符 "=>"（读作 "goes to"）的表达式，语法格式如下：

　　(参数列表)=> {语句或语句块}

Lambda（λ）表达式具有以下特点：

● 参数列表中可以有 0 个、1 个或多个参数。使用空括号可指定 0 个输入参数；如果参数列表中只有一个参数时，小括号可以省略；当参数列表中有多个参数时，小括号则不能省略，且各参数用逗号分开。

● 输入参数列表中的各参数可以显式指定类型，也可以省略参数类型，具体类型通过类型推断机制判断。

● "=>" 运算符右侧有 return 语句或多个语句时，需要用花括号将这些语句括起来，反之，若只有一个语句，则可以省去花括号。

● 如果在委托声明时在参数中使用了 ref 或 out 修饰符，则 Lambda 表达式的参数列表中也必须包括有修饰符。

● 如果委托有返回类型，则 Lambda 表达式也必须返回相同类型的值。

为了便于理解，下面给出几个示例。

示例 1：

```
    ( )=>Console.WriteLine("Welcome");    //使用空括号指定 0 个输入参数
```

Lambda 表达式右侧只有一个语句，因此可以省去花括号，该表达式等价于以下代码：

```
    方法名( )
    {
        Console.WriteLine("Welcome");
    }
```

示例 2：

```
    (x)=> Console.WriteLine("Welcome");
```

输入参数列表有 1 个参数时，可以省去小括号，该 Lambda 表达式等价于以下代码：

```
    T 方法名( )              //T 的类型由编译器推断
```

```
    {
        Console.WriteLine("Welcome");
    }
```

示例 3：

```
    (x,y)=>x+y;
```

输入参数列表有多个参数时，需要使用小括号，该 Lambda 表达式等价于以下代码：

```
    T  方法名(T x,T y)
    {
        return x+y;
    }
```

Lambda 表达式可用于委托，它的输入参数列表必须在个数、类型及位置上与委托声明时指定的参数相一致。

示例 4：声明委托 delegate int mytest(int x);

则下列①~⑤语句的功能是等价的：

① mytest   t1=x=>x+1;

② mytest   t2=(x)=>x+1;

③ mytest   t3=(x)=>{return(x+1);};

④ mytest   t4=x=>{return(x+1);};

⑤ mytest   t5=(int x)=>{return(x+1);};

【例 8-8】Lambda 表达式的使用。

代码如下：

```
    using System;
    namespace ex8_8
    {
        delegate int calculate(int a, int b);            //声明委托类型
        class Program
        {
            static void Main(string[] args)
            {
                calculate add=(a,b)=>a+b;
                Console.WriteLine("求和：{0}", add(8, 2));
                calculate sub=(a,b)=>a-b;
                Console.WriteLine("求差：{0}", sub(8, 2));
                calculate squar=(a,b)=>{ int m=a*a; int n=b*b; return m+n; };
                Console.WriteLine("求平方和：{0}", squar(8, 2));
                Console.ReadLine();
            }
        }
    }
```

按 F5 键执行该程序，运行结果如图 8-6 所示。

图 8-6　例 8-8 的运行结果

8.6 委托的应用

委托可以在回调函数中应用，回调函数就是一个通过函数指针调用的函数。如果把函数的指针作为参数传递给另一个函数，当这个指针被用来调用其所指向的函数时，我们就说这是回调函数。回调函数本质上就是把某个方法当作参数传递给另外一个方法。

【例 8-9】创建一个控制台应用程序，说明委托在回调函数中的应用。

代码如下：

```csharp
using System;
namespace ex8_9
{
    class Program
    {
        static void Main(string[] args)
        {
            Calculate cc = new Calculate();
            Mycallback mf = new Mycallback ();
            int result1 = cc.OutCalculatefunction(6, 2, mf.Add);
            Console.WriteLine("调用加法函数，执行完毕返回结果：" + result1);
            int result2 = cc.OutCalculatefunction(6, 2, mf.Sub);
            Console.WriteLine("调用减法函数，执行完毕返回结果：" + result2);
            Console.ReadLine();
        }
    }
    class Mycallback
    {
        public int Add(int x, int y)
        {
            return(x+y);
        }
        public int Sub(int x, int y)
        {
            return(x-y);
        }
    }
    class Calculate
    {
        public delegate int CalCompleteCallback(int num1, int num2); //声明委托类型
        public int OutCalculatefunction(int num1, int num2, CalCompleteCallback cal)
        {
            Console.WriteLine("处理数据：" + num1);
            Console.WriteLine("处理数据：" + num2);
            return cal(num1, num2);
        }
    }
}
```

按 F5 键执行该程序，运行结果如图 8-7 所示。

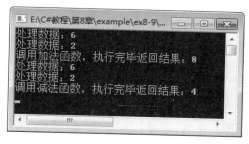

图 8-7　例 8-9 的运行结果

　　委托还可以在泛型中使用，如泛型委托。使用泛型委托可以避免产生过多的委托声明，节省了代码量，提高了通用性。声明泛型委托的语法格式为：

```
delegate 返回类型 委托类型名<T>(T data);
```

【例 8-10】创建一个控制台应用程序，说用泛型委托的使用。

代码如下：

```csharp
using System;
namespace ex8_10
{
    class Program
    {
        //声明委托类型
        public delegate T MyGenericDelegate<T>(T obj1, T obj2);
        int AddInt(int x, int y)
        {
            return x + y;
        }
        string AddString(string s1, string s2)
        {
            return s1 + s2;
        }
        static void Main(string[] args)
        {
            Program p = new Program();
            MyGenericDelegate<int> mt;
            mt = p.AddInt;
            Console.WriteLine("{0}", mt(100, 200));
            MyGenericDelegate<string> mg;
            mg= p.AddString;
            Console.WriteLine("{0}", mg("Hello", "World"));
            Console.ReadLine();
        }
    }
}
```

按 F5 键执行该程序，运行结果如图 8-8 所示。

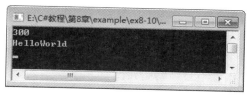

图 8-8　例 8-10 的运行结果

8.7 事件

在 Windows 应用程序中，事件是指能被程序感知到的用户或系统发起的操作，比如鼠标的单击、键盘的输入、计时器的消息、系统将窗体装入内存并初始化等。Visual Studio 中也包含了大量针对各种控件预定义的事件。此外，用户还可以通过委托创建具有特定功能的自定义事件。

8.7.1 事件的概念

事件涉及两类角色：事件发布者和事件订阅者。当某个事件发生后，事件发布者会发布消息，事件订阅者会接收到事件发生的通知并做出相应处理。假如你是部门经理，甲公司需要你的调研资料，于是你对自己的员工说，马上传文件。当事件发生时，你就是事件发布者，事件发布者向外界发出的通知即为事件，而所有员工为事件订阅者，他们根据事件要做出相应的处理，如发邮件或传真，这个过程称为事件处理方法。换句话说，具体到程序上，事件处理程序就是针对该事件而写的那些处理代码。

事件机制是以消息为基础的，触发事件的对象称为事件发布者，而接收事件并做出响应的对象则称为事件订阅者。事件的触发可能源自用户与系统的交互，也可能源自事件发布者的某种程序逻辑。

在事件触发后，事件发布者要发布消息，通知事件订阅者进行事件处理，但事件发布者并不知道要通知哪些事件订阅者，因此在发布者和订阅者之间需要一个媒介，即委托。只要将事件订阅者的事件处理方法加入到委托的调用列表中，事件一旦发生，则发布者调用委托就可以触发订阅者的事件处理方法。事件处理机制如图 8-9 所示。

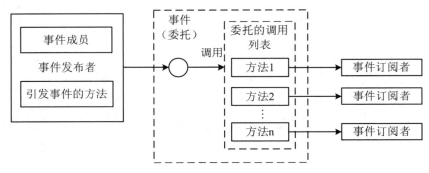

图 8-9 事件处理机制

一般来说，C#的事件具有如下特点：
- 事件是基于委托的。
- 发布者确定何时触发事件，订阅者确定执行何种操作来响应该事件。
- 一个事件可以有多个订阅者，而一个订阅者可处理来自多个发布者的多个事件。
- 没有订阅者的事件永远不会被调用。
- 事件通常用于通知用户操作。
- 如果一个事件有多个订阅者，当触发该事件时会同步调用多个事件处理方法。

8.7.2 声明事件

在 C#中声明事件，与定义类的成员非常相似，需要使用 event 关键字。声明事件的语法格式为：

[访问修饰符] event 委托类型名 事件名;

其中，访问修饰符一般定义为 public，因为事件的订阅者需要对事件进行订阅与取消操作，定义为公共类型可使事件对其他类可见；"委托类型名"既可以使用预定义的委托类型 EventHandler，也可以使用自定义委托类型。

（1）预定义的委托类型。

EventHandler 是在 BCL 中预定义的委托，它位于 System 命名空间，用以处理不包括事件数据的事件。

EventHandler 委托声明的语法格式为：

public delegate void EventHandler(Object sender,EventArgs e)

使用说明：

- 委托的返回类型为 void。
- sender 参数是事件发布者，负责保存触发事件对象的引用，参数类型为 Object，因此可以保存任何类型的实例。
- e 参数负责保存事件数据。

（2）自定义的委托类型。

声明事件时也可以使用自定义的委托类型，假如 MyDelegate 为已声明的自定义的委托类型，则可声明事件：

public event MyDelegate MyEvent;   // MyEvent 为事件名

8.7.3 订阅事件

订阅事件就是将发布者的事件和订阅者的事件处理方法进行绑定的过程。当事件被触发时，将会执行相应的绑定代码。能否订阅事件取决于事件是否存在，如果事件存在，那么要给对象订阅事件只须使用加法赋值运算符（+=）绑定一个当该事件被触发时将调用方法的委托即可。

订阅事件的语法格式为：

事件名+=new 委托类型名(方法名);

例如，订阅事件代码如下：

MyEvent+=new Mydelegate(Myfunction);   //订阅事件

要防止在触发事件时调用事件处理程序，则需要取消订阅该事件。一般使用减法赋值运算符（-=）来取消事件订阅。取消事件订阅的语法格式为：

事件名-=new 委托类型名(方法名);

例如，取消订阅事件代码如下：

MyEvent-=new Mydelegate(Myfunction);   //取消订阅事件

可以使用 Lambda 表达式或匿名方法进行事件订阅。

（1）使用 Lambda 表达式。

obj.Calculatevent += (object sender,EventArgs e) =>
{

```
            语句块;
        };
```
（2）使用匿名方法。
```
        obj.Calculatevent+=delegate(object sender,EventArgs e)
        {
            string s = sender.ToString() + " " + e.ToString();
            Console.WriteLine(s);
        }
```

其中，obj 为对象名，Calculatevent 为事件名。如果使用匿名方法订阅事件，则取消订阅过程将比较复杂，它必须返回到该事件的订阅代码，将该匿名方法存入委托对象，然后将此委托添加到该事件中。一般来说，如果必须在后面的代码中取消订阅某个事件，则建议不要使用匿名方法订阅此事件。

【例 8-11】创建一个控制台应用程序，说明订阅事件的使用。

代码如下：
```
        using System;
        namespace ex8_11
        {
            public delegate void mobileEventHandler();        //定义一个事件委托
            //定义一个 Phone 类
            class Phone
            {
                string pName;
                //定义一个手机呼叫事件
                public event mobileEventHandler PhoneringEvent;
                public Phone(string name)
                {
                    pName = name;
                }
                //当拨通手机时触发事件
                public void Ring()
                {
                    Console.WriteLine(pName+"来电话了");
                    //触发事件
                    PhoneringEvent();
                }
            }
            //定义一个 Person 类
            class Person
            {
                //在构造函数中进行订阅
                public Person(Phone mobile)
                {
                    //订阅事件的两种方式
                    mobile.PhoneringEvent += SendFile;
                    mobile.PhoneringEvent += new mobileEventHandler(SeeMessage);
                }
                private void SendFile()
                {
```

```
                    Console.WriteLine("来电者散会了，赶紧去送文件");
                }
                private void SeeMessage()
                {
                    Console.WriteLine("看看有没有短信");
                    Console.ReadLine();
                }
            }
        //在主函数中实例化对象
        class Program
        {
            static void Main(string[] args)
            {
                Phone phone1 = new Phone("张三");
                Person p1 = new Person(phone1);
                //调用函数，触发事件
                phone1.Ring();
            }
        }
    }
```

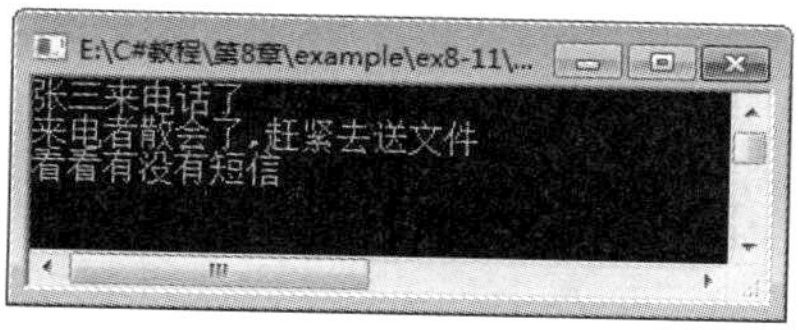

图 8-10　例 8-11 的运行结果

按 F5 键执行该程序，运行结果如图 8-10 所示。

【例 8-12】使用订阅事件实现"猫叫，老鼠跑，主人惊醒了"。
代码如下：

```
using System;
namespace ex8_12
{
    public delegate void CatCryEventHandler();
    class Program
    {
        static void Main(string[] args)
        {
            Cat cat1 = new Cat();
            Mouse mouse1 = new Mouse(cat1);
            Master master1 = new Master(mouse1);
            cat1.CatCry();
            Console.ReadLine();
        }
    }
    class Cat
    {
        public event CatCryEventHandler catevent;
        public void CatCry()
        {
            Console.WriteLine("猫叫");
            catevent();
        }
    }
    class Mouse
    {
```

```
    public event CatCryEventHandler mousevent;
    public Mouse(Cat cat)
    {
        cat.catevent += new CatCryEventHandler(this.MouseRun);
    }
    public void MouseRun()
    {
        Console.WriteLine("老鼠跑");
        mousevent();
    }
}
class Master
{
    public Master(Mouse mouse)
    {
        mouse.mousevent += new CatCryEventHandler(this.WakeUp);
    }
    public void WakeUp()
    {
        Console.WriteLine("主人惊醒了");
    }
}
}
```

按 F5 键执行该程序，运行结果如图 8-11 所示。

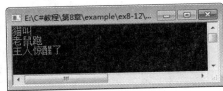

图 8-11   例 8-12 的运行结果

8.7.4   触发事件

触发事件前，事件名要与事件处理方法进行关联，否则不会触发事件。触发事件是指通过委托对象调用事件订阅者的处理方法。

例如，下列代码实现了事件的触发：

```
if(myEvent!=null)        //检查事件是否绑定了事件处理方法
{
    myEvent();          //触发事件
}
```

上面的代码段对一个特定的条件进行检查，如果事件不为空，则触发事件 myEvent。请注意，触发事件的语法与调用方法的语法相似。触发 myEvent 时，将调用所有订阅了该特定事件的对象的委托，去执行相应的事件处理方法。如果不存在订阅事件的对象，却引发了事件，则会产生异常。

【例 8-13】创建一个控制台应用程序，说明事件的使用。

代码如下：

```
using System;
namespace ex8_13
{
    //发布者 Teacher 类
    public class Teacher
    {
        public delegate void teacherdelegate();      //声明委托类型
        public event teacherdelegate classevent;     //声明事件
```

```
                    //定义触发事件的方法
                    public void ClassPrepare()
                    {
                        Console.WriteLine("准备上课！");
                        if (classevent != null)
                            classevent();
                    }
            }
        //订阅者 Student 类
        public class Student
        {
            //学生姓名
            private string sname;
            public Student(string xm)
            {
                this.sname = xm;
            }
            //事件处理方法
            public void Closephone()
            {
                Console.WriteLine(sname + "关掉手机");
            }
            public void Openbook()
            {
                Console.WriteLine(sname + "打开课本");
            }
            public void Pickuppen()
            {
                Console.WriteLine(sname + "拿出笔");
            }
        }
    class Program
    {
        static void Main(string[] args)
        {
            Teacher t = new Teacher();
            Student s1 = new Student("张山");
            Student s2 = new Student("李思思");
            Student s3 = new Student("王强");
            //订阅事件
            t.classevent += new Teacher.teacherdelegate(s1.Closephone);
            t.classevent += new Teacher.teacherdelegate(s2.Openbook);
            t.classevent += new Teacher.teacherdelegate(s3.Pickuppen);
            //触发事件
            t.ClassPrepare();
            Console.ReadLine();
        }
    }
}
```

按 F5 键执行该程序，运行结果如图 8-12 所示。

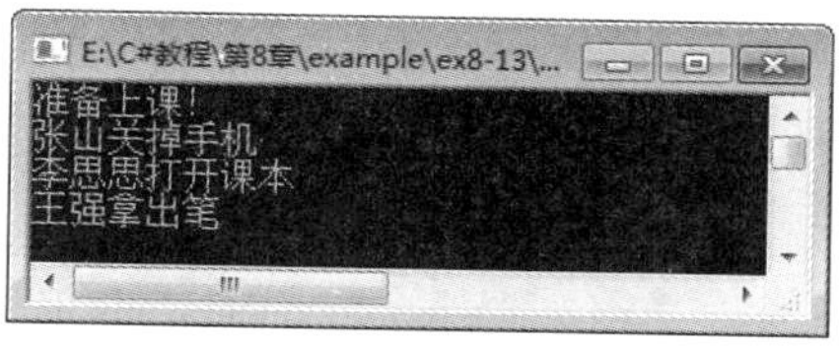

图 8-12 例 8-13 的运行结果

通过上述代码可以看出，使用事件时需要注意以下几个步骤：

（1）程序首先需要声明该事件的委托类型：public delegate void teacherdelegate()。

（2）声明事件：public event teacherdelegate classevent。

（3）在事件订阅者类中创建事件处理方法。

（4）订阅事件：通常先在主程序中定义一个包含事件的类的对象，再将事件处理方法和该对象关联起来。

（5）编写触发事件的方法：需要先检查是否为空，然后再调用事件。

（6）触发事件：t.ClassPrepare()。

8.7.5 扩展 EventArgs 类

在事件处理方法中可以使用参数来传递一些与事件相关的信息，比如触发事件的对象、与事件相关的数据等。通常使用 object 类型的参数表示触发事件的对象，与事件相关的数据则用 System.EventArgs 类型变量的不同属性表示。对于 EventArgs 类，它本身不能包含事件数据，在事件触发时不能向事件处理方法传递状态信息。因此，要传递状态信息，则需要从 EventArgs 类派生一个新类来保存信息。类的名称应该以 EventArgs 结尾。

下面声明一个继承于 EventArgs 类的派生类。

```
public class calEventArgs:EventArgs
{
    private string _name;
    private int _num;
    public string Name
    {
        set{_name=value;}
        get{ return _name;}
    }
    public int Number
    {
        set{_num=value;}
        get{ return _num;}
    }
}
```

【例 8-14】创建一个控制台应用程序，通过扩展 EventArgs 类使事件参数包含事件数据。

代码如下：

```
using System;
namespace ex8_14
{   //电热水器
    public class ElecHeater
    {
        private int temperature;
        public string type = "FangTai1801";        //型号
        public string Madein = "China";            //产地
        //声明委托
        public delegate void BoiledEventHandler(Object sender, BoiledEventArgs e);
        public event BoiledEventHandler Boiled;    //声明事件
        //声明 BoiledEventArgs 类
```

```csharp
public class BoiledEventArgs : EventArgs
{
    public   int temperature;
    public BoiledEventArgs(int temperature)
    {
        this.temperature = temperature;
    }
    protected virtual void OnBoiled(BoiledEventArgs e)
    {
        if (Boiled != null)
        {
            Boiled(this, e);
        }
    }
    public void BoilWater()
    {
        for (int i = 0; i <= 100; i++)
        {
            temperature = i;
            if (temperature > 95)
            {
                BoiledEventArgs e = new BoiledEventArgs(temperature);
                OnBoiled(e);   //调用 OnBolied 方法
            }
        }
    }
}
//语音警报
public class Alarm
{
    public void Alarming(Object sender, ElecHeater.BoiledEventArgs e)
    {
        ElecHeater heater = (ElecHeater)sender;
        Console.WriteLine("警报：滴...，产地为{0}，型号为{1}的热水器，水温已达{2}度",
        heater.Madein,heater.type,e.temperature);
    }
}
public class Prompt     //显示器
{
    public static void ShowInform(Object sender, ElecHeater.BoiledEventArgs e)
    {
        ElecHeater heater = (ElecHeater)sender;
        Console.WriteLine("屏幕显示：热水器({0} {1})水温{2}度",heater.Madein,
        heater.type,e.temperature);
        Console.WriteLine();
    }
}
class Program
{
```

```
static void Main(string[] args)
{
    ElecHeater heater = new ElecHeater();
    Alarm alarm = new Alarm();
    heater.Boiled += alarm.Alarming;
    heater.Boiled += Prompt.ShowInform;
    heater.BoilWater();        //调用方法
    Console.ReadLine();
}
}
}
```

按 F5 键执行该程序，运行结果如图 8-13 所示。

图 8-13　例 8-14 的运行结果

8.7.6　事件访问器

事件是一种特殊的多播委托，只能从声明它的类中进行调用。事件订阅者是通过提供对事件处理方法的引用来订阅事件，这些方法通过事件访问器添加到委托的调用列表中。对比使用 get 和 set 的属性访问器，事件访问器被命名为 add 和 remove。大多数情况下，无需提供自定义事件访问器，编译器将自动添加它们。但在某些情况下，可能需要提供自定义行为，可以使用以下语法：

```
public event MyEventHandler Calculate
{
    add
    {
        …            //执行+=运算符的代码
    }
    remove
    {
        …            //执行-=运算符的代码
    }
}
```

声明了事件访问器后，事件不包含任何内嵌委托对象。我们必须实现自己的机制来存储和移除事件的方法。

下面的示例演示一个具有自定义 add 和 remove 访问器的事件。

```
public event EventHandler AEvent
```

```
    {
        //添加访问器
        add
        {
            Console.WriteLine("AEvent add 被调用，value 的 HashCode 为：" +
            value.GetHashCode());
            if (value != null)
            {
                m_Handler = value;
            }
        }
        //删除访问器
        remove
        {
            Console.WriteLine("AEvent remove 被调用，value 的 HashCode 为：" +
            value.GetHashCode());
            if(value == m_Handler)
            {
                //设置 m_Handler 为 null，该事件将不再被激发
                m_Handler = null;
            }
        }
    }
}
```

注意：事件访问器中包含一个名为 value 的隐式值参数。

习题 8

一、选择题

1．下列关键字中（　　　）用于定义事件。

　　A．delegate　　　　　B．event　　　　　C．this　　　　　D．value

2．声明一个委托 public delegate int myCallBack(int x);，则用该委托产生的回调方法的原型应该是（　　　）。

　　A．void myCallBack(int x)　　　　　B．int receive(int num)

　　C．string receive(int x)　　　　　D．不确定的

3．将发生的事件通知其他对象（订阅者）的对象称为事件的（　　　）。

　　A．通知者　　　　　B．发布者　　　　　C．广播者　　　　　D．订阅者

4．在 C#中，假如有一个名为 MyDelegate 的委托，则下列能够正确定义一个事件的是（　　　）。

　　A．public delegate MyDelegate messageEvent;

　　B．public MyDelegate messageEvent;

　　C．private event MyDelegate(messageEvent);

　　D．public event MyDelegate messageEvent;

5．以下关于委托和委托类型的叙述中正确的是（　　　）。

    A．委托必须在类中定义   B．委托不是一种类的成员

    C．委托类型是一种数据类型   D．定义委托需要使用 delegate 关键字

6．C#中，关于事件的定义正确的是（   ）。

    A．private event OnClick();

    B．private event OnClick;

    C．public delegate void Click();public event Click void OnClick();

    D．public delegate void Click();public event Click OnClick();

二、简答题

1．什么是委托，如何实现委托？

2．简述发布者、订阅者和事件处理方法。

3．简述事件访问器。

4．什么是多播委托？委托和事件有什么关系？

5．简述在事件中通常使用的参数类型。

6．C#中的事件有哪些特点？

7．委托对象如何调用匿名方法？

三、编程题

1．设计控制台应用程序，通过委托方式求两个整数的立方和。

2．创建一个控制台应用程序，通过委托方式编写一个进行加减乘除运算的程序，当用户输入两个数和一个运算符时能得到运算后的结果。

3．使用委托方式实现：当用户输入一个角度值时能同时返回该角度的 sin 和 cos 的函数值。

4．创建一个控制台应用程序，说明取消订阅事件的使用。

5．编写一个求 1～100 之间的素数的方法，用委托对象调用这个方法。

6．创建一个控制台应用程序，使用定时器每隔 15 秒显示一次提示框，显示当前的时间。

第 9 章　Windows 窗体应用程序设计

【学习目标】

- 理解窗体和窗体的属性、事件和方法的概念。
- 掌握常用控件的使用方法。
- 掌握多文档窗体。
- 掌握继承窗体。
- 掌握 Windows 窗体的调用。

9.1　窗体设计

窗体（Form）是一个窗口或对话框，是存放各种控件（包括标签、文本框、命令框等）的容器。在 Windows 中，窗体是向用户显示信息的可视化界面，是 Windows 应用程序的基本单元。窗体也是对象，窗体类定义了生成窗体的模板，每实例化一个窗体类就产生一个窗体。C#的窗体是通过 Form 类（System.Windows.Forms.Form）或者从 Form 类的派生类的对象创建。

在新建项目后就要进行窗体设计。窗体的设计过程主要为：创建窗体、设置窗体属性、添加控件、编辑控件、设置控件属性和 Tab 顺序等。

9.1.1　创建窗体

在 Visual Studio 2017 中新建一个项目时，系统会自动生成一个空白窗体。如果在项目开发过程中需要添加一个或多个窗体，则可以用下列方法实现：

（1）选择"项目"→"添加 Windows 窗体"命令，或者在"解决方案资源管理器"窗口中鼠标右键单击项目名称 ex9-1，在弹出的快捷菜单中选择"添加"→"Windows 窗体"或者"添加"→"新建项"命令，如图 9-1 所示。

图 9-1　添加 Windows 窗体

（2）弹出"添加新项"对话框，如图 9-2 所示。选择"Windows 窗体"选项，在"名称"文本框中输入窗体名称，然后单击"添加"按钮，即可向项目中添加一个新的窗体。

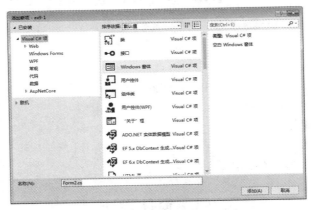

图 9-2 "添加新项"对话框

如果在项目开发过程中需要删除窗体，则可在要删除的窗体的名称上单击鼠标右键，在弹出的快捷菜单中选择"删除"命令，如图 9-3 所示。

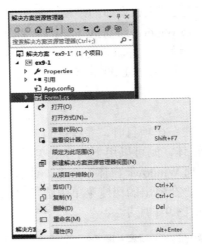

图 9-3 删除 Windows 窗体

当向项目中添加了多个窗体后，默认情况下，项目的第一个窗体会被自动指定为启动窗体。项目开始运行时，此窗体就会显示出来。如果想要调试程序，在项目启动时显示其他窗体，就需要设置启动窗体。项目的启动窗体是在 Program.cs 文件中设置的，通过改变 Run 方法的参数便可完成启动窗体的设置。

在"解决方案资源管理器"窗口中打开 Program.cs 文件，该文件的部分代码如下：

```
Static void Main()
{
    Application.EnableVisualStyles();
    Application.SetCompatibleTextRenderingDefault(false);
    Application.Run(new Form1());
}
```

其中，Application.Run 方法用于在当前线程上开始运行标准应用程序，并且使指定的窗体可见。上述代码中的 Form1 表示要启动的窗体。如果想将 Form2 设置为启动窗体，只需对 Program.cs 文件中的最后一行代码进行修改，将 Application.Run(new Form1())改为 Application. Run(new Form2())即可。

9.1.2　窗体的类型

在 C#中，窗体可以分为 SDI（Single-Document Interface，单文档界面）窗体和 MDI（Multiple-Document Interface，多文档界面）窗体两种类型。

（1）SDI 窗体。

SDI 窗体是只包含一个窗体的界面。它又可分为模式窗体（或模式对话框）和非模式窗体（或非模式对话框）。模式窗体是该窗体在屏幕上显示后用户必须响应，只有在其关闭后才能操作其他窗体或程序，非模式窗体是该窗体在屏幕上显示后用户可以不响应，然后随意切换到其他窗体或程序进行操作。通常情况下，新创建的窗体默认为非模式窗体。

（2）MDI 窗体。

MDI 窗体用于同时显示多个文档，每个文档显示在各自的窗口中。MDI 窗体通常又包含子菜单的窗口菜单，用于在窗口或文档之间进行切换。MDI 窗体十分常见，如图 9-4 所示就是一个 MDI 窗体。

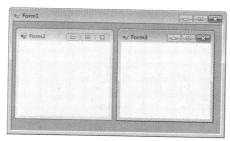

图 9-4　MDI 窗体

9.1.3　窗体的属性

窗体都包含一些基本的组成要素，包括标题、位置和背景等，这些要素可以通过窗体的"属性"窗口进行设置，也可以使用代码实现。为了快速开发窗体应用程序，一般可以通过"属性"面板进行设置。窗体的常用属性如表 9-1 所示。

表 9-1　窗体的常用属性

属性	说明
AutoSizeMode	确定用户是否可以使用鼠标拖拽来改变窗体的大小
AutoScroll	获取或设置一个值，该值指示窗体是否实现自动滚动
BackColor	获取或设置窗体的背景色
BackgroundImage	获取或设置窗体的背景图像
ControlBox	获取或设置一个值，该值指示在该窗体的标题栏中是否显示控制框，默认为 true

续表

属性	说明
Cursor	获取或设置当鼠标指针位于控件上时显示的光标
Enabled	获取或设置一个值，该值指示控件是否可以对用户交互作出响应
Font	获取或设置控件显示的文本的字体
ForeColor	获取或设置控件的前景色
FormBorderStyle	获取或设置窗体的边框样式，其值为 FormBorderStyle 枚举类型
Helpbutton	获取或设置一个值，该值指示是否在窗口的标题框中显示"帮助"按钮
Icon	获取或设置窗体的图标
IsMdiContainer	设置应用程序是否为 MDI 应用程序
Location	获取或设置窗体在屏幕上的位置，即设置窗体左上角的坐标值
MdiParent	获取或设置此窗体的当前多文档界面（MDI）父窗体
MaximizeBox	获取或设置一个值，该值指示是否在窗体的标题栏中显示最大化按钮
MinimizeBox	获取或设置一个值，该值指示是否在窗体的标题栏中显示最小化按钮
Modal	用来设置窗体是否为有模式显示窗体
Name	获取或设置窗体的名称
ShowIcon	获取或设置一个值，该值指示是否在窗体的标题栏中显示图标
ShowInTaskbar	获取或设置一个值，该值指示是否在 Windows 任务栏中显示窗体
Size	获取或设置窗体的大小，可以通过系统类 Size 来实现，也可以通过窗体的 Height 和 Width 属性来实现
StartPosition	获取或设置执行时窗体的起始位置，其值取如下之一： ● Manual：窗体的位置由 Location 属性确定 ● CenterScreen：窗体的初始位置为屏幕中心 ● WindowsDefaultLocation：窗体定位在 Windows 的默认位置，其尺寸在窗体大小中指定 ● WindowsDefaultBounds：窗体定位在 Windows 的默认位置，其边界也由 Windows 默认确定 ● CenterParent：窗体在其父窗体中居中
Text	设置或返回在窗口标题栏中显示的文字
TopMost	获取或设置一个值，该值指示该窗体是否应显示为最顶层窗体
Visible	表示窗体是否可见，它有 True 和 False 两个值，默认值为 True；如果设为 False，则窗体不可见
WindowState	获取或设置窗体的窗口状态

（1）在"属性"面板中设置。

例如，创建一个项目后，窗体的图标是系统默认的图标，如果需要更换窗体的图标，可以在"属性"面板中设置 Icon 属性，具体操作方法如下：

第一步：用鼠标单击窗体，在窗体的"属性"面板中选择 Icon 属性，如图 9-5（a）所示。

第二步：单击▥按钮，出现图 9-5（b）所示的对话框，选择需要的图标文件。

第三步：单击"打开"按钮，实现了图标的更改。窗体更改前的图标和更改后的图标如图 9-6 所示。

（a）Icon 属性　　　　　　　（b）选择图标文件

图 9-5　更改图标

（a）更改前的图标　　　　　（b）更改后的图标

图 9-6　图标更改前后对比

（2）在代码视图中设置。

例如，设置窗体的大小，可以在代码视图中编辑代码：

```
form1.Size=new Size(1800,1000);
```

或者

```
form1.Width=1800;form1.Height=1000;
```

9.1.4　窗体的方法

窗体提供了许多方法，用户可以直接调用这些方法实现特定的操作。窗体的常用方法如表 9-2 所示。

表 9-2　窗体的常用方法

方法	说明
Active	激活窗体并给予焦点，调用格式为：窗体名.Active();
BringToFront	将窗体移动到其他窗体的顶端
Close	关闭窗体，调用格式为：窗体名.Close();

续表

方法	说明
Hide	隐藏窗体，调用格式为：窗体名.Hide();
Refresh	刷新并重画窗体，调用格式为：窗体名.Refresh();
SendtoBack	将窗体移动到其他窗体的底端
SetBounds	定位窗体
Show	以非模式对话框方式显示窗体，使窗体可见，调用格式为：窗体名.Show();
ShowDialog	以模式对话框方式显示窗体，调用格式为：窗体名.ShowDiaglog();

Windows 应用程序在创建一个窗体时，系统会自动在应用程序中创建 Form 类的一个实例对象，当前显示的窗体就是一个类的对象。如果想从当前窗体中显示另一个窗体，则须在当前窗体中创建另一个窗体的实例。一般可以采用以下格式：

新窗体类 窗体实例名=new 新窗体类();

实例化窗体类的对象后，调用该对象的 Show 或 ShowDialog 方法可以显示该窗体。

【例 9-1】在 Form1 窗体中添加一个按钮控件，单击该按钮将显示 Form2 窗体。

操作步骤如下：

（1）向 Form1 窗体中添加按钮控件，并在"属性"面板中修改控件的 text 值，设为"打开 Form2 窗体"。

（2）鼠标双击按钮控件，在按钮的 Click 事件中调用 Show 方法，代码如下：

```
Form2 frm2=new Form2();        //实例化 Form2
frm2.Show();                    //调用 Show 方法，显示 Form2 窗体
```

（3）运行程序，单击按钮，结果如图 9-7 所示。

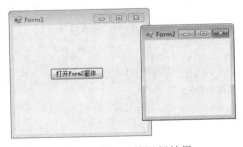

图 9-7　例 9-1 的运行结果

说明：如果将（2）中的代码改为：

```
Form2 frm2=new Form2();    frm2.Show(this);
```

则 Form1 窗体和 Form2 窗体间成了父窗口和子窗口的关系，可以互相通信了。

【例 9-2】在 Form1 窗体中添加一个按钮控件，单击该按钮将隐藏 Form1 窗体，显示 Form3 窗体。

操作步骤如下：

（1）向 Form1 窗体中添加按钮控件，并在"属性"面板中修改控件的 text 值，设为"隐藏 Form1 窗体，显示 Form3 窗体"。

（2）鼠标双击按钮控件，在按钮的 Click 事件中调用 Hide 方法，代码如下：

```
this.Hide();                    //调用 Hide 方法隐藏当前窗体
Form3 frm3=new Form3();         //实例化 Form3
frm3.Show();                    //调用 Show 方法，显示 Form3 窗体
```

（3）运行程序，效果如图 9-8 所示。单击按钮，Form1 窗体隐藏，Form3 窗体显示，如图 9-9 所示。

图 9-8　运行例 9-2 程序效果

图 9-9　单击按钮后的效果

9.1.5　窗体的事件

在 C#中，Form 类提供了许多事件，用于响应对窗体执行的各种操作。窗体的常用事件如表 9-3 所示。

表 9-3　窗体的常用事件

事件	说明
Activated	窗体激活时发生
Click	用户单击窗体时发生
Deactivate	窗体失去焦点成为不活动窗体时发生
DoubleClick	双击窗体时发生
FormClosed	关闭窗体后发生
FormClosing	关闭窗体前发生
Load	用户加载窗体时发生
MouseClick	在鼠标单击控件时发生
MouseDoubleClick	在鼠标双击控件时发生
MouseDown	在控件区域内按下鼠标键时发生
MouseEnter	鼠标进入控件区域内时发生
MouseHover	鼠标在窗体上悬停时发生
MouseLeave	鼠标离开控件区域时发生
MouseMove	鼠标移过控件时发生
MouseUp	在控件区域内释放鼠标按键时发生
Paint	在重绘窗体时发生
Resize	改变窗体大小时发生

处理事件有 3 种基本方式。第一种是双击控件，则会进入控件默认的处理程序，这个事件对于不同的控件是不一样的。比如，对于窗体来说，进入的就是 Load 事件。第二种是从"属性"面板的事件列表中选择事件。具体方法是单击"属性"面板中的按钮，在显示的全部事件中选择所需要的事件，用鼠标双击该事件，就会自动进入此事件的处理程序。第三种是在该事件的右侧文本框中为该事件输入一个名称，然后按回车键，便会自动生成一个以输入名字命名的事件处理程序，如图 9-10 所示。当创建了该事件处理程序后，C#系统会在对应窗体的.Designer.cs 文件中自动添加订阅事件的语句。因此，当用户不再需要某个已创建的事件过程时，则必须先在代码编辑窗口中删除对应的事件过程，再打开窗体的.Designer.cs 文件，然后删除对应的订阅事件语句。

图 9-10　窗体事件处理程序生成

【例 9-3】单击窗体时，弹出提示框"已经打开了窗体！"

操作步骤如下：

（1）创建 Windows 窗体应用程序。启动 Visual Studio 2017，选择"文件"→"新建"→"项目"命令，创建名为 ex9-3 的 Windows 窗体应用程序。

（2）创建窗体事件处理程序。在窗体"属性"面板中单击"事件"按钮，在显示的全部事件中选择 Click 事件，用鼠标双击该事件就会自动进入该事件的处理程序，在窗体的 Click 事件中编写如下代码：

```
private void Form1_Click(object sender, EventArgs e)
{
    MessageBox.Show("已经打开了窗体！");    //弹出提示框
}
```

（3）运行程序，结果如图 9-11 所示。

图 9-11　例 9-3 的运行结果

【例 9-4】加载窗体时，标题栏显示"加载窗体"，并设置窗体的背景图像。

操作步骤如下：

（1）创建 Windows 窗体应用程序。启动 Visual Studio 2017，选择"文件"→"新建"→"项目"命令，创建名为 ex9-4 的 Windows 窗体应用程序。

（2）创建窗体事件处理程序。在窗体"属性"面板中单击"事件"按钮，在显示的全部事件中选择 Load 事件，用鼠标双击该事件就会自动进入该事件的处理程序，在窗体的 Load 事件中编写如下代码：

```
private void Form1_Load(object sender, EventArgs e)
{
    this.Text ="加载窗体";                              //窗体标题栏文本
    this.BackgroundImage = Image.FromFile(@"flower.jpg");    //设置窗体背景图像
    this.Size=new Size(400,400);              //设置窗体的大小为背景图片的大小
}
```

（3）运行程序，结果如图 9-12 所示。

图 9-12　例 9-4 的运行结果

9.2　常用控件

　　C#中包含许多控件，控件是用户进行窗口设计的重要组成元素。常用的控件有 Label、TextBox、Button、ListBox、ComboBox、RadioButton、CheckBox 等。控件是包含在窗体对象内的对象，每种类型的控件都具有自己的属性集、方法和事件，以实现特定的功能。Windows 应用程序控件的基类是位于 System.Windows.Forms 命名空间的 Control 类。Windows 窗体应用程序的控件都派生自 Control 类，Control 类定义了窗体控件的公有属性、方法和事件。例如，Focused 用来表示控件是否有输入焦点，Name 用来表示控件的名称。

　　控件是 Windows 窗体设计中重要的可视化编程工具，要想向窗体中添加控件，一般可以采用以下 4 种方法：

　　（1）将控件拖曳到窗体上。

　　在工具箱中单击所需要的控件并将其拖到窗体上，控件将以默认大小添加到窗体上。

　　（2）在工具箱中双击控件。

　　在工具箱中双击所需要的控件，此控件会出现在窗体的默认位置。

　　（3）在工具箱中单击控件，在窗体上释放鼠标。

　　在工具箱中单击想要添加的控件，然后在窗体上的适当位置拖曳鼠标，选择控件的大小后释放鼠标，则此控件添加到窗体上。

　　（4）以编程方式向窗体中添加控件。

　　通过 new 关键字实例化要添加控件所在的类，然后将实例化的控件添加到窗体中。

9.2.1　Label 控件

Label（标签）控件是最常用的控件，主要功能是在窗体上显示文本，因此它常用来显示

提示信息或为其他控件显示说明信息。Label 控件的常用属性如表 9-4 所示。

表 9-4　Label 控件的常用属性

属性	说明
Autosize	获取或设置一个值，该值指示是否自动调整标签控件的大小，以完整显示其内容，默认值为 true
BackColor	获取或设置控件的背景色
BorderStyle	获取或设置标签的边框样式，其值是 BorderStyle 枚举类型，有 3 个枚举成员：BorderStyle.None 为无边框，BorderStyle.FixedSingle 为固定单边框，BorderStyle.Fixed3D 为三维边框，默认值为 None
Enabled	设置或返回控件的状态
Font	选择标签的字体格式和字体大小
Image	获取或设置显示在标签上的图像
ImageAlign	获取或设置在标签中显示的图像的对齐方式
Padding	获取或设置标签控件的内部边距
TabIndex	设置或返回对象的 Tab 键顺序
TextAlign	获取或设置标签中文本的对齐方式
Text	设置或返回标签控件中显示的文本信息

说明：Label 控件不接收输入焦点，它会将焦点按 Tab 键的控制次序传递给下一个控件。

【例 9-5】向窗体中添加一个 Label 控件，显示文本信息为"Label 不接收输入焦点"。

操作步骤如下：

（1）创建 Windows 窗体应用程序。启动 Visual Studio 2017，选择"文件"→"新建"→"项目"命令，创建名为 ex9-5 的 Windows 窗体应用程序。

（2）向窗体中添加一个 Label 控件。

（3）在"属性"面板中直接修改 Text 属性或通过代码设置 Text 属性，如图 9-13 所示。

```
private void Form1_Load(object sender, EventArgs e)
{
    label1.Text = " Label 不接收输入焦点";        //设置 Label 控件的 Text 属性
}
```

图 9-13　设置 Text 属性

9.2.2　TextBox 控件

TextBox（文本框）控件也是比较常用的控件，用于获取输入的数据或者显示文本。

1. TextBox 控件的属性

TextBox 控件的常用属性如表 9-5 所示。

表 9-5　TextBox 控件的常用属性

属性	说明
CharacterCasing	获取或设置在字符键入时是否修改其大小写格式，其值为 CharacterCasing 枚举类型，有以下 3 个成员： ● Lower：输入的所有文本都转换成小写 ● Normal：不对文本进行任何转换，默认值 ● Upper：输入的所有文本都转换成大写
CanFocus	获取一个值，该值指示控件是否可以接收焦点
Location	获取或设置该控件的左上角相对于其容器的左上角的坐标
HideSelection	决定当焦点离开文本框后选中的文本是否还以选中的方式显示，值为 true 则不以选中的方式显示，值为 false 将依旧以选中的方式显示
Lines	获取或设置文本框控件中的文本行
MaxLength	设置文本框允许输入字符的最大长度
Modified	获取或设置一个值，该值指示自创建文本框控件或上次设置该控件的内容后，用户是否修改了该控件的内容
MultiLine	设置文本框中的文本是否可以输入多行并以多行显示
Name	获取或设置控件的名称
PasswordChar	获取或设置字符，该字符用于屏蔽单行文本框控件中的密码字符
ReadOnly	获取或设置一个值，该值指示文本框中的文本是否为只读，默认为 false
ScrollBars	获取或设置哪些滚动条应出现在多行文本框控件中
SelectedText	获取或设置一个值，该值指示控件中当前选定的文本
SelectionLength	获取或设置文本框中选定的字符数
SelectionStart	获取或设置文本框中选定的文本起始点
Text	获取或设置文本框中显示的文本
TextLength	获取文本框中文本的长度
WordWrap	获取或设置一个值，该值指示多行文本框控件在输入的字符超过一行宽度时是否自动换行到下一行的开始

【例 9-6】创建一个 Windows 窗体应用程序，将文本框设置为只读，并在文本框上显示"此文本框只读"。

操作步骤如下：

（1）创建 Windows 窗体应用程序。启动 Visual Studio 2017，选择"文件"→"新建"→

"项目"命令，创建名为 ex9-6 的 Windows 窗体应用程序。

（2）向窗体中添加一个 TextBox 控件。

（3）在窗体的 Load 事件中编写如下代码：

```
private void Form1_Load(object sender, EventArgs e)
{
    textBox1.ReadOnly=true;            //将文本框设置为只读
    textBox1.Text = "此文本框只读";     //设置文本框控件的 Text 属性
}
```

（4）运行程序，结果如图 9-14 所示。

【例 9-7】创建一个 Windows 窗体应用程序，设置文本框属性，使其能输入多行数据。

操作步骤如下：

（1）创建 Windows 窗体应用程序。启动 Visual Studio 2017，选择"文件"→"新建"→"项目"命令，创建名为 ex9-7 的 Windows 窗体应用程序。

（2）向窗体中添加一个 TextBox 控件。

（3）在窗体的 Load 事件中编写如下代码，运行结果如图 9-15 所示：

```
private void Form1_Load(object sender, EventArgs e)
{
    textBox1.Multiline=true;            //设置 Multiline 属性
    textBox1.Text = "创建一个 Windows 窗体应用程序，设置文本框属性，使其能输入多行数据";
    //设置文本框控件的 Text 属性
    textBox1.Height=80;                 //设置文本框的高
    textBox1.Width = 150;               //设置文本框的宽
}
```

图 9-14　例 9-6 的运行结果　　　　　　图 9-15　例 9-7 的运行结果

【例 9-8】创建一个 Windows 应用程序，添加标签和文本框控件，使文本框中输入的字符显示为"*"。

操作步骤如下：

（1）创建 Windows 窗体应用程序。启动 Visual Studio 2017，选择"文件"→"新建"→"项目"命令，创建名为 ex9-8 的 Windows 窗体应用程序。

（2）向窗体中添加一个 Label 控件和一个 TextBox 控件。

（3）在窗体的 Load 事件中编写如下代码，运行结果如图 9-16 所示：

```
private void Form1_Load(object sender, EventArgs e)
{
    label1.Text = "请输入密码";          //设置 Label 控件的 Text 属性
    textBox1.PasswordChar = "*";         //设置文本框控件的 PasswordChar 属性
}
```

图 9-16　例 9-8 的运行结果

2. TextBox 控件的方法和事件

TextBox 控件的常用方法和事件如表 9-6 和表 9-7 所示

表 9-6　TextBox 控件的常用方法

方法	说明
AppendText	向文本框追加文本，调用格式：文本框对象.AppendText(str)，str 为要添加的字符串
Clear	从文本框控件中清除所有文本，调用格式：文本框对象.Clear()
ClearUndo	从该文本框的撤销缓冲区中清除关于最近操作的信息，根据应用程序的状态，可以使用此方法防止重复执行撤销操作，调用格式：文本框对象.ClearUndo()
Copy	将文本框中的当前选定内容复制到剪贴板中，调用格式：文本框对象.Copy()
Cut	将文本框中的当前选定内容移动到剪贴板上，调用格式：文本框对象.Cut()
Focus	为文本框设置焦点，调用格式：文本框对象.Focus()
Hide	向用户隐藏控件，调用格式：文本框对象.Hide()
Paste	用剪贴板的内容替换文本框中的当前选定内容，调用格式：文本框对象.Paste()
Select	选择文本框中的文本，调用格式：文本框对象.Select(start,length)
SelectAll	选择文本框中的所有文本，调用格式：文本框对象.SelectAll()
Show	向用户显示控件，调用格式：文本框对象.Show()
Undo	撤销文本框中的上一个编辑操作，调用格式：文本框对象.Undo()

表 9-7　TextBox 控件的常用事件

事件	说明
Enter	进入控件时发生
GotFocus	在文本框接收焦点时发生
KeyDown	当控件有焦点时，按下一个键时引发该事件，这个事件总是在 KeyPress 和 KeyUp 之前引发
KeyPress	当控件有焦点时，按下一个键时引发该事件，这个事件总是在 KeyDown 之后、KeyUp 之前引发
KeyUp	当控件有焦点时，释放一个键时引发该事件，这个事件总是在 KeyDown 和 KeyPress 之后引发
Leave	在输入焦点离开控件时发生

事件	说明
LostFocus	在文本框失去焦点时发生
TextChanged	在 Text 属性值更改时发生
Validated	在控件完成验证时发生
Validating	在控件正在验证时发生
VisibleChanged	在 Visible 属性值更改时发生

【例 9-9】创建一个 Windows 窗体应用程序，当用户输入正确的用户名和密码时，系统提示"登录成功！"否则提示"信息错误，请重新输入！"

操作步骤如下：

（1）创建 Windows 窗体应用程序。启动 Visual Studio 2017，选择"文件"→"新建"→"项目"命令，创建名为 ex9-9 的 Windows 窗体应用程序。

（2）窗体设计。向窗体中添加 2 个 Label 控件、2 个 TextBox 控件和 2 个 Button 按钮，控件的属性设置如表 9-8 所示。

表 9-8　例 9-9 中控件的属性设置

控件	属性	属性值	说明
form1	Name	MainForm	登录窗口
label1	Text	用户名：	说明标签
label2	Text	密码：	说明标签
textBox1	Name	txtUerName	
textBox2	PasswordCharText	*	密码以"*"显示
button1	Text	登录	
button2	Text	退出	

（3）创建窗体事件处理程序。在窗体的代码视图中编写如下代码：

```csharp
private void button1_Click(object sender, EventArgs e)
{
        //用户名或密码为空
        if(textBox1.Text == string.Empty || textBox2.Text == string.Empty)
        {
            MessageBox.Show("用户名或密码不能为空！");
            return;
        }
        //用户名和密码输入正确，提示登录成功
        if (textBox1.Text.Equals("admin") && textBox2.Text.Equals("123456"))
        {
            MessageBox.Show("登录成功！");
        }
        //用户名输入不正确，提示重新输入并将焦点置于文本框内
        else if(!textBox1.Text.Equals("admin"))
        {
```

```
        MessageBox.Show("用户名输入不正确，请重新输入！");
        textBox1.Focus();
        textBox1.SelectAll();
    }
    //密码输入不正确，提示重新输入并将焦点置于文本框内
    else
    {
        MessageBox.Show("密码输入不正确，请重新输入！");
        textBox2.Focus();
        textBox2.SelectAll();
    }
}
private void button2_Click(object sender, EventArgs e)
{
    //关闭窗体
    this.Close();
}
```

（4）运行程序，结果如图 9-17 所示。

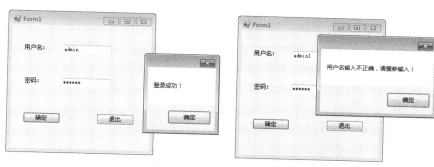

图 9-17　例 9-9 的运行结果

9.2.3　RichTextBox 控件

RichTextBox（富文本框）控件和 TextBox 控件都属于文本编辑控件。RichTextBox 控件比 TextBox 控件功能更强大，用于显示、输入和操作带有格式的文本。RichTextBox 控件可以将文本直接赋值给控件，还可以从 Rich Text 格式文档或纯文本文件中加载文件内容、撤销和重复编辑操作，以及查找指定的字符。

1. RichTextBox 控件的属性

RichTextBox 控件的属性较多，常用属性如表 9-9 所示。

表 9-9　RichTextBox 控件的常用属性

属性	说明
AutoWordSelection	获取或设置一个值，通过该值指示是否启用自动选择字词功能
HideSelection	设置当焦点离开该控件时选定的文本是否保持突出显示
Lines	记录输入到 RichTextBox 控件中的所有文本，每按两次回车键之间的字符串是该数组的一个元素
Modifyed	记录用户是否已修改控件中的文本内容

续表

属性	说明
Multiline	获取或设置一个值，该值指示是否为多行
ScrollBars	获取或设置滚动条显示模式
SelectionAlignment	获取或设置应用到当前选定内容或插入点的对齐方式
SelectionBullet	获取或设置一个值，通过该值指示项目符号样式是否应用到当前选定内容或插入点
SelectionFont	获取或设置当前选定文本或插入点的字体
SelectionColor	获取或设置当前选定文本或插入点的文本颜色
SelectionProtected	获取或设置一个值，该值指示是否保护当前选定文本
SelectionIndent	获取或设置 RichTextBox 的左边缘与当前选定文本或添加到插入点后的文本的左边缘之间的距离
SelectionLength	获取或设置控件中选定的字符数
SelectionStart	获取或设置文本框中选定的文本起始点
Text	获取或设置多格式文本框中的当前文本

【例 9-10】创建一个 Windows 窗体应用程序，对 RichTextBox 控件中的文本进行设置，字体为宋体，字体大小为 14，字体颜色为绿色，且只显示垂直滚动条。

操作步骤如下：

（1）创建一个项目，在 Form1 中添加一个 RichTextBox 控件，添加如下代码：

```
private void Form1_Load(object sender, EventArgs e)
{
    //设置 Multiline 属性，实现多行显示
    richTextBox1.Multiline = true;
    //显示垂直滚动条
    richTextBox1.ScrollBars = RichTextBoxScrollBars.Vertical;
    //设置文本为宋体、14 号、粗体
    richTextBox1.SelectionFont = new Font("宋体", 14, FontStyle.Bold);
    //设置文本颜色为绿色
    richTextBox1.SelectionColor = System.Drawing.Color.Green;
}
```

（2）运行程序，结果如图 9-18 所示。

图 9-18　例 9-10 的运行结果

【例 9-11】创建一个 Windows 窗体应用程序，使控件中的内容以项目符号列表的格式显示。
操作步骤如下：

（1）创建一个项目，在 Form1 中添加一个 RichTextBox 控件，添加如下代码：

```
private void Form1_Load(object sender, EventArgs e)
{
    //设置 Multiline 属性，实现多行显示
    richTextBox1.Multiline = true;
    //设置 SelectionBullet 属性，使文本以项目符号列表的格式显示
    richTextBox1.SelectionBullet = true;
}
```

（2）运行程序，结果如图 9-19 所示。

图 9-19　例 9-11 的运行结果

2. RichTextBox 控件的方法和事件

RichTextBox 控件的常用方法和事件如表 9-10 和表 9-11 所示。

表 9-10　RichTextBox 控件的常用方法

方法	说明
Clear	将 RichTextBox 控件中的文本清空
Find	在 RichTextBox 控件的内容中搜索文本
LoadFile	将现有的 RTF 或 ASCII 文本文件加载到 RichTextBox 控件中，也可以从已打开的数据流中加载数据，格式为：RichtextBox1.LoadFile(文件名,文件类型)
SaveFile	将 RichTextBox 控件的内容保存到文件中
SelectAll	选中控件中的所有文本

表 9-11　RichTextBox 控件的常用事件

事件	说明
SelectionChanged	控件内的选定文本更改时发生
TextChanged	RichTextBox 控件中的内容有任何改变都会引发此事件

【例 9-12】创建一个 Windows 窗体应用程序，将 RTF 文件加载到 RichTextBox 控件中。
操作步骤如下：

（1）创建一个项目，在 Form1 中添加一个 RichTextBox 控件，添加如下代码：

```
private void Form1_Load(object sender, EventArgs e)
{
    richTextBox1.LoadFile("E:\\C#教程\\第 9 章\\a1.RTF",RichTextBoxStreamType.RichText);
}
```

（2）运行程序，结果如图 9-20 所示。

图 9-20　例 9-12 的运行结果

【例 9-13】创建一个 Windows 窗体应用程序，以"http://www"开头的 Web 链接地址作为超链接文本，运行时 RichTextBox 超链接文本会自动变成蓝色且有下划线。

操作步骤如下：

（1）创建一个项目，在 Form1 中添加一个 RichTextBox 控件，添加如下代码：

```
private void Form1_Load(object sender, EventArgs e)
{
    //设置 Multiline 属性，实现显示多行
    richTextBox1.Multiline = true ;
    //设置 ScrollBars 属性实现只显示垂直滚动条
    richTextBox1.ScrollBars = RichTextBoxScrollBars.Vertical;
    //设置 Text 属性
    richTextBox1.Text = "http://www.jcut.edu.cn";
}
private void richTextBox1_LinkClicked(object sender, EventArgs e)
{
    System.Diagnostics.Process.Start(e.LinkText);    //单击网址后可以访问网站
}
```

（2）运行程序，结果如图 9-21 所示。

图 9-21　例 9-13 的运行结果

9.2.4　Button 控件

Button（按钮）控件是 Windows 应用程序中最常用的控件之一，它可以显示文本和图像。Button 控件允许用户通过单击来执行操作，当用户单击按钮时，将引发 Click 事件，并执行该事件中的代码。

.NET Framework 提供了一个派生于 Control 类的 ButtonBase 类，而 Button、CheckBox 和 RadioButton 控件又派生于 ButtonBase 类，ButtonBase 类实现了按钮控件所需的基本功能。Button 控件是普通的命令按钮，其常用属性和事件如表 9-12 和表 9-13 所示。

表 9-12　Button 控件的常用属性

属性	说明
DialogResult	获取对话框返回的结果
Enabled	获取或设置控件的状态
Image	设置显示在按钮上的图像
ImageAlign	获取或设置图像的对齐方式
FlatStyle	设置按钮的外观

表 9-13　Button 控件的常用事件

事件	说明
Click	当用户用鼠标左键单击按钮控件时将引发该事件
MouseDown	当用户在按钮控件上按下鼠标按钮时将引发该事件
MouseUp	当用户在按钮控件上释放鼠标按钮时将引发该事件

【例 9-14】创建一个 Windows 窗体应用程序，向窗体中添加两个按钮。当单击第一个按钮时，显示信息"今天是晴天！"单击第二个按钮时，显示信息"今天是下雨天！"

操作步骤如下：

（1）创建一个项目，在窗体中添加 2 个 Button 控件：Button1 和 Button2，设置 Button1 和 Button2 的 Text 属性值分别为"第 1 个按钮"和"第 2 个按钮"，添加如下代码：

```
private void button1_Click(object sender, EventArgs e)
{
    MessageBox.Show("今天是晴天！");
}
private void button2_Click(object sender, EventArgs e)
{
    MessageBox.Show("今天是下雨天！");
}
```

（2）运行程序，结果如图 9-22 所示。

图 9-22　例 9-14 的运行结果

9.2.5　ListBox 控件

ListBox（列表框）控件用于显示一组选项，用户可以从列表框列出的一组选项中用鼠标选择一项或多项。如果选项总数超过可显示的项目数时，列表框的滚动条会自动添加。列表框中的项目称为列表项，第一个项目的索引号为 0，后面项目的索引号依次递增 1。

1. ListBox 控件的属性

ListBox 控件的属性很多，常用属性如表 9-14 所示。

表 9-14　ListBox 控件的常用属性

属性	说明
ColumnWidth	指示多列 ListBox 中各列的宽度
Items	获取 ListBox 项的集合
MultiColumn	获取或设置 ListBox 是否支持多列
SelectedIndex	获取或设置 ListBox 中当前选定项的从 0 开始的索引
SelectedIndices	获取一个集合，包含所有当前选定项的从 0 开始的索引
SelectedItem	获取或设置 ListBox 中的当前选定项
SelectedItems	获取一个集合，包含所有当前选定项
Sorted	设置 ListBox 所包含的各项是否自动按字母排序
SelectionMode	获取或设置 ListBox 的选择模式
Text	获取当前选定项的文本

2. ListBox 控件的方法和事件

ListBox 控件的方法和事件很多，可以使用 Items 属性的 Add、Remove、Clear、Insert 等方法对列表项进行编辑操作。ListBox 控件的常用方法如表 9-15 所示， ListBox 控件的常用事件如表 9-16 所示。

表 9-15　ListBox 控件的常用方法

方法	说明
FindString	查找 ListBox 中以指定字符串开始的第一个项
GetSelected	返回一个值，该值指示是否选定了指定的项

续表

方法	说明
Items.Add	向 ListBox 中添加项
Items.AddRange	一次向 ListBox 中添加多项
Items.Clear	清除 ListBox 中的所有项
Items.Insert	将项插入 ListBox 的指定索引处
Items.Remove	从 ListBox 中删除一个列表项
Items.RemoveAt	从 ListBox 中移除指定索引处的项
SetSelected	设置或清除选项
ToString	返回当前选中的选项

表 9-16　ListBox 控件的常用事件

事件	说明
Click	单击 ListBox 的选项时引发
DoubleClick	双击 ListBox 的选项时引发
SelectedIndexChanged	SelectedIndex 属性值更改时引发
SelectedValueChanged	SelectedValue 属性值更改时引发

【例 9-15】创建一个 Windows 窗体应用程序，向窗体中添加 ListBox 控件，实现向 ListBox 控件中添加列表项和移除列表项。

操作步骤如下：

（1）创建 Windows 窗体应用程序。启动 Visual Studio 2017，选择"文件"→"新建"→"项目"命令，创建名为 ex9-15 的 Windows 窗体应用程序。

（2）窗体设计。向窗体中添加 1 个 TextBox 控件、1 个 ListBox 控件和 2 个 Button 控件，控件的属性设置如表 9-17 所示。

表 9-17　例 9-15 中控件的属性设置

控件	属性	属性值	说明
textBox1	Name	txtBox1	输入文本
listBox	HorizontalScrollbar	true	显示水平方向滚动条
	ScrollAlwaysVisible	true	显示垂直方向滚动条
button1	Text	Add	
button2	Text	Remove	

（3）创建窗体事件处理程序。在窗体的代码视图中编写如下代码：

```
private void button1_Click(object sender, EventArgs e)
{
    if (textBox1.Text =="")
    {
```

```
            MessageBox.Show("输入要添加的项目：");
        }
        else
        {
            listBox1.Items.Add(textBox1.Text);
            textBox1.Text = "";
        }
    }
    private void button2_Click(object sender, EventArgs e)
    {
        if (listBox1.SelectedItems.Count == 0)
        {
            MessageBox.Show("选择要移除的项目：");
        }
        else
        {
            listBox1.Items.Remove(listBox1.SelectedItem);
        }
    }
```

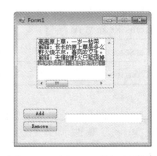

（4）运行程序，结果如图 9-23 所示。　　　　　　　　　　　图 9-23　例 9-15 的运行结果

【例 9-16】创建一个 Windows 窗体应用程序，向窗体中添加 ListBox 控件，统计 1～100 之间素数的个数，并将素数显示在 ListBox 控件中。

操作步骤如下：

（1）创建 Windows 窗体应用程序。启动 Visual Studio 2017，选择"文件"→"新建"→"项目"命令，创建名为 ex9-16 的 Windows 窗体应用程序。

（2）窗体设计。向窗体中添加 2 个 Label 控件、1 个 TextBox 控件、1 个 ListBox 控件和 1 个 Button 控件，控件的属性设置如表 9-18 所示。

表 9-18　例 9-16 中控件的属性设置

控件	属性	属性值	说明
label1	Text	1～100 之间的素数有：	标签说明
label2	Text	素数个数：	标签说明
textBox1	Name	txtBox1	
button1	Text	计算	
listBox1	Name	lstBox1	

（3）创建窗体事件处理程序。在窗体的代码视图中编写如下代码：

```
private void button1_Click(object sender, EventArgs e)
{
    for (int i = 2; i <= 100; i++)
    {
        for (int k = 2; k <= i; k++)
        {
            if (i % k == 0 && i != k)
                break;
```

```
            if (i % k == 0 && i == k)
                listBox1.Items.Add(i);
        }
    }
    textBox1.Text = listBox1.Items.Count.ToString();
}
```

（4）运行程序，结果如图 9-24 所示。

图 9-24　例 9-16 的运行结果

9.2.6　CheckedListBox 控件

CheckedListBox（复选列表框）控件类似于 ListBox 控件，用于显示项的列表，每个列表选项还附带一个复选标记，用户可以通过复选标记选中所需的项。

CheckedListBox 控件的常用属性、方法和事件如表 9-19 和表 9-20 所示。

表 9-19　CheckedListBox 控件的常用属性

属性	说明
Items	获取 CheckedListBox 项的集合
SelectedMode	获取或设置在 CheckedListBox 中选择项所用的方法,返回枚举类型有以下 4 种:None 表示无法选择项；One 表示能选择一项；MultiSimple 表示可以选择多项；MultiExtended 表示可以选择多项，并且用户可以使用 Shift、Ctrl 及方向键来选择
CheckOnClick	指示是否只要一选择项即切换复选框

表 9-20　CheckedListBox 控件的常用方法和事件

方法/事件	说明
GetItemChecked	返回一个表示选项是否被选中的值
GetItemCheckState	返回一个表示选项的选中状态的值
SetItemChecked	设置指定为选中状态的选项
SetItemCheckState	设置选项的选中状态
DataSourceChanged	当 DataSource 更改时引发
SelectedValueChanged	当 SelectedValue 属性更改时引发
SelectedIndexChanged	当 SelectedIndex 属性更改时引发

【例9-17】创建一个 Windows 窗体应用程序,向窗体中添加 ListBox 控件和 CheckedListBox 控件, 在 CheckedListBox 控件中选择一项或多项,并将其在 ListBox 控件中显示。

操作步骤如下:

(1)创建 Windows 窗体应用程序。启动 Visual Studio 2017,选择"文件"→"新建"→"项目"命令,创建名为 ex9-17 的 Windows 窗体应用程序。

(2)窗体设计。向窗体中添加 1 个 CheckedListBox 控件、1 个 ListBox 控件和 1 个 Button 控件,并设置 Button1 控件的 Text 属性值。

(3)创建窗体事件处理程序。在窗体的代码视图中编写如下代码:

```
private void button1_Click(object sender, EventArgs e)
{
    foreach (object item in checkedListBox1.CheckedItems)
    listBox1.Items.Add(item);
}
private void Form1_Load(object sender, EventArgs e)
{
    checkedListBox1.Items.Add("北京");
    checkedListBox1.Items.Add("上海");
    checkedListBox1.Items.Add("广州");
    checkedListBox1.Items.Add("天津");
    checkedListBox1.Items.Add("深圳");
    checkedListBox1.Items.Add("重庆");
    checkedListBox1.CheckOnClick = true;
}
```

(4)运行程序,结果如图 9-25 所示。

图 9-25　例 9-17 的运行结果

9.2.7　ComboBox 控件

ComboBox(组合框)控件结合了 TextBox 控件和 ListBox 控件的功能,既可以在组合框中输入文本,也可以从列表框中选择项。

1. ComboBox 控件的属性

ComboBox 控件的属性较多,下面列举常用的属性,如表 9-21 所示。

表 9-21　ComboBox 控件的常用属性

属性	说明
DropDownStyle	获取或设置 ComboBox 的样式,值为枚举类型
DropDownWidth	获取或设置 ComboBox 下拉部分的宽度
DropDownHeight	获取或设置 ComboBox 下拉部分的高度
Items	获取 ComboBox 中所包含项的集合
SelectedIndex	获取或设置 ComboBox 中选定项的索引下标
SelectedItem	获取或设置 ComboBox 中的选定项
SelectedText	获取或设置 ComboBox 中选定项的文本
SelectedValue	获取或设置由 ValueMember 属性指定的成员属性值
Sorted	指示是否对 ComboBox 中的项进行排序

2. ComboBox 控件的方法和事件

ComboBox 控件的常用方法和事件如表 9-22 和表 9-23 所示。

表 9-22　ComboBox 控件的常用方法

方法	说明
Items.Add	向 ComboBox 项集合中添加一个项
Items.AddRange	向 ComboBox 项集合中添加一个项的数组
Items.Clear	移除 ComboBox 项集合中的所有项
Items.Contains	确定指定项是否在 ComboBox 项集合中
Items.Equals	判断是否等于当前对象
Items.GetType	获取当前对象的类型
Items.Insert	将一个项插入到 ComboBox 项集合中指定的索引处
Items.IndexOf	检索指定的项在 ComboBox 项集合中的索引
Items.Remove	从 ComboBox 项集合中移除指定的项
Items.RemoveAt	移除 ComboBox 项集合中指定索引处的项
Select	从 ComboBox 中选取指定的项

表 9-23　ComboBox 控件的常用事件

事件	说明
DoubleClick	当双击 ComboBox 的选项时引发
KeyPress	在控件有焦点的情况下按下键时引发
TextChanged	当 Text 属性值更改时引发
SelectedIndexChanged	当 SelectedIndex 属性更改时引发
SelectedValueChanged	当 SelectedValue 属性更改时引发

【例 9-18】创建一个 Windows 窗体应用程序，在窗体加载时 ComboBox 控件的下拉列表中将显示 4 项，可以通过文本框向组合框中添加项，当下拉列表的选择项发生改变时引发 SelectedValueChanged 事件，使 Label 控件的 Text 属性为 ComboBox 控件的选择项。

操作步骤如下：

（1）创建 Windows 窗体应用程序。启动 Visual Studio 2017，选择"文件"→"新建"→"项目"命令，创建名为 ex9-18 的 Windows 窗体应用程序。

（2）窗体设计。向窗体中添加 4 个 Label 控件、1 个 TextBox 控件、1 个 ComboBox 控件和 1 个 Button 控件，控件的属性设置如表 9-24 所示。

表 9-24　例 9-18 中控件的属性设置

控件	属性	属性值	说明
label1	Text	添加城市	标签说明
label2	Text	城市列表	标签说明
lable3	Text	选中的城市	标签说明

续表

控件	属性	属性值	说明
lable4	Text	空	显示选择项
textBox1	Name	TxtBox1	
button1	Text	添加	
comboBox1	DropDownStyle	DropDown	文本部分可编辑

（3）创建窗体事件处理程序。在窗体的代码视图中编写如下代码：

```
private void Form1_Load(object sender, EventArgs e)
{
    comboBox1.Items.Add("北京");
    comboBox1.Items.Add("上海");
    comboBox1.Items.Add("南京");
    comboBox1.Items.Add("武汉");
}
private void button1_Click(object sender, EventArgs e)
{
    if (textBox1.Text != "")
        if (!comboBox1.Items.Contains(textBox1.Text))
            comboBox1.Items.Add(textBox1.Text);
}
private void comboBox1_SelectedValueChanged(object sender, EventArgs e)
{
    abel4.Text = comboBox1.Text;
}
```

（4）运行程序，结果如图 9-26 所示。

图 9-26　例 9-18 的运行结果

9.2.8　RadioButton 控件

RadioButton（单选按钮）控件为用户提供了由两个或两个以上互斥的选项组成的选项集。当用户选中某个单选按钮后，同一组中的其他选项按钮将自动处于未选中状态。

RadioButton 控件的常用属性和事件如表 9-25 所示。

表 9-25　RadioButton 控件的常用属性和事件

属性/事件	说明
Appearance	获取或设置一个值，用于确定 RadioButton 的外观，为 Appearance 枚举类型
AutoCheck	获取或设置一个值，指示单击按钮时 Checked 值和控件的外观是否自动更改
CheckAlign	获取或设置 RadioButton 控件中单选按钮的对齐方式
Checked	获取或设置一个值，该值指示是否已选中控件
CheckedChanged	当 Checked 属性值更改时引发
Click	单击控件时引发

【例 9-19】创建一个 Windows 窗体应用程序，当单击单选按钮时弹出一个提示框。

操作步骤如下：

（1）创建 Windows 窗体应用程序。启动 Visual Studio 2017，选择"文件"→"新建"→"项目"命令，创建名为 ex9-19 的 Windows 窗体应用程序。

（2）窗体设计。向窗体中添加 1 个 Label 控件、3 个 RadioButton 控件和 1 个 Button 控件，控件的属性设置如表 9-26 所示。

表 9-26　例 9-19 中控件的属性设置

控件	属性	属性值	说明
label1	Text	请选择您的兴趣爱好：	标签说明
radioButton1	Text	爬山	单选按钮
radioButton2	Text	阅读	单选按钮
radioButton3	Text	踢足球	单选按钮
button1	Text	确定	"确定"按钮

（3）创建窗体事件处理程序。在窗体的代码视图中编写如下代码：

```
private void Form1_Load(object sender, EventArgs e)
{
    radioButton1.Checked = true;
    radioButton2.Checked = false;
    radioButton3.Checked = false;
}
private void button1_Click(object sender, EventArgs e)
{
    if(radioButton1.Checked==true)
        MessageBox.Show("您选择了爬山爱好");
    else if(radioButton2.Checked==true)
        MessageBox.Show("您选择了阅读爱好");
    else
        MessageBox.Show("您选择了踢足球爱好");
}
```

（4）运行程序，结果如图 9-27 所示。

图 9-27　例 9-19 的运行结果

9.2.9　CheckBox 控件

CheckBox（复选框）控件为用户提供了一组可供选择的选项，它与单选按钮相似但又不同，CheckBox 控件允许用户同时选择多个选项，若用鼠标单击复选框左边的方框，在方框中就会出现一个"√"符号，表示该项被选择，若再次单击该方框，则取消了对该项的选择。

CheckBox 控件的常用属性和事件如表 9-27 所示。

表 9-27　CheckBox 控件的常用属性和事件

属性/事件	说明
Appearance	获取或设置确定 CheckBox 控件外观的值
CheckState	判断或设置 CheckBox 的状态
Checked	获取或设置一个值，该值指示是否已选中控件
TreeState	获取或设置一个值，该值指示 CheckBox 是否允许三种复选状态而不是两种
TextAlign	获取或设置 CheckBox 控件上的文本对齐方式
CheckedChanged	当 CheckBox 控件的 Checked 属性值更改时引发
CheckStateChanged	当 CheckBox 控件的 CheckedState 属性值更改时引发

【例 9-20】创建一个 Windows 窗体应用程序，实现 CheckBox 控件的用法。

操作步骤如下：

（1）创建 Windows 窗体应用程序。启动 Visual Studio 2017，选择"文件"→"新建"→"项目"命令，创建名为 ex9-20 的 Windows 窗体应用程序。

（2）窗体设计。向窗体中添加 1 个 Label 控件、4 个 CheckBox 控件和 1 个 Button 控件，控件的属性设置如表 9-28 所示。

表 9-28　例 9-20 中控件的属性设置

控件	属性	属性值	说明
label1	Text	选择喜欢的颜色	说明标签
checkBox1	Text	红色	复选框
checkBox2	Text	橙色	复选框

续表

控件	属性	属性值	说明
checkBox3	Text	黄色	复选框
checkBox4	Text	绿色	复选框
button1	Text	确定	"确定"按钮

（3）创建窗体事件处理程序。在窗体的代码视图中编写如下代码：

```
private void button1_Click(object sender, EventArgs e)
{
    int count = 0;
    string inf = "";
    if (checkBox1.Checked)
    {
        count = count + 1;
        inf = inf + checkBox1.Text;
    }
    if (checkBox2.Checked)
    {
        count = count + 1;
        inf = inf + checkBox2.Text;
    }
    if (checkBox3.Checked)
    {
        count = count + 1;
        inf = inf + checkBox3.Text;
    }
    if (checkBox4.Checked)
    {
        count = count + 1;
        inf = inf + checkBox4.Text;
    }
    MessageBox.Show("您选择了"+count.ToString()+"种颜色："+inf);
}
```

（4）运行程序，结果如图 9-28 所示。

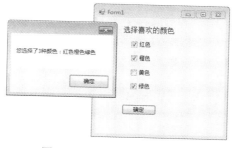

图 9-28　例 9-20 的运行结果

9.2.10　GroupBox 控件

GroupBox（分组框）控件是一个容器控件，可以包含其他控件，用于对控件进行分组。

若要将其他控件添加到分组框控件中，则需先建立分组框控件，然后从工具箱中拖动其他控件到分组框中。若要将窗体上已建立好的控件放入分组框中，则先将该控件剪切到剪贴板，然后选中分组框，将控件粘贴到分组框中。

【例 9-21】创建一个 Windows 窗体应用程序，实现 GroupBox 控件的用法。

操作步骤如下：

（1）创建 Windows 窗体应用程序。启动 Visual Studio 2017，选择"文件"→"新建"→"项目"命令，创建名为 ex9-21 的 Windows 窗体应用程序。

（2）窗体设计。向窗体中添加 1 个 Label 控件、1 个 TextBox 控件、2 个 RadioButton 控件、2 个 GroupBox 控件、4 个 CheckBox 控件和 1 个 Button 控件，控件的属性设置如表 9-29 所示。

表 9-29　例 9-21 中控件的属性设置

控件	属性	属性值	说明
label1	Text	姓名	说明标签
textBox1	Name	txtBox1	
groupBox1	Text	性别	
radioButton1	Text	男	
radioButton2	Text	女	
groupBox2	Text	兴趣爱好	
checkBox1	Text	爬山	复选框
checkBox2	Text	阅读	复选框
checkBox3	Text	绘画	复选框
checkBox4	Text	游泳	复选框
button1	Text	确定	"确定"按钮

（3）在窗体的代码视图中编写如下代码：

```
private void button1_Click(object sender, EventArgs e)
{
    string inf1 = "";
    string inf2 = "";
    if(radioButton1.Checked == true)
    {
        inf1 = inf1 + radioButton1.Text;
    }
    else
    {
        inf1 = inf1 + radioButton2.Text;
    }
    if (checkBox1.Checked)
        inf2 = inf2 + checkBox1.Text+" ";
    if (checkBox2.Checked)
        inf2 = inf2 + checkBox2.Text+" ";
    if (checkBox3.Checked)
```

```
        inf2 = inf2 + checkBox3.Text+" ";
    if (checkBox4.Checked)
        inf2 = inf2 + checkBox4.Text;
    MessageBox.Show(textBox1.Text+",  "+inf1+",  兴趣爱好有：" + inf2);
}
```

（4）运行程序，结果如图 9-29 所示。

图 9-29　例 9-21 的运行结果

9.2.11　TabControl 控件

TabControl（选项卡）控件用于管理相关的选项卡页集。TabControl 控件可以添加多个选项卡页 TabPage，而在每个选项卡页上又可添加子控件。这样就可以把窗体设计成多个页面，用户可以通过单击选项卡页来实现各页面的快速切换。TabControl 控件的常用属性如表 9-30 所示。

表 9-30　TabControl 控件的常用属性

属性	说明
Alignment	获取或设置选项卡在其中对齐的控制区域
Apperance	获取或设置控件选项卡的可视外观
ImageList	获取或设置在控件的选项卡上显示的图像
ItemSize	获取或设置控件的选项卡的大小
Multiline	获取或设置一个值，该值指示是否可以显示一行以上的选项卡
HotTrack	获取或设置一个值，该值指示在鼠标移到控件的选项卡时这些选项卡是否更改外观
RowCount	获取控件的选项卡条中当前正显示的行数
SizeMode	获取或设置调整控件的选项卡大小的方式
SelectedIndex	获取或设置当前选定的选项卡页的索引
SelectedTab	获取或设置当前选定的选项卡页
TabPages	获取该选项卡控件中选项卡页的集合，使用这个集合可以添加和删除 TabPage 对象
TabCount	获取选项卡条中选项卡的数目

【例 9-22】创建一个 Windows 窗体应用程序，在窗体中添加一个 TabControl 控件，并为

其设置两个选项卡页，实现学生选课。

操作步骤如下：

（1）创建 Windows 窗体应用程序。启动 Visual Studio 2017，选择"文件"→"新建"→ "项目"命令，创建名为 ex9-22 的 Windows 窗体应用程序。

（2）窗体设计。向窗体中添加 1 个 TabControl 控件，为其添加 2 个选项卡页；在"学生 信息"选项卡中添加 2 个 Label 控件、2 个 TextBox 控件、1 个 GroupBox 控件、2 个 RadioButton 控件和 2 个 Button 控件；在"选课信息"选项卡中添加了 1 个 Label 控件、1 个 ComoboBox 控件和 2 个 Button 控件，选项卡的设计效果如图 9-30 所示。

图 9-30   例 9-22 选项卡的设计效果

（3）在窗体的代码视图中编写如下代码，运行结果如图 9-31 所示：

```
private void Form1_Load(object sender, EventArgs e)
{
    comboBox1.Items.Add("C#程序设计");
    comboBox1.Items.Add("数据库原理及应用");
    comboBox1.Items.Add("高等数学");
    comboBox1.Items.Add("操作系统");
    comboBox1.Items.Add("数据结构");
}
private void button1_Click(object sender, EventArgs e)
{
    this.tabControl1.SelectedIndex = this.tabControl1.SelectedIndex + 1;
}
private void button2_Click(object sender, EventArgs e)
{
    this.Close();
}
private void button3_Click(object sender, EventArgs e)
{
    this.tabControl1.SelectedIndex = 0;
}
private void button4_Click (object sender, EventArgs e)
{
    this.Close();
}
```

图 9-31　例 9-22 的运行结果

9.2.12　PictureBox 控件

PictureBox（图片框）控件用于显示图像，也可以在其上放置多个控件。图片框可以显示位图文件、图标文件、图元文件、JPG 文件、GIF 文件等。

PictureBox 控件的常用属性如表 9-31 所示，常用事件如表 9-32 所示。

表 9-31　PictureBox 控件的常用属性

属性	说明
BorderStyle	设置 PictureBox 的样式
BackgroundImage	获取或设置 PictureBox 中显示的背景图像，在执行时可用 Image.FromFile 函数加载图像
Image	获取或设置 PictureBox 中显示的图像，在执行时可用 Image.FromFile 函数加载图像
ImageLocation	获取或设置在 PictureBox 中显示的图像的路径或 URL
SizeMode	指定图像的显示方式，可取 Normal、AutoSize、CenterImage、Zoom 和 StretchImage

表 9-32　PictureBox 控件的常用事件

事件	说明
Click	单击 PictureBox 时发生
DoubleClick	双击 PictureBox 时发生
MouseDown	当鼠标指针位于 PictureBox 上并按下鼠标键时发生
MouseEnter	在鼠标指针进入 PictureBox 时发生
MouseHover	在鼠标指针停放在 PictureBox 上时发生
MouseLeave	在鼠标指针离开 PictureBox 时发生
MouseMove	在鼠标指针移到 PictureBox 上时发生
MouseUp	在鼠标指针在 PictureBox 上并释放鼠标键时发生
MouseWheel	在移动鼠标滑轮并且 PictureBox 有焦点时发生
Move	移动 PictureBox 时发生

【例 9-23】创建一个 Windows 窗体应用程序，向窗体中添加 PictureBox 控件，单击按钮

显示图片。

操作步骤如下：

（1）创建 Windows 窗体应用程序。启动 Visual Studio 2017，选择"文件"→"新建"→"项目"命令，创建名为 ex9-23 的 Windows 窗体应用程序。

（2）窗体设计。向窗体中添加 1 个 PictureBox 控件和 1 个 Button 控件。

（3）在窗体的代码视图中编写如下代码：

```
private void button1_Click(object sender, EventArgs e)
{
    pictureBox1.Image = Image.FromFile("E:\\C#教程\\第 9 章\\pic1.jpg");
}
private void button2_Click(object sender, EventArgs e)
{
    pictureBox1.Image = Image.FromFile("E:\\C#教程\\第 9 章\\pic2.jpg");
}
```

（4）运行程序，结果如图 9-32 所示。

图 9-32　例 9-23 的运行结果

9.2.13　Timer 控件

Timer（定时器）控件的功能是按照设定的时间间隔，周期性地自动触发名为 Tick 的事件。定时器控件在运行时是不可见的，在窗体设计视图下方的面板中显示。

定时器的属性和事件较少，Interval 属性用来设置计时器事件两次调用之间的时间间隔，以毫秒（ms）为单位，而定时器的 Tick 事件是每隔 Internal 属性指定的时间间隔将引发一次该事件。

【例 9-24】创建一个 Windows 窗体应用程序，向窗体中添加 Timer 控件，设置 Tick 事件显示系统当前时间。

操作步骤如下：

（1）创建 Windows 窗体应用程序。启动 Visual Studio 2017，选择"文件"→"新建"→"项目"命令，创建名为 ex9-24 的 Windows 窗体应用程序。

（2）窗体设计。向窗体中添加 1 个 Timer 控件、1 个 Label 控件、1 个 TextBox 控件和 1 个 Button 控件，设置 button1 的 Text 属性值为"定时开始"，label1 的 Text 属性值为"显示系统当前时间"。

（3）在窗体的代码视图中编写如下代码：

```
private void button1_Click(object sender, EventArgs e)
{
    if(button1.Text=="定时开始")
    {
        timer1.Enabled = true;
        button1.Text = "定时结束";
    }
    else
    {
        timer1.Enabled = false;
        button1.Text = "定时开始";
    }
}
private void timer1_Tick(object sender, EventArgs e)
{
    //获取系统当前时间
    textBox1.Text = DateTime.Now.ToString();
}
private void Form1_Load(object sender, EventArgs e)
{
    timer1.Interval = 100;
}
```

（4）运行程序，结果如图 9-33 所示。

图 9-33　例 9-24 的运行结果

9.3　多文档界面

单文档界面（SDI 窗体）应用程序是一次只能打开一个窗口或者文档，若要打开多个文档，需要具有能够同时处理多个窗体的应用程序，即使用多文档窗体。

多文档界面（MDI 窗体）应用程序由多个窗体组成，其窗体可分为父窗体和子窗体。父窗体作为子窗体的容器，包含其他窗体，子窗体是被包含的窗体，显示各自的文档。可以有多个子窗体，但在某个时刻处于活动状态的子窗体最多只能为 1 个。子窗体本身不能成为父窗体，用户可以改变、移动子窗体的大小和位置，但都被限制在父窗体中，不能移动到父窗体的区域之外。子窗体还可以正常关闭、最小化和最大化，当父窗体关闭时，所有的子窗体随之自动关闭。

1. MDI 窗体的属性

MDI 窗体的常用属性如表 9-33 所示。

表 9-33   MDI 窗体的常用属性

属性	说明
ActiveMdiChild	表示当前活动的 MDI 子窗口，若当前没有子窗口，将返回 null
IsMdiContainer	获取或设置一个值，该值指示窗体是否为 MDI 父窗体
MdiChildren	以数组形式返回 MDI 子窗体，每个数组元素对应一个 MDI 子窗体
IsMdiChildren	获取一个值，该值指示该窗体是否为 MDI 的子窗体
MdiParent	指定该子窗体的 MDI 父窗体

2．MDI 窗体的方法和事件

MDI 窗体常用的方法是父窗体的 LayoutMdi 方法，其调用格式如下：

    MDI 父窗体名.LayoutMdi(Value);

该方法用来在 MDI 父窗体中排列 MDI 子窗体，以便管理和操作 MDI 子窗体。参数 Value 决定排列方式，取值如下：

- LayoutMdi.ArrangeIcons：所有 MDI 子窗体以图标的形式排列在 MDI 父窗体工作区内。
- LayoutMdi.TileHorizontal：所有 MDI 子窗体均水平平铺在 MDI 父窗体工作区内。
- LayoutMdi.TileVertical：所有 MDI 子窗体均垂直平铺在 MDI 父窗体工作区内。
- LayoutMdi.Cascade：所有 MDI 子窗体均层叠在 MDI 父窗体工作区内。

在 MDI 应用程序设计中，常用的 MDI 事件是 MdiChildActivate，当激活或关闭一个 MDI 子窗体时将发生事件。

3．创建 MDI 窗体

创建一个 MDI 窗体应用程序，首先要将某个窗体设置为 MDI 父窗体，一般可在窗体的属性面板中将 IsMdiContainer 属性设置为 true，然后通过 MdiParent 属性来设置子窗体，最后在代码视图中编写相应的代码。

【例 9-25】创建一个 Windows 窗体应用程序，向项目中添加 4 个窗体，实现窗体的多种排列。

操作步骤如下：

（1）创建 Windows 窗体应用程序。启动 Visual Studio 2017，选择"文件"→"新建"→"项目"命令，创建名为 ex9-25 的 Windows 窗体应用程序。

（2）窗体设计。在项目中添加 4 个窗体：Form1、Form2、Form3、Form4，将 Form1 窗体设为 MDI 主窗体，其他窗体设为子窗体，将 MdiContainer 属性设为 true。在 Form1 中添加 5 个 Button 控件，并设置 button1～button5 控件的 Text 属性值。设计界面如图 9-34 所示。

（3）在窗体的代码视图中编写如下代码：

```
private void button1_Click(object sender, EventArgs e)
{
    Form2 frm2 = new Form2();
    frm2.MdiParent = this;
    frm2.Show();
    Form3 frm3 = new Form3();
```

图 9-34   例 9-25 的设计界面

```
            frm3.MdiParent = this;
            frm3.Show();
            Form4 frm4 = new Form4();
            frm4.MdiParent = this;
            frm4.Show();
        }
        private void button2_Click(object sender, EventArgs e)
        {
            this.LayoutMdi(MdiLayout.TileHorizontal);
        }
        private void button3_Click(object sender, EventArgs e)
        {
            LayoutMdi(MdiLayout.TileVertical);
        }
        private void button4_Click(object sender, EventArgs e)
        {
            LayoutMdi(MdiLayout.Cascade);
        }
        private void button5_Click(object sender, EventArgs e)
        {
            this.LayoutMdi(MdiLayout.ArrangeIcons);
        }
        private void button5_Click_1(object sender, EventArgs e)
        {
            this.Close();
        }
```

（4）运行程序，结果如图 9-35 所示。

（a）加载子窗体

（b）水平平铺

（c）垂直平铺

（d）层叠排列

图 9-35　例 9-25 的运行结果

4. 窗体间的数据传递

通常来说，一个 Windows 应用程序由多个窗体构成，多个窗体之间经常会发生一些数据的传递，例如 Form1 和 Form2 两个窗体，Form1 窗体可以把数据传递给 Form2 窗体。窗体间的数据传递通常指的是将一个窗体中某个控件的值传递给另外一个窗体。

若实现 Form1 传递数据给 Form2，一般可以采用以下 3 种方法：

（1）构造函数法。

Form2 中的关键代码如下：

```
private Form1 frm1;
public Form2(Form1 form1)
{
    IntitializeComponent();
    this.frm1=form1;
}
```

Form1 中的关键代码如下：

```
Form2 frm2=new Form2(this);
```

则实例化 frm2 时将 this 传入，表示 Form1 中的数据可以在 Form 中通过 frm1 来访问。

（2）属性方法。

Form2 中的关键代码如下：

```
private string attri;
public string Attri
{
    get
    {
        return attri;
    }
    set
    {
        attri=value;
    }
}
```

则 Form1 中可以通过 Form2 的 Attri 属性将数据传到 Form2，实现窗体间数据的传递。

（3）Owner 属性。

Form1 中的关键代码如下：

```
Form2 frm2=new Form2();
frm2.Owner=this;
```

Form2 中的关键代码如下：

```
Form1 frm1=this.Owner;
```

则可以通过 frm1 访问 Form1 中的数据。

【例 9-26】创建一个 Windows 窗体应用程序，实现两个窗体之间的数据传递。

操作步骤如下：

（1）创建 Windows 窗体应用程序。启动 Visual Studio 2017，选择"文件"→"新建"→"项目"命令，创建名为 ex9-26 的 Windows 窗体应用程序，默认窗体为 Form1。

（2）窗体设计。在项目中添加 Form2 窗体，在 Form1 和 Form2 中分别添加 3 个 Label 控件、3 个 TextBox 控件和 1 个 Button 控件，并设置相应控件的 Text 属性值。

（3）在项目中新建一个类文件 Class1.cs，在其中设计一个类 Class1，在该类中设置 3 个静态字段，用来保存和传递数据，代码如下：

```
//Class1.cs
class Class1
{
    public static string sname;
    public static string cname;
    public static int grade;
}
```

（4）在 Form1 和 Form2 窗体的代码视图中编写如下代码：

```
//Form1.cs
private void button1_Click(object sender, EventArgs e)
{
    Class1.sname = textBox1.Text;        //将文本框中的值保存到静态字段 sname 中
    Class1.cname = textBox2.Text;        //将文本框中的值保存到静态字段 cname 中
    Class1.grade = int.Parse(textBox3.Text);  //将文本框中的值保存到静态字段 grade 中
    Form form2 = new Form2();            //在 Form1 窗体中创建 Form2 窗体的对象
    form2.ShowDialog();                  //调用 ShowDialog 方法，以模式对话框方式显示 Form2 窗体
}
//Form2.cs
private void Form2_Load(object sender, EventArgs e)
{
    textBox1.Text = Class1.sname;        //读取静态字段 sname 中的数据
    textBox2.Text = Class1.cname;        //读取静态字段 cname 中的数据
    textBox3.Text = Class1.grade.ToString();    //读取静态字段 grade 中的数据
}
private void button1_Click(object sender, EventArgs e)
{
    this.Close();                        //关闭窗体
}
```

（5）运行程序，结果如图 9-36 所示。

图 9-36　例 9-26 的运行结果

9.4　继承窗体设计

9.4.1　继承窗体概述

继承窗体实质上就是派生自基窗体的一个过程，这个过程称为可视化继承。在某种情况下，项目可能需要一个与在之前项目中创建的窗体类似的窗体或者希望创建一个基本窗体，其中含有随后将在项目中再次使用的控件布局之类的设置，每次重复使用时都会对该原始窗体模板进行修改。

9.4.2 创建继承窗体

创建继承窗体有两种方式：一种是通过编程方式创建继承窗体，另一种是使用继承选择器创建继承窗体。

1. 通过编程方式创建继承窗体

通过编程方式创建继承窗体时，需要在类定义中添加对所继承窗体的引用，该引用由"基窗体的命名空间""."和"基窗体名"构成，例如 public partial class Form2 : Nspname.Form1。

若是在同一个项目中创建继承窗体，可以不写命名空间；反之，若继承的窗体与要创建的窗体不在同一项目中，则必须使用命名空间引用。

【例 9-27】创建一个 Windows 窗体应用程序，将 Form1 设为基窗体，Form2 设为继承窗体。

操作步骤如下：

（1）创建 Windows 窗体应用程序。启动 Visual Studio 2017，选择"文件"→"新建"→"项目"命令，创建名为 ex9-27 的 Windows 窗体应用程序，默认窗体为 Form1。

（2）窗体设计。在 Form1 窗体中添加 1 个 TextBox 控件、1 个 Label 控件、1 个 ListBox 控件和 1 个 Button 控件。在 Button 控件的 Click 事件中添加以下代码，实现 Label 控件显示 TextBox 控件中输入的内容：

```
private void button1_Click(object sender, EventArgs e)
{
    listBox1.Items.Clear();
    listBox1.Items.Add(textBox1.Text);
}
```

（3）向项目中添加一个新的窗体，名为 Form2，查看 Form2 窗体中的代码。

```
namespace ex9_27
{
    public partial class Form2 : Form
    {
        public Form2()
        {
            InitializeComponent();
        }
    }
}
```

（4）修改 Form2 窗体中的代码，使其继承自 Form1 窗体。

```
namespace ex9_27
{
    //基窗体和继承窗体属于一个项目，因此 Form2: ex9_27.Form1 中的 ex9_27 可以省去
    public partial class Form2 : Form1
    {
        public Form2()
        {
            InitializeComponent();
        }
    }
}
```

（5）设置 Form2 为启动窗体，运行 Form2，结果如图 9-37 所示。

图 9-37 例 9-27 的运行结果

说明：在向基窗体 Form1 中添加控件时，其 Modifiers 属性默认值为 Private。因此，在继承窗体 Form2 中，控件的属性处于不可编辑状态。若想在继承窗体中能编辑各个控件的属性，则需要将基窗体中控件的 Modifiers 属性全部修改为 Public。

2. 使用继承选择器创建继承窗体

使用"继承选择器"对话框可以快速创建继承窗体，操作步骤如下：

（1）在"解决方案资源管理器"中选中项目，单击鼠标右键，在弹出的快捷菜单中选择"添加"→"新建项"命令，打开"添加新项"对话框。

（2）在其中选择"继承的窗体"，并在"名称"中给出要添加的继承窗体，例如 Form4.cs。

（3）单击"添加"按钮，弹出如图 9-38 所示的"继承选择器"对话框，在其中指定要从中继承的组件，或者单击"浏览"按钮，选择要继承的组件，然后单击"确定"按钮，即可在现有项目中添加一个 Windows 继承窗体。

图 9-38 "继承选择器"对话框

习题 9

一、选择题

1. 当运行程序时，系统自动执行启动窗体的（ ）事件。
   A. Click
   B. DoubleClick
   C. Load
   D. Activated
2. 若要使命令按钮不可操作，应对（ ）属性进行设置。
   A. Visible
   B. Enabled
   C. BackColor
   D. Text
3. 若要使 TextBox 中的文字不能被修改，应对（ ）属性进行设置。
   A. Locked
   B. Visible
   C. Enabled
   D. ReadOnly
4. 在设计窗口中，可以通过（ ）属性向列表框控件如 ListBox 的列表添加项。
   A. Items
   B. Items.Count
   C. Text
   D. SelectedIndex
5. 在 Visual Studio 集成开发环境中有两类窗口：浮动窗口和固定窗口，下列不属于浮动窗口的是（ ）。

A．工具箱　　　　　B．属性　　　　　C．工具栏　　　　　D．窗体

6．Windows 中的状态栏由多个（　　）组成。

A．面板　　　　　B．图片框　　　　　C．标签　　　　　D．按钮

7．引用 ListBox 当前被选中的数据项应使用（　　）语句。

A．ListBox1.Items[ListBox1.Items.Count]

B．ListBox1.Items[ListBox1.SelectedIndex]

C．ListBox1.Items[ListBox1.Items.Count-1]

D．ListBox1.Items[ListBox1.SelectedIndex-1]

8．（　　）是构建 Windows 窗体及其所使用控件的所有类的命名空间。

A．System.IO　　　　　　　　　B．System.Data

C．System.Text　　　　　　　　D．System.Windows.Forms

9．与 C#中的所有对象一样，窗体也是对象，是（　　）类的实例。

A．Label　　　　　B．Controls　　　　　C．Form　　　　　D．System

10．启动一个定时器控件的方法是（　　）。

A．Enabled　　　　　B．Interval　　　　　C．Start　　　　　D．Stop

11．（　　）控件组合了 TextBox 控件和 ListBox 控件的功能。

A．ComboBox　　　B．Label　　　　　C．ListView　　　　D．DomainUpDown

12．在 Windows 应用程序中，可以通过以下（　　）方法使一个窗体成为 MDI 窗体。

A．改变窗体的标题信息

B．在工程的选项中设置启动窗体

C．设置窗体的 IsMdiContainer 属性为 true

D．设置窗体的 ImeMode 属性

二、填空题

1．要使 Label 控件显示给定的文字"你好吗"，应在设计状态下设置它的_____属性值。

2．点击"工具箱"窗口中的"下箭头"按钮后，可以选择的窗口停放样式有_____、_____和_____。

3．选定或取消选定 RadioButton 时，都会触发_____事件。

4．Windows 窗体应用程序的编程模型主要有_____、_____和_____。

5．所有的 Windows 窗体控件都是从_____类继承而来，它的公开成员主要包括_____、_____和_____。

6．在 Windows 程序中，若想选中复选框，则应将该控件的_____属性设置为 true。

7．实现密码框功能的方法是将 TextBox 控件的_____属性赋予屏蔽字符。

8．_____属性用于获取 ListBox 中项的数目。

9．当进入 Visual Studio 集成环境后，如果没有显示"工具箱"窗口，应选择"_____"菜单中的"工具箱"选项，以显示"工具箱"窗口。

10．"属性"面板中的属性可以按_____顺序和按_____顺序排列。

三、简答题

1. 简述 RadioButton 与 CheckBox 的区别，并举例说明。
2. 简述 C#中常用控件的属性和方法。
3. 简述设置启动窗体的过程。
4. 模式窗体与非模式窗体的区别是什么？

四、编程题

1. 创建一个 Windows 窗体应用程序，在窗体中添加两个标签控件 label1 和 label2、两个文本框控件 textBox1 和 textBox2、一个命令按钮控件 button1。其中，textBox1 用于输入圆半径，textBox2 用于输出圆面积，计算功能由命令按钮实现，其执行界面如图 9-39 所示。

2. 创建一个窗体，该窗体包括一个可用来输入数字的文本框，当用户单击按钮后，在标签中显示一条消息，指出该数字是否位于 0～100 之间，其执行界面如图 9-40 所示。

图 9-39　编程题 1 的执行界面

图 9-40　编程题 2 的执行界面

3. 创建一个 Windows 窗体应用程序，向窗体中添加 4 个 CheckBox 控件和 1 个 Button 控件，将 CheckBox 控件的 Text 属性值分别设置为"大数据技术""Oracle 数据库管理""Python 程序设计"和"云计算"，单击按钮后弹出消息框，显示被选中信息，其执行界面如图 9-41 所示。

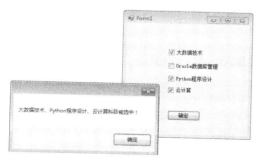

图 9-41　编程题 3 的执行界面

4. 设计一个记事本程序，完成无格式文本的新建、编辑、复制、剪切、粘贴、保存等功能。

5. 创建一个 Windows 窗体计算器，当用户在文本框中输入两个数，然后选择 radioButton 控件中的运算符按钮"加""减""乘"或"除"后，单击"计算"按钮，将计算结果显示在 Label 控件中。

第 10 章　界面设计

【学习目标】

- 掌握 C#菜单的基本结构。
- 掌握下拉式菜单和弹出式菜单的创建方法。
- 掌握工具栏和状态栏的设计方法。
- 掌握对话框的设计方法。

10.1　菜单

菜单是 Windows 窗体应用程序主要的用户界面要素，在 Windows 环境中几乎所有的操作都是通过窗口提供的菜单来完成的，在实际应用中可以方便用户的操作。按使用形式，通常将程序中的菜单分为下拉式菜单和弹出式菜单两种。下拉式菜单位于窗口顶部，可通过单击菜单栏中的菜单标题的方式打开，弹出式菜单可通过右键单击某一区域的方式打开。

下拉式菜单的基本结构包括菜单栏、菜单标题、各级菜单及其子菜单。下拉式菜单的菜单栏位于窗口标题栏的下方，包括若干选择项，每一个选择项称为菜单标题，若干菜单标题组成主菜单，当单击某个菜单标题时，打开的下拉列表项是菜单项。主菜单下面还可以包括若干子菜单，子菜单下面也还可以有其子菜单。在 C#中，最多可以设计 6 级子菜单。Visual Studio 的"文件"菜单的结构如图 10-1 所示，其中"文件""编辑""视图"等菜单所在的区域为菜单栏，"文件"为菜单标题，"打开"为菜单项，"文件夹"为子菜单项。

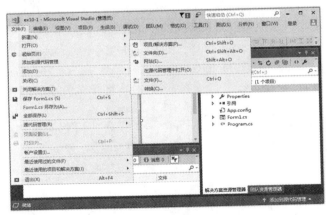

图 10-1　菜单的结构

弹出式菜单，也称为快捷菜单，它是独立于窗体菜单栏而显示在窗体内的浮动菜单，在程序窗体中通过右键单击某一区域就会弹出相应的快捷菜单，打开后它的基本结构与下拉式菜单类似。

10.1.1 MenuStrip 控件

C#提供了两种菜单设计器设计下拉式菜单和弹出式菜单。MenuStrip 控件用于创建下拉式菜单，利用 MenuStrip 控件可以生成菜单栏和菜单项。

1. 使用菜单设计器创建菜单

菜单可以在设计时使用菜单设计器创建，也可以通过编程方式创建。下面介绍在设计时使用菜单设计器 MenuStrip 控件创建下拉式菜单的方法。

（1）创建菜单栏。

若要在窗体上创建一个菜单，可从工具箱中把 MenuStrip 控件拖放到窗体中，MenuStrip 控件将自动添加到窗体的上部边缘，同时在窗体下方的专用面板区域内显示一个代表菜单的图标，单击 menuStrip1，将会在窗体的标题栏下出现一个文本框"请在此处键入"，如图 10-2 所示。

（2）创建菜单标题。

菜单栏由若干菜单标题构成，单击 menuStrip1，在标题栏下的"请在此处键入"文本框中输入一个菜单标题。此时，在该菜单标题的下方和右方分别显示一个有文字"请在此处键入"的灰色文本框，如图 10-3 所示。右方的灰色文本框用来设置第二个菜单标题，下方的灰色文本框用来设置该菜单标题下的子菜单项。

图 10-2 下拉式菜单设计器

图 10-3 创建菜单标题

（3）创建子菜单。

当输入一个菜单项后，例如"打开"，在该菜单项的右方和下方分别显示一个灰色文本框，下方的灰色文本框用来设置与该菜单项同级的菜单项，右方的灰色文本框用来设置其子菜单项，如图 10-4 所示。

（4）插入分隔符。

将鼠标移到菜单项上，然后鼠标右键单击，此时会出现一个快捷菜单，在图 10-5 显示的列表中选择"插入"→Separator，则该菜单项被创建为一个分隔符，还可以直接在"请在此处键入"区域输入符号"-"，则创建一个分隔符。

（5）移动和删除菜单项。

选中要移动的菜单项，用鼠标拖动到相应位置即可实现菜单项的移动。当需要删除某个菜单项时，可右键单击菜单项，然后在弹出的快捷菜单中选择"删除"选项。

2. 通过编程方式创建菜单

（1）MenuStrip 控件的常用属性。

MenuStrip 控件的常用属性如表 10-1 所示。

图 10-4　创建子菜单

图 10-5　插入分隔符

表 10-1　MenuStrip 控件的常用属性

属性	说明
AllowItemReorder	当程序运行时，按下键是否允许改变各菜单项的左右排列顺序
Dock	指示菜单栏在窗体中出现的位置
GripStyle	是否显示菜单栏的指示符，默认为 Hidden
ShowItemToolTips	获取或设置一个值，指示是否显示 MenuStrip 的工具提示
Stretch	获取或设置一个值，指示 MenuStrip 是否在其容器中从一端拉到另一端
Enabled	获取或设置一个值，通过该值指示菜单是否可用

（2）ToolStripMenuItem 对象的常用属性。

MenuStrip 控件包含了所有菜单项的对象集，每个菜单项是一个 ToolStripMenuItem 对象。菜单项 ToolStripMenuItem 对象的常用属性如表 10-2 所示。

表 10-2　ToolStripMenuItem 对象的常用属性

属性	说明
Checked	获取或设置一个值，该值指示是否选中菜单项
CheckOnClick	获取或设置一个值，该值指示菜单项是否应在被单击时自动显示为选中或未选中
CheckState	获取或设置一个值，该值指示菜单项处于选中、未选中或不确定状态
DisplayStyle	获取或设置菜单项的显示样式，其值是 ToolStripItemDisplayStyle 枚举类型，有 None、Text、Image 和 ImageAndText 枚举成员
DropDownItems	获取或设置与此菜单项相关的下拉菜单项的集合
Image	获取或设置显示在菜单项上的图像
ImageScaling	获取或设置一个值，该值指示是否根据容器自动调整菜单项上图像的大小，默认为 SizeToFit
Name	获取或设置菜单的名称
ShortcutKeys	获取或设置与菜单项关联的快捷键
ShowShortcutKeys	获取或设置一个值，该值指示是否在菜单项上显示快捷键

属性	说明
Text	设置菜单项显示的文本
ToolTipText	获取或设置一个值，该值为菜单项的提示文本
Visible	控制菜单项是否可见。如果值为 true，则菜单项可见；如果值为 false，则隐藏菜单项

例如，通过编程方式创建如图 10-4 所示的菜单，操作步骤如下：

① 创建一个 MenuStrip 对象。

```
MenuStrip menu=new MenuStrip();
```

② 创建菜单栏。

```
ToolStripMenuItem z1=new ToolStripMenuItem("文件");    //创建菜单标题"文件"
ToolStripMenuItem z2=new ToolStripMenuItem("编辑");    //创建菜单标题"编辑"
Menu.Items.AddRange(new ToolStripItem[]{z1,z2});
```

③ 创建"文件"的菜单项。

```
ToolStripMenuItem z3=new ToolStripMenuItem("新建");
ToolStripMenuItem z4=new ToolStripMenuItem("打开");
ToolStripMenuItem z5=new ToolStripMenuItem("保存");
ToolStripMenuItem z6=new ToolStripMenuItem("退出");
//将菜单项添加到菜单标题"文件"中
z1.DropDownItems. AddRange(new ToolStripItem[]{z3,z4,z5,z6});
```

④ 创建"打开"的子菜单项。

```
ToolStripMenuItem z7=new ToolStripMenuItem("文件夹");
ToolStripMenuItem z8=new ToolStripMenuItem("网站");
//将菜单项添加到子菜单标题"打开"中
z4.DropDownItems.AddRange(new ToolStripItem[] {z7,z8});
```

⑤ 将菜单对象添加到控件集合中。

```
this.Controls.Add(nenu);
```

⑥ 双击"保存"菜单项，在其事件处理程序中添加代码。

```
private void  保存 ToolStripMenuItem_Click(object sender, EventArgs e)
{
    MessageBox.Show(""保存"菜单项被选中");
}
```

⑦ 运行程序，将出现如图 10-4 所示的结果，若选择"文件"→"保存"，将弹出消息框""保存'菜单项被选中"，若选择其他菜单项，则不会弹出消息框。

10.1.2　ContexMenuStrip 控件

ContexMenuStrip（上下文菜单）控件用于创建弹出式菜单。弹出式菜单也可称为快捷菜单，它独立于主菜单，是显示于窗口任何位置的浮动菜单。

使用 ContexMenuStrip 控件设计弹出式菜单的操作步骤如下：

（1）添加 ContexMenuStrip 控件。在工具箱中选择 ContexMenuStrip 控件，将其拖放到窗体中，ContexMenuStrip 控件将自动添加到窗体的上部边缘，此时在窗体下方的专用面板区域内显示一个代表菜单的图标，单击 ContexMenuStrip1，将会在窗体的标题栏下出现一个文本框"请在此处键入"，如图 10-6 所示。

（2）设计菜单项。单击 ContexMenuStrip1，在显示"请在此处键入"信息的文本框中输入菜单项文本，设计菜单如图 10-7 所示。

（3）将窗体 Form1 的 ContexMenuStrip 属性设置为 ContexMenuStrip1，当执行程序时，只要在窗体上右键单击就会激活图 10-8 所示的弹出式菜单。

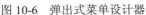

图 10-6　弹出式菜单设计器　　　　图 10-7　设计菜单项　　　　图 10-8　弹出式菜单执行结果

10.2　工具栏和状态栏

工具栏和状态栏是 Windows 应用程序常用的元素。工具栏位于窗口的上部，一般由多个按钮、标签等排列组成，这些按钮图标用来表示常用功能，通过单击这些按钮可以快速地执行程序提供的常用命令，比使用菜单更加方便快捷。状态栏通常位于窗体的底部，用来显示应用程序的一些状态信息。

10.2.1　ToolStrip 控件

ToolStrip（工具栏）控件用于创建工具栏。一个 ToolStrip 控件可以包含若干子项，每个子项是一个 ToolStripItem 对象。向 ToolStrip 控件可以添加 8 种类型的子项，分别是 ToolStripButton（按钮）对象、ToolStripLabel（标签）对象、ToolStripTextBox（文本框）对象、ToolStripComboBox（组合框）对象、ToolStripProgressBar（进度条）对象、ToolStripDropDown-Button（下拉按钮）对象、ToolStripSeparator（分隔符）对象和 ToolStripSplitButton（右下端带下拉按钮）对象。

1. 创建工具栏

工具栏包含一组工具项，每一种类型的子项就是一个工具项，通过单击各个项可以执行相应的操作。在窗体上创建工具栏的步骤如下：

（1）在工具箱中选择 ToolStrip 控件，将其拖放到窗体中，该控件将自动添加到窗体的上部边缘，此时在窗体下方的专用面板区域内显示一个代表工具栏的图标，选中 toolStrip1，单击工具栏控件的下拉箭头按钮，将弹出一个下拉列表，如图 10-9 所示。

（2）从弹出的列表中选择一个工具项，即可完成向工具栏中添加工具项。比如选择列表中的 ToolStripButton 表示添加了一个按钮，选择 ToolStripLabel 表示添加了一个标签。另一种方法是在 ToolStrip 控件的"属性"面板中选定 Items 属性，单击按钮，弹出"项集合编辑器"对话框，如图 10-10 所示。该对话框的左边是一个项添加器，右边是属性窗口，通过单击"添加"按钮即可添加一个项。

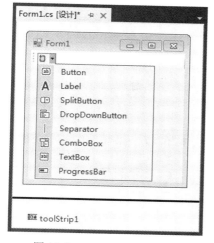

图 10-9　ToolStrip 子项类型

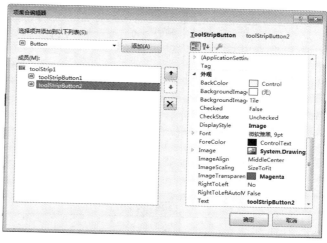

图 10-10　项集合编辑器

2. ToolStrip 控件的属性

ToolStrip 控件的属性较多，比如 Text 是 ToolStrip 控件最常用的属性。ToolStrip 控件的常用属性如表 10-3 所示。

表 10-3　ToolStrip 控件的常用属性

属性	说明
BackgroundImage	设置背景图片
ImageList	获取或设置包含 ToolStrip 项上显示的图像的图像列表
BackgroundImageLayout	设置背景图片的显示对齐方式
Items	设置工具栏上所显示的子项
CanOverflow	获取或设置一个值，该值指示是否可以将工具项发送到溢出菜单
GripStyle	获取或设置 ToolStrip 移动手柄是可见还是隐藏
ImageScalingSize	获取或设置 ToolStrip 上所用图像的大小
LayoutStyle	获取或设置一个值，该值指示 ToolStrip 如何对项集合进行布局，其值为 ToolStripLayoutStyle 枚举类型
ShowItemToolTips	获取或设置一个值，该值指示是否要在 ToolStrip 项上显示工具提示，默认值为 true
Text	获取或设置与此控件相关联的文本
ContextMenuStrip	设置工具栏所指向的弹出菜单
AllowItemReorder	是否允许改变子项在工具栏中的顺序

3. ToolStripButton 对象的属性

在 ToolStrip 中最常见的是 ToolStripButton 对象，用来表示按钮。ToolStripButton 对象的常用属性如表 10-4 所示。

表 10-4　ToolStripButton 对象的常用属性

属性	说明
Checked	获取或设置一个值，该值指示是否已按下按钮
BackColor	获取或设置项的背景色
CanSelect	获取一个值，该值指示 ToolStripButton 是否可选
CheckOnClick	获取或设置一个值，该值指示在单击按钮时该按钮是否应自动显示为按下或未按下状态
CheckState	获取或设置一个值，该值指示按钮是处于按下状态、未按下状态还是不确定状态
Font	获取或设置由该项显示的文本的字体
ForeColor	获取或设置项的前景色
DisplayStyle	获取或设置工具栏按钮的显示样式
Image	获取或设置显示在工具栏按钮上的图像
ImageAlign	获取或设置工具栏按钮上的图像对齐方式
ImageScaling	获取或设置一个值，该值指示是否根据容器自动调整按钮上图像的大小
ImageIndex	获取或设置显示在 ToolStripItem 上的图像的索引
TextAlign	获取或设置 ToolStripLabel 上的文本的对齐方式
TextImageRelation	获取或设置按钮上文本和图像的相对位置，其值为 TextImageRelation 枚举类型，枚举成员为：ImageAboveText、ImageBeforeText、Overlay、TextAboveImage 和 TextBeforeImage
ToolTipText	获取或设置工具栏按钮的提示文本
Visible	获取或设置一个值，该值指示是否显示该项
Width	获取或设置 ToolStripItem 的宽度

10.2.2　StatusStrip 控件

StatusStrip（状态栏）控件用于创建状态栏，一个 StatusStrip 控件可以包含若干子项，每个子项是一个 ToolStripItem 对象。向 StatusStrip 控件中可以添加 4 种类型的子项：ToolStripStatus-Label（标签）对象、ToolStripProgressBar（进度条）对象、ToolStripDropDown（下拉按钮）对象和 ToolStripSplitButton（分隔按钮）对象。

1. 创建状态栏

使用 StatusStrip 控件可以显示应用程序的各种状态信息，在窗体上创建状态栏的步骤如下：

（1）在工具箱中选择 StatusStrip 控件，将其拖放到窗体中，此时在窗体底部添加了一个状态栏，选中 toolStrip1，单击状态栏控件的下拉箭头按钮，将弹出一个下拉列表，如图 10-11 所示。

（2）从弹出的列表中选择一个项，即可完成状态栏项的添加。另一种方法是在 StatusStrip 控件的"属性"面板中选定 Items 属性，单击按钮，弹出"项集合编辑器"对话框，如图 10-12 所示。该对话框的左边是一个项添加器，右边是属性窗口，通过单击"添加"按钮即可添加一个项。

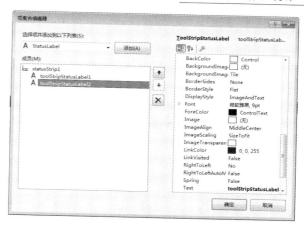

图 10-11　StatusStrip 子项类型　　　　　　　图 10-12　项集合编辑器

2. StatusStrip 控件的属性

StatusStrip 控件的常用属性如表 10-5 所示。

表 10-5　StatusStrip 控件的常用属性

属性	说明
BackColor	获取或设置 ToolStrip 的背景色
BackgroundImage	获取或设置在控件中显示的背景图像
ImageScalingSize	指定项上的图像大小
Items	StatusStrip 控件中包含的项集合
Name	获取或设置控件的名称
ShowItemToolTips	获取或设置一个值，该值指示是否显示状态栏子项上的提示文本
SizingGrip	确定 StatusStrip 是否有一个大小调整手柄
Text	获取或设置与此控件关联的文本
Visible	确定该控件是可见的还是隐藏的

3. ToolStripStatusLabel 对象的属性

StatusStrip 控件中最常用的是 ToolStripStatusLabel 对象，ToolStripStatusLabel 对象的常用属性如表 10-6 所示。

表 10-6　ToolStripStatusLabel 对象的常用属性

属性	说明
BorderSides	获取或设置一个值，该值指示状态标签边框的显示，其值为枚举类型，有 All、Bottom、Left、None、Right 和 Top 成员
BorderStyle	获取或设置状态标签的边框样式
DisplayStyle	获取或设置是否在状态标签上显示文本和图像
TextImageRelation	获取或设置状态标签上文本和图像的相对位置
ToolTipText	获取或设置状态标签的提示文本

【例 10-1】在窗体中设计菜单栏、工具栏和状态栏。

操作步骤如下：

（1）启动 Visual Studio 2017，新建一个项目。在窗体中添加 1 个 MenuStrip 控件、1 个 ToolStrip 控件和 1 个 StatusStrip 控件。

（2）添加菜单栏。单击 menuStrip1，进入菜单设计器开始进行菜单设计。首先创建菜单栏标题"新建""编辑"和"格式"，然后打开"文件"添加菜单项"新建""打开""保存"和"退出"，设计效果如图 10-13 所示。

（3）添加工具栏。选中 toolStrip1，向 ToolStrip 控件中添加 2 个子项，其类型都为 ToolStripButton 对象，首先在"项集合编辑器"中将两个子项的 DisplayStyle 属性值都设为 ImageAndText，然后将 toolStripButton1 的 Text 属性设为"打开"，toolStripButton2 子项的 Text 属性设为"保存"，设计效果如图 10-14 所示。

图 10-13　添加菜单栏

图 10-14　添加工具栏

（4）添加状态栏。向 StatusStrip 控件中添加 1 个子项，其类型为 toolStripStatusLabel 对象，在"项集合编辑器"中将 toolStripStatusLabel1 的 Text 属性设为"显示系统日期"，设计效果如图 10-15 所示。

（5）在 Form1 的 Load 事件中添加以下代码，程序的运行结果如图 10-16 所示：

```
private void Form1_Load(object sender, EventArgs e)
{
    toolStripStatusLabel1.Text = DateTime.Now.ToString();   //显示系统日期
}
```

图 10-15　添加状态栏

图 10-16　例 10-1 的运行结果

10.3　对话框

应用程序在执行一些任务时，有时需要用户提供一些信息。例如，用户在打开文件时会弹出对话框要求指定打开哪个文件，在保存文件时会打开一个对话框询问将文件保存到哪个位置，在关闭文档时弹出对话框提示"是否要保存对当前信息的更改"。不同的 Windows 应用程序都在使用功能相同的对话框，例如"打开文件""保存文件""关闭文件"等对话框。由于这些功能经常使用，微软便对它们进行了标准化，将其设计成通用对话框。这类对话框一般有如下风格：

- 边框固定，没有最大化、最小化按钮，对话框的大小不能改变。
- 对话框常会有"确定""取消""是""否"等按钮。
- 在对话框中，当单击"确定""是"等按钮后，对话框的设置或输入有效，同时关闭对话框；反之，当单击"取消""否"等按钮后，表示对话框的设置或输入无效，同时关闭对话框。

C#提供了一组基于 Windows 的通用对话框，主要包括 OpenFileDialog、SaveFileDialog 等控件，如表 10-7 所示。

表 10-7　通用对话框中的控件

名称	说明
OpenFileDialog	文件对话框，通过预先配置的对话框打开文件
SaveFileDialog	保存对话框，选择要保存的文件和该文件的保存位置
ColorDialog	颜色对话框，从调色板中选择颜色以及将自定义颜色添加到调色板中
FontDialog	字体对话框，选择系统当前安装的字体
PageSetupDialog	页面设置对话框，通过预先配置的对话框设置供打印的页详细信息
PrintDialog	打印对话框，选择打印机设定要打印的页，并确定其他与打印相关的设置
PrintPreviewDialog	打印预览对话框，按文档打印时的样式显示文档
FolderBrowserDialog	浏览文件夹对话框，浏览和选择文件夹

通用对话框中常用的方法有 ShowDialog 和 Reset，常用的事件为 HelpRequest。ShowDialog 方法用于显示一个通用对话框，该方法返回一个 DialogResult 枚举；Reset 方法是初始化对话框，将对话框内的所有属性设置为默认值；HelpRequest 事件是当用户单击通用对话框上的 Help 按钮时触发。

可以通过两种方法来创建通用对话框。第一种是设计时创建，从工具箱中选择通用对话框控件，将其拖放到窗体中；第二种是运行时创建，在运行时编写代码创建对话框对象，设置它们的属性，并调用这些对话框的 ShowDialog 方法。ShowDialog 方法的格式为：

对话框名.ShowDialog();

该方法的返回值为 DialogResult 枚举类型，如果单击"打开"或"保存"按钮，则返回值为 DialogResult.OK。在程序设计过程中，可能需要显示特定样式的对话框，这时可以使用 Windows 窗体设计器来构造自定义的对话框。例如，MessageBox 对话框是一种具有特定样式和功能的自定义对话框。本节主要介绍几种常用的通用对话框。

10.3.1 打开文件对话框

打开文件对话框用来打开 Windows 标准的"打开"对话框。Windows 窗体中用 OpenFileDialog 控件来实现打开文件对话框，该控件可以用来选择要打开文件所在的驱动器、文件夹、文件名、文件扩展名等。OpenFileDialog 控件的常用属性如表 10-8 所示。

表 10-8 OpenFileDialog 控件的常用属性

属性	说明
AddExtension	获取或设置一个值，该值指示如果用户省略扩展名，对话框是否自动在文件名中添加扩展名
CheckFileExists	获取或设置一个值，该值指示如果用户指定不存在的文件名，对话框是否显示警告
CheckPathExists	获取或设置一个值，该值指示如果用户指定不存在的路径，对话框是否显示警告
DefaultExt	获取或设置默认文件扩展名
FileName	获取或设置一个包含在文件对话框中选定的文件名的字符串
FileNames	获取对话框中所有选定文件的文件名
Filter	获取或设置当前文件名筛选器字符串，它决定对话框的"另存为文件类型"或"文件类型"文本框中出现的选择内容
FilterIndex	获取或设置文件对话框中当前筛选器的索引
InitialDirectory	获取或设置文件对话框中显示的初始目录。在默认情况下，对话框打开时，文件列表中显示的是当前目录中的文件，可以设置这个属性指定另一个目录
Multiselect	获取或设置一个值，该值指示对话框是否允许选择多个文件
Title	获取或设置文件对话框的标题
ReadOnlyChecked	获取或设置一个值，该值指示是否选定只读复选框
RestoreDirectory	获取或设置一个值，该值指示对话框在关闭前是否还原当前目录
ShowHelp	获取或设置一个值，该值指示对话框中是否显示"帮助"按钮
ShowReadOnly	获取或设置一个值，该值指示对话框是否包含只读复选框
SafeFileName	所选文件的文件名和扩展名
SafeFileNames	所有选定文件的文件名和扩展名

【例 10-2】设计一个窗体，利用打开文件对话框选择一个文本文件，将选中的文件名显示在文本框中。

操作步骤如下：

（1）创建一个 Windows 窗体应用程序。启动 Visual Studio，选择"文件"→"新建"→"项目"命令，创建名为 ex10-2 的窗体应用程序。

（2）添加控件。从工具箱中选择 1 个 ToolStrip 控件、1 个 OpenFileDialog 控件、1 个 Label 控件和 1 个 TextBox 控件，将它们拖放到窗体上。

（3）设置属性。选中 toolStrip1，向 ToolStrip 控件中添加 1 个子项，其类型为 ToolStrip-Button 对象，首先在"项集合编辑器"中将子项的 DisplayStyle 属性值设为 ImageAndText，然后将 toolStripButton1 的 Text 属性设为"打开"。选中 label1，设置 label1 的属性值为"显示文件所在路径:",其界面设计和属性设置如图 10-17 所示。

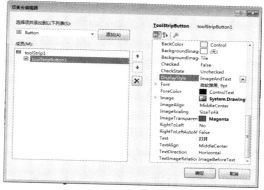

图 10-17　例 10-2 的界面设计和属性设置

（4）鼠标双击工具栏上的"打开"图标,编写如下代码:

```csharp
private void toolStripButton1_Click(object sender, EventArgs e)
{
    openFileDialog1.InitialDirectory = @"E:\C#教程\第 10 章\example";
    openFileDialog1.Title = "打开文本文件";
    openFileDialog1.FileName = "openfile";
    //设置当前文件名筛选器字符串
    openFileDialog1.Filter = "文本文件(*.txt)|*.txt";
    DialogResult d1 = openFileDialog1.ShowDialog();   //显示打开文件对话框
    string str;
    if(d1==DialogResult.OK)
    {
        str = openFileDialog1.FileName;
        textBox1.Text = str;
    }
    else
    {
        MessageBox.Show("没有选择文件", "warning ",MessageBoxButtons.OKCancel,
        MessageBoxIcon.Warning);
        textBox1.Text = "没有选择文件";
    }
}
```

（5）运行程序,结果如图 10-18 所示。

图 10-18　例 10-2 的运行结果

10.3.2　保存文件对话框

保存文件对话框用来打开 Windows 标准的"另存为"对话框。Windows 窗体中用 SaveFileDialog 控件来实现打开文件对话框，该控件可以用来指定文件所要保存的驱动器、文件夹、文件名、文件扩展名等。SaveFileDialog 控件的常用属性如表 10-9 所示。

表 10-9　SaveFileDialog 控件的常用属性

属性	说明
AddExtension	获取或设置一个值，该值指示如果用户省略扩展名，对话框是否自动在文件名中添加扩展名
CheckFileExists	获取或设置一个值，该值指示如果用户指定不存在的文件名，对话框是否显示警告
CheckPathExists	获取或设置一个值，该值指示如果用户指定不存在的路径，对话框是否显示警告
CreatePrompt	获取或设置一个值，该值指示如果用户指定不存在的文件，对话框是否提示用户允许创建该文件
DefaultExt	获取或设置默认文件扩展名
FileName	获取或设置一个包含在文件对话框中选定的文件名的字符串
FileNames	获取对话框中所有选定文件的文件名
Filter	获取或设置当前文件名筛选器字符串，它决定对话框的"另存为文件类型"或"文件类型"文本框中出现的选择内容
FilterIndex	获取或设置文件对话框中当前筛选器的索引
Title	获取或设置文件对话框标题
InitialDirectory	获取或设置文件对话框中显示的初始目录。在默认情况下，对话框打开时，文件列表中显示的是当前目录中的文件，可以设置这个属性指定另一个目录
OverwritePrompt	获取或设置一个值，该值指示如果用户指定的文件名已存在，另存为对话框是否显示警告
RestoreDirectory	获取或设置一个值，该值指示对话框在关闭前是否还原当前目录
ShowHelp	获取或设置一个值，该值指示对话框中是否显示"帮助"按钮

10.3.3　颜色对话框

颜色对话框用来在调色板中选择颜色或者自定义颜色，Windows 窗体中用 ColorDialog 控件来实现颜色对话框。ColorDialog 控件的常用属性如表 10-10 所示。

表 10-10　ColorDialog 控件的常用属性

属性	说明
AllowFullOpen	获取或设置一个值，该值指示用户是否可以使用该对话框定义自定义颜色。如果允许用户自定义颜色，该属性值为 True，否则为 false
FullOpen	获取或设置一个值，该值指示用于创建自定义颜色的控件在对话框打开时是否可见
Color	获取或设置用户选定的颜色

续表

属性	说明
AnyColor	获取或设置一个值，该值指示对话框是否显示基本颜色集中可用的所有颜色
CustomColors	获取或设置对话框中显示的自定义颜色集
SolidColorOnly	获取或设置一个值，该值指示对话框是否限制用户只选择单色

10.3.4　字体对话框

字体对话框用来设置字体名称、样式、大小、颜色等。C#使用 FontDialog 控件来实现字体对话框。FontDialog 控件的常用属性如表 10-11 所示。

表 10-11　FontDialog 控件的常用属性

属性	说明
AllowVectorFonts	是否可以选择字体列表中的矢量字体
AllowVerticalFonts	是否可以选择字体列表中的垂直字体
Color	获取或设置选定字体的颜色
FixedPitchOnly	在字体列表中显示固定大小的字体
Font	获取或设置选定的字体
MaxSize	获取或设置用户可选择的最大磅值
MinSize	获取或设置用户可选择的最小磅值
ShowApply	获取或设置一个值，该值指示对话框是否包含"应用"按钮
ShowColor	获取或设置一个值，该值指示对话框是否显示颜色选择
ShowEffects	获取或设置一个值，该值指示对话框是否包含允许用户指定删除线、下划线和文本颜色选项的控件
ShowHelp	获取或设置一个值，该值指示对话框是否显示"帮助"按钮

10.3.5　打印对话框

打印对话框允许用户从 Windows 窗体应用程序中选择一台打印机，并选择文档中要打印的部分。PrintDialog 控件用来实现打印对话框。PrintDialog 控件的常用属性如表 10-12 所示。

表 10-12　PrintDialog 控件的常用属性

属性	说明
AllowCurrentPage	获取或设置一个值，该值指示是否显示"当前页"选项按钮
AllowPrintToFile	获取或设置一个值，该值指示是否启用"打印到文件"复选框
AllowSelection	获取或设置一个值，该值指示是否启用"选择"选项按钮
AllowSomePages	获取或设置一个值，该值指示是否启用"页"选项按钮
PrinterSettings	获取或设置对话框修改的打印机设置

续表

属性	说明
PrintToFile	获取或设置一个值，该值指示是否选中"打印到文件"复选框
ShowHelp	获取或设置一个值，该值指示是否显示"帮助"按钮
ShowNetwork	获取或设置一个值，该值指示是否显示"网络"按钮
Reset	将所有选项、最后选定的打印机和页面设置重新设置为其默认值

【例 10-3】设计一个窗体，实现对话框的"打开""保存""字体""颜色"和"打印"功能。

操作步骤如下：

（1）创建一个 Windows 窗体应用程序。启动 Visual Studio，选择"文件"→"新建"→"项目"命令，创建名为 ex10-3 的窗体应用程序。

（2）界面设计。从工具箱中选择 1 个 OpenFileDialog 控件、1 个 SaveFileDialog 控件、1 个 FontDialog 控件、1 个 ColorDialog 控件、1 个 PrintDialog 控件、1 个 PrintDocument 控件、1 个 RichTextBox 控件和 6 个 Button 控件，将它们拖放到窗体上，界面设计如图 10-19 所示。

图 10-19 例 10-3 的界面设计

（3）编写代码。

```
private void button1_Click(object sender, EventArgs e)    //为"打开"按钮添加 Click 事件
{
    openFileDialog1.InitialDirectory = @"E:\C#教程\第 10 章\example";
    openFileDialog1.Title = "打开文本文件";
    openFileDialog1.FileName = "myfile";
    openFileDialog1.Filter = "文本文件(*.txt)|*.txt";    //设置当前文件名筛选器字符串
    DialogResult d1 = openFileDialog1.ShowDialog();    //显示打开文件对话框
    string str;
    if (d1 == DialogResult.OK)
    {
        richTextBox1.LoadFile(openFileDialog1.FileName, RichTextBoxStreamType.PlainText);
        str = openFileDialog1.FileName;
        richTextBox1.Text = str;
    }
    else
    {
```

```
            MessageBox.Show("没有选择文件", "warning ", MessageBoxButtons.OKCancel,
            MessageBoxIcon.Warning);
        }
    }
    private void button2_Click(object sender, EventArgs e)    //为"保存"按钮添加 Click 事件
    {
        saveFileDialog1.InitialDirectory = @"E:\C#教程\第 10 章\example";
        saveFileDialog1.Title = "保存文本文件";
        saveFileDialog1.FileName = "savefile";
        saveFileDialog1.Filter = "文本文件(*.txt)|*.txt";
        saveFileDialog1.RestoreDirectory = true;
        if (saveFileDialog1.ShowDialog() == DialogResult.OK)
            richTextBox1.SaveFile(saveFileDialog1.FileName, RichTextBoxStreamType.PlainText);
    }
    private void button3_Click(object sender, EventArgs e)    //为"字体"按钮添加 Click 事件
    {
        fontDialog1.ShowColor = true;
        fontDialog1.ShowEffects = true;
        if (fontDialog1.ShowDialog() == DialogResult.OK)
        richTextBox1.SelectionFont = fontDialog1.Font;
        richTextBox1.ForeColor = fontDialog1.Color;
    }
    private void button4_Click(object sender, EventArgs e)    //为"颜色"按钮添加 Click 事件
    {
        colorDialog1.AllowFullOpen = true;
        if (colorDialog1.ShowDialog() == DialogResult.OK)
            richTextBox1.BackColor = colorDialog1.Color;
    }
    private void button5_Click(object sender, EventArgs e)    //为"打印"按钮添加 Click 事件
    {
        printDialog1.Document = printDocument1;
        if (printDialog1.ShowDialog() == DialogResult.OK)
            printDocument1.Print();
    }
    private void button6_Click(object sender, EventArgs e)    //为"退出"按钮添加 Click 事件
    {
        this.Close();
    }
```

（4）运行程序，单击"字体"和"颜色"按钮时，显示结果如图 10-20 所示。

图 10-20　例 10-3 的运行结果

习题 10

一、选择题

1. C#程序中，为使变量 myStr 引用的窗体对象显示为对话框，必须（   ）。
   - A. 使用 myStr.ShowDialog 方法显示对话框
   - B. 将 myStr 对象的 isDialog 属性设置为 true
   - C. 将 myStr 对象的 FormBorderStyle 枚举属性设置为 FixedDialog
   - D. 将变量 myStr 改为引用 System.Windows.Dialog 类的对象

2. 右击一个控件时出现的菜单称为（   ）。
   - A. 主菜单　　　　B. 菜单项　　　　C. 子菜单　　　　D. 快捷菜单

3. OpenFileDialog 控件的（   ）属性用来返回用户在"打开"对话框中所选择的文件名和盘符路径。
   - A. Tag　　　　B. FileName　　　　C. Title　　　　D. ValidateName

4. 在 C#中，用来创建主菜单的对象是（   ）。
   - A. MenuItem　　　　B. MenuStrip　　　　C. Item　　　　D. Menu

5. 创建菜单后，为了实现菜单的命令功能，应为菜单项添加（   ）事件处理方法。
   - A. DrawItem　　　　B. Popup　　　　C. Click　　　　D. Select

6. 为菜单添加快捷键的属性是（   ）。
   - A. ShortcutKeys　　B. MenuKeys　　C. keys　　　　D. MenuShortcutKeys

7. StatusStrip 控件可以添加 4 种类型的子项，但是不包括（   ）。
   - A. ToolStripDropDown　　　　　　B. ToolStripStatusLabel
   - C. ToolStripProgressBar　　　　　D. ToolStripDropDownButton

8. 变量 openFileDialog1 引用一个 openFileDialog 对象，为检查用户在退出对话框时是否单击了"打开"按钮，应检查 openFileDialog1.ShowDialog()的返回值是否等于（   ）。
   - A. DialogResult.OK　　　　　　B. DialogResult.Yes
   - C. DialogResult.No　　　　　　D. DialogResult.Cancel

9. 设置需要使用的弹出式菜单的窗体或控件的（   ）属性，即可激活弹出式菜单。
   - A. MenuStrip　　　　　　　　B. ContextedMenu
   - C. ContextMenuStrip　　　　　D. ContextedMenuStrip

二、简答题

1. 简述菜单的基本结构。
2. 如何在菜单中添加分隔条？
3. 简述状态栏的功能。
4. 如何给 WinForm 的按钮、标签等控件添加快捷键？
5. 如何让工具栏中的按钮与下拉式菜单中的菜单项具有相同的功能？

三、编程题

1. 编写一个工具栏，实现新建、打开、保存、复制、剪切、粘贴功能。

2. 开发一个类似 Word 的文字编辑处理软件，要求有菜单栏、工具栏和状态栏，能实现新建、打开、保存、字体、打印等操作。

3. 在 Visual Studio 2017 中新建一个 Windows 窗体应用程序，在窗体 Form1 中添加一个 TextBox 控件，添加一个"颜色"按钮，当单击"颜色"按钮时显示一个颜色选择窗体，当选择好颜色后，将 TextBox 文本框中文本的颜色设置为选择的颜色。

4. 创建项目，完成"简单文件转换器"功能，程序运行效果如图 10-21 所示。

图 10-21　编程题 4 的执行界面

具体要求：

（1）按照图示排列相应的控件，控件名称自定义，其中界面下方为 TextBox 控件。

（2）实现单击菜单项的相应事件处理程序。当单击"打开文件"的"文本文件"菜单项时，打开一个 OpenFileDialog 类型的对话框，在其中选中一个文本文件后将文件内容显示在文本框中。

（3）当单击"打开文件"的"二进制文件"菜单项时，打开一个 OpenFileDialog 类型的对话框，在其中选中一个二进制文件后将文件内容显示在文本框中。

（4）当单击"转换文件"的"保存为文本文件"菜单项时，打开一个 SaveFileDialog 类型的对话框，在其中设置一个文本文件名称后保存。

（5）当单击"转换文件"的"保存为二进制文件"菜单项时，打开一个 SaveFileDialog 类型的对话框，在其中设置一个二进制文件名称后保存。

第 11 章　线程编程

【学习目标】

- 了解线程的基本概念及操作。
- 掌握创建线程的方法。
- 掌握线程的挂起与恢复。
- 掌握线程休眠和阻塞线程。
- 掌握终止线程。
- 掌握线程优先级的设置。
- 掌握线程同步的基本方法。

11.1　线程概述

一个正在运行的应用程序在操作系统中被视为一个进程，一个进程可以包括一个或多个线程。线程是操作系统分配处理器时间的基本单元，在进程中可以有多个线程同时执行代码，线程上下文包括为使线程在线程的宿主进程地址空间中无缝地继续执行所需的所有信息，包括线程的 CPU 寄存器组和堆栈。

在.NET 结构中，应用程序有一个新的边界，称为应用程序域（AppDomain），它是一个用于隔离应用程序的虚拟边界。每个应用程序域都是用单个线程启动的，但该应用程序域中的代码可以创建附加应用程序域和附加线程。

线程处理使 C#程序能够执行并发处理，以便用户可以同时执行多个操作。例如，用户可以使用线程处理来监视用户输入、执行后台任务、处理并发输入流。System.Threading 命名空间提供支持多线程编程的类和接口，使用户可以轻松地执行创建和启动新线程、同步多个线程、挂起线程、终止线程等任务。

11.1.1　单线程简介

单线程顾名思义，就是只有一个线程。默认情况下，C#程序具有一个线程即系统为应用程序分配的主线程。此线程执行程序中以 Main 方法开始和结束的代码。Main 直接或间接执行的每一个命令都由默认线程（或主线程）执行，当 Main 返回时此线程也将终止。

【例 11-1】新建一个 Windows 应用程序，程序会在 Program.cs 文件中自动生成 Main 方法，该方法就是主线程的启动入口点。

代码如下：
```
using System;
namespace ex11_1
{
    class Program
    {
```

```
static void Main(string[] args)
{
    Console.WriteLine("能够被 CPU 执行的代码");
}
}
}
```

调试程序时的截图如图 11-1 所示。

图 11-1　线程调试窗口

线程窗口通过菜单栏中的"调试"→"窗口"→"线程"菜单打开，只有调试的时候才能看到线程的菜单项。

通过图 11-1 可以看到，当系统执行程序的时候就已经有了一个线程（线程号：21184）在运行所写的代码，并不是由进程来负责执行代码，而是由线程负责执行代码。这样一来，即使我们写的程序里面没有使用线程，在执行它的时候也会有一个线程。

11.1.2　多线程简介

一般情况下，需要用户交互的软件都必须尽可能快地对用户的活动做出反应，以便提供丰富多彩的用户体验。但同时它必须执行必要的计算以便尽可能快地将数据呈现给用户。这时可以使用多线程来实现。

1. 多线程的优点

多线程可以提高对用户的响应速度并且处理所需数据，以便同时完成工作，这是一种非常强大的技术。在具有一个处理器的计算机上，多个线程可以通过利用用户事件之间很小的时间间隔在后台处理数据来达到这种效果。例如，通过多线程，在另一个线程正在重新计算同一应用程序中电子表格的其他部分时，用户可以编辑该电子表格。

单个应用程序域可以使用多线程完成如下任务：

● 通过网络与 Web 服务器和数据库进行通信。

● 执行占用大量时间的操作。

● 区分具有不同优先级的任务。

● 使用户界面可以在将时间分配给后台任务时仍能快速做出响应。

2. 多线程的缺点

使用多线程有好处，同时也有坏处，一般不要在程序中使用太多的线程，这样可以最大限度地减少对操作系统资源的使用，并可以提高性能。

如果在程序中使用多线程，可能会产生如下问题：

● 系统为进程、AppDomain 对象和线程所需的上下文信息使用内存，因此可以创建的进程、AppDomain 对象和线程的数目会受到可用内存的限制。

● 跟踪大量的线程将占用大量的处理器时间。如果线程过多，则其中的大多数线程都不会产生明显的进度。如果大多数当前线程处于一个进程中，则其他进程中线程的调度频率就会很低。

● 使用多线程控制代码执行非常复杂，并可能产生很多 bug。
● 销毁线程需要了解可能发生的问题并对这些问题进行处理。

11.2　线程控制

C#中对线程进行操作时，主要用的是 Thread 类，该类在 System.Threading 命名空间中，通过实例化一个 Thread 对象就可以创建并操作一个线程。另外，还可以通过使用 Monitor 类、Mutex 类和 Lock 关键字来控制线程间的同步执行。

11.2.1　Thread 类

Thread 类位于 System.Threading 命名空间下，System.Threading 命名空间提供一些可以进行多线程编程的类和接口。除同步线程活动和访问数据的类外，该命名空间还包含一个 ThreadPool 类（它允许用户使用系统提供的线程池）和一个 Timer 类（它在线程池的线程上执行回调方法）。Thread 类的常用属性如表 11-1 所示。

表 11-1　Thread 类的常用属性

属性	说明
ApartmentState	获取或设置此线程的单元状态
CurrentContext	获取线程正在其中执行的当前上下文
CurrentCulture	获取或设置当前线程的区域性
CurrentThread	获取当前正在运行的线程
IsAlive	获取一个值，该值指示当前线程的执行状态
IsBackground	获取或设置一个值，该值指示某个线程是否为后台线程
IsThreadPoolThread	获取一个值，该值指示线程是否属于托管线程池
ManagedThreadId	获取当前托管线程的唯一标识符
Name	获取或设置线程的名称
Priority	获取或设置一个值，该值指示线程的调度优先级
ThreadState	获取一个值，该值包含当前线程的状态

Thread 类主要用于创建并控制线程、设置线程优先级并获取其状态。一个进程可以创建一个或多个线程以执行与该进程关联的部分程序代码，线程执行的代码由 ThreadStart 委托或 ParameterizedThreadStart 委托指定。

线程运行期间，不同的时刻会表现为不同的状态，但它总是处于由 ThreadState 定义的一个或多个状态中。用户可以通过 ThreadPriority 枚举为线程定义优先级，但不能保证操作系统会接受该优先级。

下面对 Thread 类的常用属性进行介绍。

（1）IsAlive 属性。

功能：获取一个值，该值指示当前线程的执行状态。

语法：public bool IsAlive { get; }

属性值：如果此线程已启动并且尚未正常终止或中止，则为 true，否则为 false。

（2）Name 属性。

功能：获取或设置线程的名称。

语法：public string Name { get ; set ;}

属性值：包含线程名称的字符串，如果未设置名称，则为空引用。

（3）ThreadState 属性。

功能：获取一个值，该值包含当前线程的状态。

语法：public ThreadState ThreadState { get;}

属性值：ThreadState 值之一，它指示当前线程的状态，初始值为 Unstarted。

Thread 类的常用方法如表 11-2 所示。

表 11-2　Thread 类的常用方法

方法	说明
Abort	在调用该方法的线程引发 ThreadAbortException，以开始终止该线程的过程。调用此方法通常会终止线程
GetApartmentState	返回一个 ApartmentState 值，该值指示单元状态
GetDomain	返回当前线程正在其中运行的当前域
GetDomainID	返回唯一的应用程序域标识符
Interrupt	中断处于 WaitSleepJoin 线程状态的线程
Join	阻止调用线程，直到某个线程终止时为止
ResetAbort	取消为当前线程请求的 Abort
Resume	继续已挂起的线程
SetApartmentState	在线程启动前设置其单元状态
Sleep	将当前线程阻止指定的毫秒数
SpinWait	导致线程等待由 iterations 参数定义的时间量
Start	使线程被安排进行执行
Suspend	挂起线程，如果线程已被挂起，则不起作用
VolatileRead	读取字段值。无论处理器的数目或处理器缓存的状态如何，该值都是由计算机的任何处理器写入的最新值
VolatileWrite	立即向字段写入一个值，以使该值对计算机中的所有处理器都可见

下面对 Thread 类的常用方法进行详细介绍。

（1）Abort()方法。

功能：在调用此方法的线程上引发 ThreadAbortException，以开始终止此线程的过程。

语法：public void Abort()

说明：通常在关闭线程时调用该方法。

（2）Join()方法。

功能：在继续执行标准的 COM 和 SendMessage 消息泵处理期间阻止调用线程，直到某个线程终止为止。

语法：public void Join()

说明：使用此方法确保线程已终止。如果线程不终止，则调用方将无限期阻止。

（3）Sleep()方法。

功能：将当前线程按指定的时间挂起。

语法：public static void Sleep(int millisecondsTimeout)

说明：参数 millisecondsTimeout 是指线程被阻止的毫秒数，指定 0 以指示应挂起此线程以使其他等待线程能执行，指定 Timeout.Infinite 以无限期阻止线程。

（4）Start()方法。

功能：启动线程，使线程得以按计划执行。

语法：public void Start()

说明：此方法通常用来启动一个线程，但线程一旦终止，它就无法再次调用 Start 方法来重新启动。

【例 11-2】使用 Thread 类的相关方法和属性开始运行一个线程，并获取该线程的相关信息。

代码如下：

```csharp
using System;
using System.Threading;
namespace ex11_2
{
    class Program
    {
        static void Main(string[] args)
        {
            Thread myThread = new Thread(new ThreadStart(Program.output));
            myThread.Start();                    //启动线程
            Console.WriteLine("线程开始运行");
            Console.WriteLine("线程唯一标识符：" + myThread.ManagedThreadId);
            Console.WriteLine("线程名称：" + myThread.Name);
            Console.WriteLine("线程状态：" + myThread.ThreadState);
            Console.WriteLine("线程优先级：" + myThread.Priority);
            Console.WriteLine("是否为后台线程：" + myThread.IsBackground);
            myThread.Abort("退出");              //通过主线程阻止新开线程
            myThread.Join();
            Console.WriteLine("线程运行结束");
        }
        static void output()
        {
            Thread.CurrentThread.Name = "newThread";
            Thread.Sleep(1000);                  //使线程休眠 1 秒钟
        }
    }
}
```

运行程序，结果如图 11-2 所示。

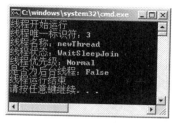

图 11-2 例 11-2 的运行结果

注意： 在程序中使用线程时，需要在命名空间区域添加 using System.Threading 命名空间。

11.2.2 线程的创建与启动

要创建一个线程，只需将其声明并为其提供线程起点处的方法委托即可。创建新线程时需要使用 Thread 类，该类具有接受一个 ThreadStart 委托或 ParameterizedThreadStart 委托的构造函数，该委托封装了调用 Start 方法时由新线程调用的方法。创建了 Thread 类的对象后，线程对象已存在并已配置，但并未创建实际的线程，这时，只有在调用 Start 方法后才会创建实际的线程。创建线程的代码如下：

```
Thread t = new Thread(new ThreadStart(TestMethod));
t.Start();
```

上述代码实例化了一个 Thread 对象，并指明了将要调用方法 TestMethod，然后启动线程。ThreadStart 委托中作为参数的方法不需要参数，并且没有返回值。

ParameterizedThreadStart 委托一个对象为参数，利用这个参数可以很方便地向线程传递参数。代码如下：

```
Thread th = new Thread(new ParameterizedThreadStart(TestMethod));
th.Start(100);
```

其中，"100"就是向方法传递的参数，ParameterizedThreadStart 主要用来调用有参数的方法。

【例 11-3】创建一个控制台应用程序，其中自定义一个静态的 void 类型方法 createThread，然后在 Main 方法中通过实例化 Thread 类对象创建一个新的线程，最后调用 Start 方法启动该线程。

代码如下：

```
using System;
using System.Threading;
namespace ex11_3
{
    class Program
    {
        static void Main(string[] args)
        {
            Thread th = new Thread(new ThreadStart(createThread));
            th.Start();
        }
        static void createThread()
```

```
            {
                Console.WriteLine("创建线程");
            }
        }
    }
```

运行程序，创建了一个新线程，输出结果为"创建线程"。

11.2.3 线程的挂起与恢复

线程通过调用 Suspend 方法来暂停线程。当线程针对自身调用 Suspend 方法时，调用将会阻止，直到另一个线程继续该线程。当一个线程针对另一个线程调用 Suspend 方法时，调用是非阻止调用，这会导致另一个线程暂停。线程通过调用 Resume 方法来恢复暂停的线程。无论调用多少次 Suspend 方法，调用 Resume 方法均会使另一个线程脱离挂起状态，并导致该线程继续执行。

【例11-4】创建一个控制台应用程序，其中通过实例化 Thread 类对象创建一个新的线程，然后调用 Start 方法启动该线程，最后调用 Suspend 方法和 Resume 方法挂起和恢复线程。

代码如下：
```csharp
using System;
using System.Threading;
namespace ex11_4
{
    class Program
    {
        static void Main(string[] args)
        {
            Thread myThread = new Thread(new ThreadStart(createThread));
            myThread.Start();                    //启动线程
            myThread.Suspend();                  //挂起线程
            myThread.Resume();                   //恢复挂起的线程
        }
        public static void createThread()
        {
            Console.Write("创建线程");
        }
    }
}
```

执行挂起和恢复线程是为了进行线程的同步。而当挂起线程时，我们无法知道线程正在执行什么代码。如果在安全权限评估期间线程持有锁时挂起该线程，则可能会阻止 AppDomain 中的其他线程。如果在线程执行类构造函数时挂起线程，则 AppDomain 中试图使用该类的其他线程将被阻塞，死锁很容易发生。因此在最新的.NET Framework 中已将这两个方法标识为过期不可用。若要实现线程的同步，更多的需要使用 System.Thread 中的其他类，如 Monitor 类、Mutex 类、Event 类和 Semaphore 类，以同步线程或保护资源。

11.2.4 线程休眠

线程休眠主要通过 Thread 类的 Sleep 方法来实现，该方法用来将当前线程阻止指定的时间，它有两种重载形式，第一种形式为：

```
public static void Sleep( int millisecondsTimeout)
```

其中，millisecondsTimeout 表示线程被阻止的毫秒数，指定 0 以指示应挂起此线程以使其他等待线程能够执行，指定 Timeout.Infinite 以无限期阻止线程。

另一种形式为：

```
public static void Sleep(TimeSpan timeout)
```

其中，timeout 表示线程被阻止的时间量的 TimeSpan，指定 0 以指示应挂起此线程以使其他等待线程能够执行，指定 Timeout.Infinite 以无限期阻止线程。

例如在例 11-2 中，语句 Thread.Sleep(1000);就是要将当前线程休眠 1 秒钟。

11.2.5　阻塞线程

阻塞线程的意思就是如果一个线程正在运行，会阻止其他线程运行，直到运行的线程结束后,其他线程才能继续运行。使用阻塞线程可以保证多个线程同时运行方法时顺序不再混乱，即使运行同一个方法也不会发生混乱。

阻塞线程用到的方法是 Join，它有 3 种重载形式，分别表示如下：

（1）在继续执行标准的 COM 和 SendMessage 消息处理期间阻止调用线程，直到某个线程终止为止。

语法：public void Join()

（2）在继续执行标准的 COM 和 SendMessage 消息处理期间阻止调用线程，直到某个线程终止或经过指定的时间为止。

语法：public bool Join(int millisecondsTimeout)

millisecondsTimeout 参数为等待线程终止的毫秒数。

返回值：如果线程已终止，则为 true；如果线程在经过 millisecondsTimeout 参数指定的时间量后未终止，则为 false。

（3）在继续执行标准的 COM 和 SendMessage 消息处理期间阻止调用线程，直到某个线程终止或经过指定的时间为止。

语法：public bool Join(TimeSpan timeout)

Timeout 参数为等待线程终止的时间量的 TimeSpan。

返回值：如果线程已终止，则为 true；如果线程在经过 timeout 参数指定的时间量后未终止，则为 false。

【例 11-5】创建一个控制台应用程序，其中调用 Thread 类的 Join 方法等待线程终止。

代码如下：

```
using System;
using System.Threading;
namespace ex11_5
{
    class Program
    {
        static void Main(string[] args)
        {
            Thread.CurrentThread.Name = "主线程";
            Thread th1 = new Thread(new ThreadStart(Program.Output));
            th1.Name = "子线程";
```

```
        th1.Start();
        th1.Join();      //阻塞其他线程的使用，直到子线程执行完毕
        Program.Output();
    }
    private static void Output()
    {
        for(int i = 0; i < 10; i++)
        {
            Console.WriteLine("线程：{0}，i 的值：{1}", Thread.CurrentThread.Name, i);
        }
    }
}
}
```

运行程序，结果如图 11-3 所示。

图 11-3　例 11-5 的运行结果

从运行结果可以看出，当使用阻塞线程时程序会先把子程序执行完毕后再运行主程序。

11.2.6　终止线程

线程在运行中，如果想让这个线程立刻结束，可以调用 Abort 方法实现，在调用 Abort 方法的线程上引发 ThreadAbortException 异常，目标线程可以捕捉此异常并终止该线程的过程。一旦线程被终止，它将无法重新启动。

如果在应用程序中使用了多线程，而辅助线程还没有执行完毕，那么在关闭窗体的时候必须要关闭辅助线程，否则会引发异常。

【例 11-6】创建一个控制台应用程序，在其中开始一个线程，然后调用 Thread 类的 Abort 方法终止已开启的线程。

代码如下：

```
using System;
using System.Threading;
namespace ex11_6
{
    class Program
    {
        static void Main(string[] args)
        {
```

```
        Thread.CurrentThread.Name = "主线程";
        Thread th = new Thread(new ThreadStart(Program.Output));
        th.Name = "子线程";
        th.Start();
    }
    private static void Output()
    {
        for (int i = 0; i < 10; i++)
        {
            Console.WriteLine("线程：{0}，i 的值：{1}", Thread.CurrentThread.Name, i);
            if (i == 2)
                Thread.CurrentThread.Abort();        //终止子线程
        }
    }
}
```

运行程序，结果如图 11-4 所示。

在上例中之所以输出了 3 行记录程序就退出了，是因为当程序运行时判断 i，如果等于 2，就会调用线程对象的 Abort 方法来强行终止正在运行的线程，所以控制台上只输出了 3 行记录。

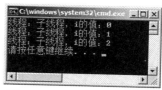

图 11-4　例 11-6 的运行结果

11.3　线程优先级

每个线程都具有分配给它的线程优先级。为在公共语言运行库中创建的线程最初分配的优先级为 ThreadPriority.Normal，而在公共语言运行库外创建的线程，在进入公共语言运行库时将保留其先前的优先级。

线程是根据其优先级而调度执行的，用于确定线程执行顺序的调度算法随操作系统的不同而不同。在某些操作系统下，具有最高优先级（相对于可执行线程而言）的线程经过调度后总是首先运行，如果具有相同优先级的多个线程都可用，则计划程序将遍历处于该优先级的线程，并为每个线程提供一个固定的时间片段来执行。只有具有较高优先级的线程才可以运行，具有较低优先级的线程不会执行。如果在给定的优先级上不再有可运行的线程，则程序将移到下一个较低的优先级并在该优先级上调度线程以执行。如果具有较高优先级的线程可以运行，则具有较低优先级的线程将被抢先，并允许具有较高优先级的线程再次执行。除此之外，当应用程序的用户界面在前台和后台之间移动时，操作系统还可以动态调整线程的优先级。

可以为线程分配如下优先级：

- Highest
- AboveNormal
- Normal（默认优先级）
- BelowNormal
- Lowest

用户可以使用 Thread.Priority 属性获取或设置任何线程的优先级。

【例 11-7】创建一个控制台应用程序，其中创建两个子线程，让子线程 2 先执行，让子线程 1 最后执行。

代码如下：

```
using System;
using System.Threading;
namespace ex11_7
{
    class Program
    {
        static void Main(string[] args)
        {
            Thread.CurrentThread.Name = "主线程";
            Thread th1 = new Thread(new ThreadStart(Program.Output));
            th1.Name = "子线程 1";
            th1.Priority = ThreadPriority.Lowest;      //子线程 1 优先级最低
            Thread th2 = new Thread(new ThreadStart(Program.Output));
            th2.Name = "子线程 2";
            th2.Priority = ThreadPriority.Highest;      //子线程 2 优先级最高
            th1.Start();
            th2.Start();
        }
        static void Output()
        {
            for(int i = 0; i < 5; i++)
            {
                Console.WriteLine("线程：{0}，i 的值：{1}", Thread.CurrentThread.Name, i);
            }
        }
    }
}
```

运行程序，结果如图 11-5 所示。

图 11-5　例 11-7 的运行结果

从运行结果可以看出，优先级高的子线程 2 先执行，优先级低的子线程 1 后执行。要特别注意，如果读者的计算机是双核或多核 CPU，那么运行后的结果就不是这样的了，因为多个核心在执行任务时会同时运行代码。另外，线程优先级通常用来安排各个子线程之间相互执行的先后顺序，而主线程参与的情况相对来说比较少见，因为默认执行程序的线程就是主线程，主线程肯定是最先执行的线程。

11.4　线程的同步

在应用程序中使用多线程的一个好处就是每个线程都可用异步执行。对于 Windows 应用程序，耗时的任务可以在后台运行，而使应用程序窗口和控件保持响应；对于服务器应用程序，多线程处理提供了不同线程处理每个传入请求的能力，否则在完全满足前一个请求之前将无法处理每个新请求。然而，线程的异步性意味着必须协调对资源（如文件句柄、网络连接和内存）的访问，否则两个或更多的线程可能在同一时间访问相同的资源，而每个线程都不知道其他线程的操作，结果将产生不可预知的数据损坏。

线程同步是指并发线程高效、有序地访问共享资源所采用的技术，目的是要确保线程安全。如果类或其成员能被多个线程访问，而且不会破坏其状态，则称之为线程安全。

由于受资源的有限性限制，或者为了避免多个线程同时访问共享资源而产生信息处理矛盾或错误，必须采用排他性的资源访问方式，一次只允许一个线程访问共享资源，只有当资源所有者主动放弃了代码或资源的所有权时，其他线程才能使用这些资源，这就是线程同步的本质。

线程同步可以分别使用 C# 中的 lock 关键字、Monitor 类和 Mutex 类实现。

11.4.1　使用 lock 关键字

lock 是 C# 中的关键字，它将语句块标记为一个临界区，确保当一个线程位于代码的临界区时，另一个线程不进入临界区。如果其他线程试图进入锁定的代码，则它将一直等待（即被阻止），直到该对象被释放。其执行过程是先获得给定对象的互斥锁，然后执行相应语句，任务完成后再释放该锁。

lock 语句以关键字 lock 开头，它有一个作为参数的对象，在该参数后面还有一个一次只能由一个线程执行的代码块。其语法格式如下：

```
Object obj = new Object();
lock(obj)
{
    //将要执行的代码
}
```

提供给 lock 语句的参数必须为基于引用类型的对象，该对象用来定义锁的范围。严格地说，提供给 lock 语句的参数只是用来唯一标识由多个线程共享的资源，所以它可以是任意类实例。然而，该参数通常表示需要进行线程同步的资源。例如，如果一个容器对象将被多个线程使用，则可以将该容器传递给 lock，而 lock 后面的同步代码块将访问该容器。只要其他线程在访问该容器前先锁定该容器，则对该对象的访问将是安全同步的。

通常，最好避免锁定 public 类型的或不受应用程序控制的对象实例。例如，如果该实例可以被公开访问，则锁定该实例可能会存在问题，因为不受控制的代码也可能会锁定该对象，这将发生死锁，即两个或两个以上的线程等待释放同一对象。出于同样的原因，锁定公共数据类型（相比于对象）也可能导致问题。锁定字符串尤其危险，因为字符串被公共语言运行库（CLR）"暂留"。这意味着整个程序中任何给定字符串都只有一个实例。因此，如果在应用程序进程中的任何具有相同内容的字符串上放置锁，那么将锁定应用程序中该字符串的所有实例。因此，最好锁定不会被暂留、私有或受保护的成员。

事实上，lock 就是用 Monitor 类来实现的。它等效于 try/finally 语句块，使用 lock 关键字通常比直接使用 Monitor 类更可靠，一方面是因为 lock 更简洁，另一方面是因为 lock 确保了即使受保护的代码引发异常，也可以释放基础监视器。这是通过 finally 关键字来实现的，无论是否引发异常它都执行关联代码。

【例 11-8】创建一个控制台应用程序，利用 lock 关键字锁定代码。

代码如下：

```
using System;
using System.Threading;
namespace ex11_8
{
    class Program
    {
        static object obj = new object();
        static int i = 0;
        static void Main(string[] args)
        {
            Thread.CurrentThread.Name = "主线程";
            Thread th = new Thread(new ThreadStart(Program.Output));
            th.Name = "子线程";
            th.Start();
            Program.Output();
        }
        static void Output()
        {
            lock (Program.obj)        //锁定下面的代码
            {
                for (; i < 10; i++)
                Console.WriteLine("线程：{0}，i 的值：{1}",
                Thread.CurrentThread.Name, i);
            }
        }
    }
}
```

图 11-6　例 11-8 的运行结果

运行程序，结果如图 11-6 所示。

从结果可以看出，在控制台输出 10 条记录，此时控制台上 i 的值全是由主线程输出的，而子线程没有输出（或者全是子线程输出的，主线程没有输出）。之所以会这样，原因就是现在程序给 Output 方法中要执行的代码加上了一把锁。上锁表示如果有一个线程正在运行带锁的代码，其他的线程必须等待这个线程执行完锁住的代码以后才能执行这段代码。当主线程解开锁的时候，变量 i 已经被主线程设置成 10 了，不满足 for 的判断条件，所以子线程在运行时并没有输出记录。

锁使用 lock 关键字来实现，但 lock 只能锁住引用类型的变量，如果想锁住值类型的变量，必须将值类型进行装箱变成引用类型才能进行锁定，如 lock((object)i)。本例中由于 Output 方法是定义的静态成员，所以在这里还要创建一个静态成员变量 obj，通过它来实现锁住代码。

11.4.2　使用 Monitor 类

Monitor 类就是用来实现监视器技术的。它通过向单个线程授予对象锁来控制对象的访问，对象锁提供现在访问代码块（通常称为临界区）的能力。当一个对象拥有对象锁时，其他任何线程都不能获取该锁。

Monitor 类的常用方法如表 11-3 所示。

表 11-3　Monitor 类的常用方法

方法	说明
Enter	在指定对象上获取排他锁
Exit	释放指定对象上的排他锁
Pulse	通知等待队列中的线程锁定对象状态的更改
PulseAll	通知所有的等待线程对象状态的更改
TryEnter	试图获取指定对象的排他锁
Wait	释放对象上的锁并阻止当前的线程，直到它重新获取该锁

【例 11-9】创建一个控制台应用程序，利用 Monitor 类的相关方法实现代码锁定。
代码如下：

```csharp
using System;
using System.Threading;
namespace ex11_9
{
    class Program
    {
        static int i = 0;
        static void Main(string[] args)
        {
            Thread.CurrentThread.Name = "主线程";
            Thread th = new Thread(new ThreadStart(Program.Output));
            th.Name = "子线程";
            th.Start();
            Program.Output();
        }
        static void Output()
        {
            for (; i < 10; i++)
            {
                Monitor.Enter(typeof(Program));
                try
                {
                    Console.WriteLine("线程：{0}，i 的值：{1}", Thread.CurrentThread.Name, i);
                }
                finally
                {
                    Monitor.Exit(typeof(Program));
```

```
            }
          }
        }
      }
    }
```

运行程序，结果如图 11-7 所示。

从结果可以看出，在控制台上输出 11 条记录，此时控制台上 i 的值是由主线程和子线程同时输出的。同理，现在程序使用监视器的方式锁住的是 Console.WriteLine("{0}",i);代码，并没有将 for 循环语句锁住。如果将上面的代码改成锁住 Output 方法的

图 11-7　例 11-9 的运行结果

for 循环语句，那么程序的运行结果就是主线程输出的所有记录了，当子线程进入的时候，变量 i 已经被主线程设置成 10 了，不满足 for 语句的判断条件，所以子线程没有输出记录。

使用 Monitor 只能监视对象（即引用类型）而不能监视值类型。如果监视的是值类型，需要将值类型进行装箱后变成引用类型，则也可以被 Monitor 进行监视。Enter 方法是在指定对象上设置对象锁。如果当前线程已经对该对象执行了对象锁（Enter），但尚未执行相应的释放对象锁操作（Exit），则其他线程也不能立刻执行，直到当前线程通过 Exit 方法释放该对象的对象锁之后，其他线程才能执行。

同一线程多次调用 Enter 方法设置对象锁是合法的，但是如果想要正确地释放多次的对象锁，则必须调用该线程相同数目的 Exit 方法释放对象锁才行。只有正确地释放了对象锁，其他线程才能继续使用该对象。所以在上面的代码中使用 try/finally 语句，在 finally 代码块中写入释放对象锁的代码，这样能够保证程序在执行时一定能正确地释放对象锁。

与 lock 相比，lock 的代码块（{}包含的代码部分）就相当于 Monitor 的 Enter()和 Exit()方法的一个封装，所以 lock 用法更简洁。但是，Monitor 能更好地控制同步块。因为，在 Monitor 的应用中，可以通过 Pusle()方法和 PulseAll()方法向一个或多个等待线程发送信号。该信号通知等待线程锁定对象的状态已更改，并且锁的所有者准备释放该锁，等待线程被放置在对象的就绪队列中以便可以最后接收对象锁。一旦线程拥有了锁，就可以检查对象的新状态，以查看是否达到所需状态。Wait()方法则释放对象上的锁以便允许其他线程锁定和访问该对象。在其他线程访问对象时，该调用线程将一直处理等待状态。

11.4.3　使用 Mutex 类

当两个或更多线程需要同时访问一个共享资源时，系统需要使用同步机制来确保一次只有一个线程使用该资源，Mutex 类是同步基元，它只向一个线程授予对共享资源的独占访问权，如果一个线程获取了互斥体，则要获取该互斥体的第二个线程将被挂起，直到第一个线程释放该互斥体。Mutex 类与监视器类似，它防止多个线程在某一时间同时执行某个代码块，而与监视器不同的是，Mutex 类可以用于跨进程的线程同步。

可以使用 WaitHandle.WaitOne 方法请求互斥体的所属权，用于互斥体的线程可以在对 WaitOne 方法的重复调用中请求相同的互斥体而不会阻止其执行，但线程必须调用同样多次数的 ReleaseMutex 方法以释放互斥体的所属权。Mutex 类强制线程标记，因此互斥体只能由获得它的线程释放。

当用于进程间同步时，Mutex 成为"命名 Mutex"，因为它将用于另一个应用程序，因此

它不能通过全局变量或静态变量共享，必须给它指定一个名称才能使两个应用程序访问同一个 Mutex 对象。

尽管 Mutex 可以用于进程内的线程同步，但是通常使用 Monitor，因为监视器是专门为.NET Framework 而设计的，因此它可以更好地利用资源，相比之下，Mutex 类是 Win32 构造的包装。尽管 Mutex 功能比监视器更强大，但是相对于 Monitor 类，它所需要的互操作转换更消耗计算资源。

使用 Mutex 类实现线程安全很简单。首先实例化一个 Mutex 类对象，它的构造函数中比较常用的是 public Mutex(bool initallyOwned)，其中参数 initallyOwned 指定了创建该对象的线程是否希望立即获得其所有权，当在一个资源得到保护的类中创建 Mutex 类对象时，常将该参数设置为 false。然后在需要单线程访问的地方调用其等待方法，等待方法请求 Mutex 对象的所有权。这时，如果该所有权被另一个线程所拥有，则阻塞请求线程，并且将放入等待队列中，请求线程将保持阻塞，直到 Mutex 对象收到了其所有者线程发出将其释放的信号为止，所有者线程在终止时释放 Mutex 对象，或者使用 releaseMutex 方法来释放 Mutex 对象。

【例 11-10】创建一个控制台应用程序，其中定义了一个 LockThread 方法，该方法中首先使用 Mutex 类对象的 WaitOne 方法阻止当前线程，然后调用 Mutex 类对象的 ReleaseMutex 方法释放 Mutex 对象，即释放当前的线程，最后在 Main 方法中通过 Program 的类对象调用 LockThread 自定义方法。

代码如下：

```
using System;
using System.Threading;
namespace ex11_10
{
    class Program
    {
        static void Main(string[] args)
        {
            Program myProgram = new Program();
            myProgram.LockThread();
        }
        void LockThread()
        {
            Mutex mx = new Mutex(false);      //创建 Mutex 对象
            mx.WaitOne();                     //阻止当前线程
            Console.WriteLine("锁定线程以同步");
            mx.ReleaseMutex();                //释放 Mutex 对象
        }
    }
}
```

习题 11

一、选择题

1. 在 C#中，通过调用 Thread 类的 Sleep(int x)方法设置禁止线程运行的时间，其中 x 代表（　　）。

　　A．禁止线程运行的微秒数　　　　　　B．禁止线程运行的毫秒数

C．禁止线程运行的秒数 D．禁止线程运行的 CPU 时间数

2．在.NET Framework 中，所有与多线程机制应用相关的类都放在（ ）命名空间中。

A．System.Data B．System.IO

C．System.Threading D．System.Reflection

3．线程类的 Priority 属性用来设置线程的优先级，其中（ ）是优先级中最低的。

A．AboveNormal B．Lowest C．Highest D．Normal

4．下列关于 Monitor 类的方法的说法中错误的是（ ）。

A．Enter 在指定对象上获取排他锁

B．Exit 释放指定对象上的排他锁

C．TryEnter 在指定的时间内尝试在指定对象上获取排他锁

D．Wait 等待时间获取排他锁

5．下列（ ）是 Thread 类的静态方法。

A．Sleep() B．Start() C．Abort() D．Resume()

6．下列可以实现线程同步的是（ ）。

A．lock 语句 B．wait C．delay D．halt

7．下列选项不属于多线程优缺点的是（ ）。

A．线程过多导致控制困难，将造成多个 bug

B．对共享资源的访问导致线程之间的竞用，从而互相影响

C．线程需要占用内存，线程越多占用内存越多

D．多线程需要耗费 CPU 时间去协调和管理，所以多线程会降低 CPU 的利用率

二、简答题

1．什么是进程？进程和线程有哪些区别？

2．什么是多线程应用程序？何时需要用到多线程？

3．多线程为什么需要同步技术？试比较线程同步中不同技术的特点。

三、编程题

1．利用线程池创建线程，完成 1～80 之间的偶数的输出。

2．利用线程模拟火车站售票系统，假设还剩下 60 张待出售的火车票，一共有 4 个售票窗口同时卖票，直到售完为止。

3．在 Visual Studio 2017 中新建一个控制台应用程序，创建一个线程，指定一个限定时间，线程运行时，大约每 4 秒输出一次当前所剩时间，直至给定的限定时间用完。

4．利用多线程完成一个模拟银行转账的操作，将一定数额的钱从 A 账户转入 B 账户，并且可以查询 A、B 两账户的余额。

5．创建一个控制台应用程序，其中创建了两个 Thread 线程类对象，并设置第一个 Thread 类对象的优先级为最低，然后调用 start 方法执行这两个线程。

6．编写一个程序模拟图书馆中的书籍借阅操作，有两个人几乎同时查阅某一本书是否还有，如果有，就将书的数量减 1，如果没有就输出"书籍已经全部借出"。试用两种线程同步的方法分别实现程序。

第 12 章　文件操作

【学习目标】

- 了解文件和 System.IO 的相关知识。
- 掌握 File 类和 FileInfo 类的使用。
- 掌握 Directory 类和 DirectoryInfo 类的使用。
- 掌握使用流对文件进行读写的基本方法。

12.1　文件和 System.IO 模型概述

文件是指保存在磁盘或其他存储介质上的数据的集合，它是进行数据读写操作的基本对象。在程序运行时，从文件中读取数据到内存中（称为读操作或输入操作），并把处理的结果保存到文件中（称为写操作或输出操作）。

12.1.1　文件类型

文件的分类标准很多，根据不同的分类方式，可以将文件分为不同的类型。

按文件的存取方式及结构，文件可以分为顺序文件和随机文件。

（1）顺序文件。

顺序存取文件简称顺序文件，它由若干文本行组成，并且常称为 ASCII 文件。每个文本行的结尾为一个回车字符（ASCII 码 13，称为行分界符），且文件结尾为 Ctrl+Z（ASCII 码 26）。顺序文件中的每个字符用一个字节来存储，并且可以用 Windows 记事本来创建、浏览和编辑。

顺序文件的优点是操作简单，缺点是无法任意取出某一个记录来修改，一定要将全部数据读入，在数据量很大时或只想修改某一条记录时，显得非常不方便。

（2）随机文件。

随机存取文件简称随机文件，它是以记录格式来存储数据的文件，它由多个记录组成，每个记录都有相同的大小和格式。随机文件像一个数据库，它由大小相同的记录组成，每个记录又由字段组成，在字段中存放着数据。

每个记录前都有记录号表示此记录开始。在读取文件时，只要给出记录号，就可迅速找到该记录，并将该记录读出；若对该记录作了修改，需要写到文件中时，也只要指出记录号即可，新记录将自动覆盖原来的记录。所以，随机文件的访问速度快，读、写、修改灵活方便，但由于在每个记录前增加了记录号，从而使其占用的存储空间增大。

按文件数据的组织格式，文件可分为 ASCII 文件和二进制文件。

（1）ASCII 文件。

ASCII 文件又被称为文本文件，在这种文件中，每个字符存放一个 ASCII 码，输出时每个字节代表一个字符，便于对字节进行逐个处理，但这种文件一般占用空间较大，并且转换时间较长。

（2）二进制文件。

二进制存取文件简称二进制文件，其中的数据均以二进制方式存储，存储的基本单位是字节。

在二进制文件中，能够存取任意所需要的字节，可以把文件指针移到文件的任意位置，因此这种存取方式最为灵活。

12.1.2　文件的属性

文件的属性用于描述文件本身的信息，主要包括以下几个方面：

（1）文件属性：文件属性有只读、隐藏和归档等类型。
（2）访问方式：文件的访问方式有读、读/写和写等类型。
（3）访问权限：文件的访问权限有读、写、追加数据等类型。
（4）共享权限：文件的共享权限有文件共享、文件不共享等类型。

12.1.3　文件访问方式与文件流

在 C#中可以通过.NET 的 System.IO 模型以流的方式对各种数据文件进行访问。作为一种特殊的数据，流是一串连续不断的数据的集合，它可以对一系列的通用对象进行操作，而不需要关心 I/O 操作是和本机的文件有关还是和网络中的数据有关。流是动态的和线性的，动态指数据的内容和时间相关，线性指每次流只能读取一个字符，而不能一次同时读取两个字符。

C#将文件看成是顺序的字节流，也称为文件流。文件流是字节序列的抽象概念，文件可以看成是存储在磁盘上的一系列二进制字节信息，C#用文件流对其进行输入/输出操作。文件流是程序中最常用的流，根据数据的传输方向可将其分为输入流和输出流。为了方便理解，可以把输入流和输出流比作两根"水管"，如图 12-1 所示。

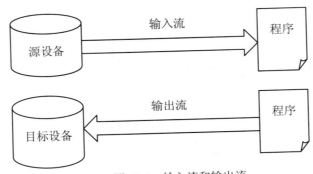

图 12-1　输入流和输出流

通过图 12-1 可以看出，输入流是一个输入通道，输出流就是一个输出通道，数据通过输入流从源设备输入到程序，通过输出流从程序输出到目标设备，从而实现数据的传输。由此可见，文件流中的输入/输出都是相对于程序而言的。

12.1.4　System.IO 模型

System.IO 模型提供了一个面向对象的方法来访问文件系统。System.IO 模型提供了很多针对文件、文件夹的操作功能，特别是以流（Stream）的方式对各种数据进行访问，这种访问方式不仅灵活，而且可以保证编程接口的统一。

System.IO 模型的实现包含在 System.IO 命名空间中，该命名空间中包含允许读写文件和数据流的类型，并提供基本文件和文件夹支持的各种类，也就是说，System.IO 模型是一个文件操作的类库，包含的类可用于文件的各种操作，包括创建、读/写、复制、移动和删除等，其中最常用的类如表 12-1 所示。

表 12-1 System.IO 命名空间的常用类

类名	说明
BinaryReader	用特定的编码将基元数据类型读作二进制值
BinaryWriter	以二进制形式将基元类型写入流，并支持用特定的编码写入字符串
BufferedStream	给另一个流上的读写操作添加一个缓冲层，无法继承此类
Directory	公开用于创建、移动和枚举目录和子目录的静态方法，无法继承此类
DirectoryInfo	公开用于创建、移动和枚举目录和子目录的实例方法，此类不能被继承
DriverInfo	提供有关驱动器的信息的访问
File	提供用于创建、复制、删除、移动和打开文件的静态方法，并协助创建 FileStream 对象
FileInfo	提供用于创建、复制、删除、移动和打开文件的属性和实例方法，并且帮助创建 FileStream 对象，此类不能被继承
FileStream	公开以文件为主的 Stream，既支持同步读写操作，又支持异步读写操作
FileSystemInfo	为 FileInfo 和 DirectoryInfo 对象提供基类
Path	对包含文件或目录路径信息的 String 实例执行操作，这些操作以跨平台的方式执行
Stream	提供字节序列的一般视图
StreamReader	实现一个 TextReader，使其以一种特定的编码从字节流中读取字符
StreamWriter	实现一个 TextWriter，使其以一种特定的编码向流中写入字符
StringReader	实现从字符串进行读取的 TextReader
StringWriter	实现一个用于将信息写入字符串的 TextWriter，该信息存储在基础 StringBuilder 中
TextReader	表示可读取连续字符系列的读取器
TextWriter	表示可以编写一个有序字符系列的编写器，该类为抽象类

12.2 对文件进行操作

前面讲解了流可以对文件的内容进行读写操作，而在应用程序中还可能会对文件自身进行一些操作，例如创建、删除或者重命名某个文件，判断磁盘上某个文件是否存在等。针对这些操作，C#中提供了 File 类和 FileInfo 类，下面将对这两个类进行详细介绍。

12.2.1 File 类

File 类是一个静态类，它提供了许多静态方法，用于处理文件，使用这些方法可以对文件进行创建、移动、查询和删除等操作。表 12-2 列出了 File 类的一些常用静态方法。

表 12-2 File 类的常用方法

方法	说明
Create(String)	在指定路径中创建或覆盖文件
Delete(String)	删除指定的文件，如果指定的文件不存在，则引发异常
Exists(String)	判断指定文件是否存在，若存在则返回 ture，否则返回 false
Move(String, String)	将指定的文件移到新位置，可以在新位置为文件指定不同的文件名
Open(String, FileMode)	打开指定路径上的文件并返回 FileStream 对象
Copy(String, String)	将现有的文件复制到新文件，可以指定是否允许覆盖同名的文件
OpenRead(String,String)	打开现有文件以进行读取

【例 12-1】File 类使用示例。

代码如下：

```
using System;
using System.IO;                //引用 System.IO 命名空间
namespace ex12_1
{
    class Program
    {
        static void Main(string[] args)
        {
            File.Create("Test.txt");
            Console.WriteLine("文件创建成功");
            if(File.Exists("Test.txt"))
                Console.WriteLine("Test.txt 文件已存在");
            else
                Console.WriteLine("Test.txt 文件不存在");
        }
    }
}
```

运行程序，结果如图 12-2 所示。

图 12-2 例 12-1 的运行结果

在上例中，使用 File 类实现了对文件进行创建和判断是否存在的功能。其中，在程序第 5 行添加了 System.IO 命名空间的引用，使用 File 类的 Create()方法创建 Test.txt 文件，使用 File 类的 Exists()方法判断文件 Test.txt 是否存在，如果存在就输出"Test.txt 文件已存在"，否则输出"Test.txt 文件不存在"。

需要了解的是本程序在创建文件时使用的是相对路径。相对路径是指当前文件相对于其他文件（或文件夹）的路径关系。例如，在路径 D:\test\a\b\下有程序文件 a.cs 和文本文件 b.txt，那么相对于 a.cs 文件来说，b.txt 就是在同一文件目录下，那么在 a.cs 中使用文件 b.txt 时直接写文件名即可。相对路径使用符号"/"表示，其中"./"表示上一级目录，"../"表示当前文件的根目录。除了相对路径外，还有绝对路径。绝对路径是指文件在磁盘上的完整路径，例如在程序文件 a.cs 中使用 b.txt 的绝对路径就需要写成 D:\Test\a\b\b.txt。在程序中使用绝对路径需要注意路径的位置，当该位置发生变化时可能会导致异常。

12.2.2　FileInfo 类

FileInfo 类和 File 类有些类似，都可以实现对文件的创建、删除、移动和打开等操作。不同的是 FileInfo 类是实例类，所有的方法都只能在实例化对象之后才能调用。因此如果要在对象上进行单一方法调用，也就是只执行一个操作，那么使用静态的 File 类，在这种情况下静态调用的速度要更快一些，因为.NET 框架不必执行实例化新对象并调用其方法的过程。如果要多次重用某个对象，也就是在文件上执行几个操作，则实例化 FileInfo 对象使用其方法更好一些。这样会提高效率，因为对象将在文件系统上引用正确的文件，而静态类就必须每次都寻找文件。

FileInfo 类除了许多与 File 类相类似的方法外，还有自己所特有的属性，如表 12-3 所示。

表 12-3　FileInfo 类的常用属性

属性	说明
Directory	获取父目录的实例
DirectoryName	获取表示目录的完整路径的字符串
Exists	获取表示文件是否存在的值
Extension	获取表示文件扩展名部分的字符串
FullName	获取目录或文件的完整路径
IsReadOnly	判断文件是否是只读的
Length	获取文件的大小（以字节为单位）
Name	获取文件名
CreationTime	获取或设置当前文件的创建时间
LastWriteTime	获取或设置上次写入当前文件的时间
LastAccessTime	获取或设置上次访问当前文件的时间

【例 12-2】FileInfo 类使用示例。

代码如下：

```
using System;
using System.IO;
namespace ex12_2
{
    class Program
    {
        static void Main(string[] args)
        {
            FileInfo fi = new FileInfo("C:\\test.txt");
```

```
        fi.Create();   //创建文件
        Console.WriteLine("文件创建成功");
        if (fi.Exists)
        {
            Console.WriteLine("test.txt 文件存在");
        }
        else
            Console.WriteLine("test.txt 文件不存在");
        Console.WriteLine("文件当前目录为：" + fi.Directory);
        Console.WriteLine("文件是否为只读：" + fi.IsReadOnly);
        Console.WriteLine("文件大小" + fi.Length);
        }
    }
}
```

运行程序，结果如图 12-3 所示。

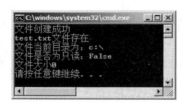

图 12-3   例 12-2 的运行结果

在上例中可以看到，使用 FileInfo 类进行文件操作必须先创建一个 FileInfo 类型的对象，然后通过该对象去调用相应的方法或属性。创建 FileInfo 类的对象时必须传递一个文件路径作为参数，上例中的 C:\\test.txt 即为文件路径，表示在 C 盘根目录下的 test.txt 文件。通过前面的学习可知符号 "\" 是一个转义字符，在程序中要表示一个 "\" 就需要使用 "\\"，在 C#中为了简化这种表示，在路径中可以使用 "@" 符号来表示不接卸转义字符，如果没有 "@" 前缀就需要用 "\\" 替代 "\"。例如，示例中创建 FileInfo 类对象的代码也可写成：

        FileInfo fi = new FileInfo(@"C:\test.txt");

上例中对文件存在的判断使用的是 FileInfo 类的属性 Exists，而在 File 类中是 Exists 方法。除此之外 FileInfo 类还有其他的特有属性，如程序中用 fi 对象的 Directory 属性、IsReadOnly 属性和 Length 属性输出当前文件的路径、是否只读和文件大小。从这些可以看出 FileInfo 类和 File 类的具体用法还是有很多不同的，需要在后面的学习中不断总结。

12.3   对文件夹进行操作

在程序开发中，不仅需要对文件进行操作，而且还需要对文件目录进行操作。例如创建目录、删除目录等，为此 C#提供了 Directory 类和 DirectoryInfo 类，下面将对这两个类进行详细介绍。

12.3.1 Directory 类

Directory 类是静态类，提供了许多静态方法用于对目录进行管理，通过这些方法可以实现对目录及其子目录的创建、删除、移动、浏览等操作，甚至可以定义隐藏目录或只读目录。

表 12-4 列出了 Directory 类的部分常用方法。

表 12-4　Directory 类的常用方法

方法	说明
CreateDirectory(String)	创建指定路径的所有目录和子目录
Delete(String)	删除指定路径的空目录
Exists(String)	判断指定路径是否存在
GetDirectories()	获取指定目录及子目录的名称
GetFiles()	获取指定目录中文件的名称
Move(String, String)	将文件或目录及其文件移到新位置

【例 12-3】Directory 类使用示例。

代码如下：

```
using System;
using System.IO;
namespace ex12_3
{
    class Program
    {
        static void Main(string[] args)
        {
            Directory.CreateDirectory(@"C:\test\a\b\");         //创建多级目录
            if (Directory.Exists(@"C:\test\a\b\"))
                Console.WriteLine("文件夹创建成功");
            else
                Console.WriteLine("文件夹创建失败");
            Directory.Move(@"C:\test\a\b", @"C:\test2\");       //移动文件夹
            if (Directory.Exists(@"C:\test2"))
                Console.WriteLine("文件夹移动成功");
            else
                Console.WriteLine("文件夹移动失败");
            Directory.Delete(@"C:\test2");    //删除文件夹
            Console.WriteLine("删除成功");
        }
    }
}
```

运行程序，结果如图 12-4 所示。

图 12-4　例 12-3 的运行结果

在上例中，通过 Directory 类实现了文件夹的创建、文件夹的移动、目录是否存在的判断和文件夹的删除等功能。

12.3.2　DirectoryInfo 类

DirectoryInfo 类的功能与 Directory 类相似，都可以实现对目录及其子目录的创建、删除、移动和浏览等操作。不同的是 DirectoryInfo 类是实例类，所有的方法都只能在实例化对象之后才能调用。因此如果只执行一个操作，那么使用 Directory 方法的效率可能要比使用相应的 DirectoryInfo 实例方法更高；如果要多次重用某个对象，可以考虑使用 DirectoryInfo 实例方法。

DirectoryInfo 类除了有许多与 Directory 类相类似的方法外，还有自己所特有的属性，如表 12-5 所示。

表 12-5　DirectoryInfo 类的常用属性

属性	说明
Parent	获取指定子目录的父目录
Name	获取此 DirectoryInfo 实例的名称
Exists	判断指定目录是否存在的值
Root	获取路径的根目录
FullName	获取目录的名称及完整路径

【例 12-4】DirectoryInfo 类使用示例。

代码如下：

```
using System;
using System.IO;
namespace ex12_4
{
    class Program
    {
        static void Main(string[] args)
        {
            string path = @"D:\C#_example\ex12-4\ex12-4\test";
            DirectoryInfo di = new DirectoryInfo(path);              //创建文件夹
            di.Create();
            if (di.Exists)
            {
                Console.WriteLine("文件夹创建成功");
            }
            else
            {
                Console.WriteLine("文件夹创建失败");
            }
            Console.WriteLine("当前目录名称" + di.Name);
            Console.WriteLine("父目录名称" + di.Parent);
            Console.WriteLine("根目录名称" + di.Root);
            string path1 = @"D:\C#_example\ex12-4\ex12-4\bin\Debug";
            DirectoryInfo di1 = new DirectoryInfo(path1);
            FileInfo[] files1 = di1.GetFiles();                      //遍历目录下的所有文件
            foreach(var f1 in files1)
```

```
            {
                Console.WriteLine("文件名称： " + f1.Name);
            }
        }
    }
}
```

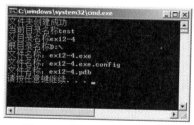

图 12-5　例 12-4 的运行结果

运行程序，结果如图 12-5 所示。

在上例中，通过 DirectoryInfo 类的对象实现了对文件夹的创建、判断文件夹是否存在、对文件夹中的文件进行遍历等功能。其中，程序中的 path 和 path1 字符串是当前操作文件夹的路径，通过路径可以创建对应的 DirectoryInfo 对象 di 和 di1，接下来通过对象 di 调用方法 Create() 来创建文件夹，通过属性 Exists 来判断文件夹是否存在，通过 di 的属性 Name、Parent 和 Root 可以获取当前目录的名称、父目录名称和根目录名称。通过对象 di1 的 GetFiles() 方法可以获取相应目录下的所有文件名称，并利用 foreach 遍历输出。

12.4　使用流对文件进行读写

不同的流可能有不同的存储介质，比如磁盘、内存等。.NET 类库中定义了一个抽象类 Stream，表示对所有流的抽象，而每种具体的存储介质都可以通过 Stream 的派生类来实现自己流的操作。其中 FileStream 表示的就是文件流，它按照字节方式对文件进行读写。这种方式是面向结构的，控制能力较强，但使用起来稍显麻烦。

此外，System.IO 命名空间中提供了不同的读写器来对流中的数据进行操作，这些类通常成对出现，一个用于读，一个用于写。例如，TextReader 和 TextWriter 以文本方式（即 ASCII 方式）对流进行读写，而 BinaryReader 和 BinaryWriter 采用的则是二进制方式。TextReader 和 TextWriter 也都是抽象类，它们各有两个派生类：StreamReader 和 StringReader，StreamWriter 和 StringWriter。

12.4.1　FileStream 类

FileStream 类表示在磁盘或网络路径上指向文件的流，并提供了在文件中读写字节和字节数组的方法。通过这些方法，FileStream 对象可以读取诸如图像、声音、视频、文本文件等，也就是说 FileStream 类能够处理各种数据文件。

文件流 FileStream 支持同步和异步文件读写，它还可以使用输入输出缓冲以提高性能。

FileStream 类提供了多达 14 个构造函数，从而支持以多种方式构造 FileStream 对象，并在构造时指定文件流的多个属性。FileStream 类的常用属性如表 12-6 所示，常用方法如表 12-7 所示。不过，其中的一些构造函数是为了兼容旧版本的程序而保留的，最常用的是带有 3 个参数的构造函数，具体如下：

```
        FileStream(string path, FileMode mode , FileAccess access);
```

上述构造函数中，第一个参数 path 表示的是文件的路径名；第二个参数 mode 表示如何打开或创建文件，FileMode 常数的说明如表 12-8 所示；第三个参数 access 用于确定 FileStream

对象访问文件的方式，此参数可选，默认访问方式为 FileAccess.ReadWrite。

表 12-6　FileStream 类的常用属性

属性	说明
CanRead	获取一个值，指示当前流是否支持读取
CanSeek	获取一个值，指示当前流是否支持查找
CanTimeOut	获取一个值，确定当前流是否可以超时
CanWriter	获取一个值，指示当前流是否可以写入
Handle	获取当前 FileStream 对象所封装文件的操作系统文件句柄
IsAsync	获取一个值，指示 FileStream 是异步还是同步打开的
Length	获取用字节表示的流长度
Name	获取传递各构造函数的 FileStream 的名字
Position	获取或设置此流的当前位置
ReadTimeOut	获取或设置一个值，确定流在超时前尝试读取多长时间
SafeFileHandle	获取一个 SafeFileHandle 对象，该对象表示当前 FileStream 对象所封装文件的操作系统文件句柄
WriteTimeOut	获取或设置一个值，确定流在超时前尝试写入多长时间

表 12-7　FileStream 类的常用方法

方法	说明
ReadByte()	从文件中读取一个字节，并将读取位置提升一个字节
Flush()	清除此流的缓冲区，使得所有缓冲的数据都写入到文件中
WriteByte(Byte)	将一个字节写入文件流的当前位置
Write(Byte[], Int32, Int32)	从缓冲区读取数据并将字节块写入该流
Read(Byte[], Int32, Int32)	从流中读取字节块并将该数据写入给定的缓冲区中
Seek(Int64, SeekOrigin)	将该流的当前位置设置为给定值
void close()	关闭当前流并释放与之关联的所有资源

表 12-8　FileMode 常数

成员名称	说明
Append	打开现有文件并查找到文件尾或创建新文件。FileMode.Append 只能同 FileAccess.Write 一起使用
Create	指定操作系统应创建新文件。如果文件已存在，它将被改写；如果文件不存在，则使用 CreateNew，否则使用 Truncate
CreateNew	指定操作系统创建新文件
Open	指定操作系统打开现有文件
OpenOrCreate	指定操作系统打开文件（文件存在），否则创建新文件
Truncate	指定操作系统应打开现有文件。文件一旦打开，就将被截断为零字节大小

【例 12-5】使用 FileStream 类读取文件。

代码如下：

```
using System;
using System.IO;
namespace ex12_5
{
    class Program
    {
        static void Main(string[] args)
        {
            byte[] byteData = new byte[1024];
            char[] charData = new char[1024];
            using (FileStream fs = new FileStream("Data.txt", FileMode.Open))
            {
                fs.Seek(0, SeekOrigin.Begin);            //设置当前流的位置
                fs.Read(byteData, 0, 1024);              //从流中读取字节块到 byteData 数组中
            }
            //将字节数组和内部缓冲区中的字节解码为字符数组
            Decoder d = Encoding.Default.GetDecoder();
            d.GetChars(byteData, 0, byteData.Length, charData, 0);
            Console.WriteLine(charData);                 //输出解码后的字符串
        }
    }
}
```

运行程序，结果如图 12-6 所示。在上例中，由于 FileStream 类提供的方法操作的都是字节数据，因此首先定义了一个字节数组和一个字符数组，便于将字节数据转换成字符数据。在第 11 行代码处使用了 using 关键字将当前文件流对象使用完毕后释放资源，因为在使用文件对象时，有可能存在文件并发的问题，当一个程序或进程正在使用文件时，对文件进行的读写、移动等操作都有可能会失败，因此需要关闭文件释放资源，除了使用上面的方法外，也可以使用 Close()方法来实现流对象的关闭。

图 12-6　例 12-5 的运行结果

程序中 Seek()方法用来移动文件指针，例中 fs.Seek(0, SeekOrigin.Begin)表示将文件指针设置到文件的起始位置。接下来调用 Read()方法读取了 1024 个字节的数据到字节数组中，然后使用 Decoder 类将字节数组转换成字符数组，最后将得到的字符数组输出。

FileStream 类向文件中写入数据的过程和读取数据的过程非常相似，不同的是读取数据时使

用的是 Read()方法，而写入数据时使用的是 Write()方法。下面通过一个例子来实现读写操作。

【例 12-6】使用 FileStream 类实现文件的复制。

分析：假设当前目录下有文件 a.txt，要将 a.txt 中的内容复制到当前目录下的文件 b.txt 中。

代码如下：

```csharp
using System;
using System.IO;
namespace ex12_6
{
    class Program
    {
        static void Main(string[] args)
        {
            using(FileStream fs1 = new FileStream("a.txt", FileMode.Open))
            {
                using (FileStream fs2 = new FileStream("b.txt",FileMode.Create))
                {
                    byte[] buff = new byte[1024];          //创建缓冲区
                    while(true)                            //循环读取
                    {
                        int i = fs1.Read(buff, 0, buff.Length);
                        if (i <= 0)
                            break;
                        fs2.Write(buff, 0, buff.Length);   //写入文件
                    }
                }
            }
            Console.WriteLine("文件复制完毕！");
        }
    }
}
```

程序运行成功后，可以看到当前目录下有了 b.txt 文件，打开对比，结果如图 12-7 所示。

图 12-7　例 12-6 的运行结果

12.4.2　StreamWriter 类和 StreamReader 类

前面介绍的 FileStream 类只能通过字节或字节数组的方式进行文件操作，当处理文本文件时还需要在字节与字节数组之间进行转换，致使程序显得过于烦琐。为此，C#专门提供了 StreamReader 类和 StreamWriter 类用于处理文本文件。这两个类都是以字节流为操作对象，并支持不同的编码格式。StreamReader 和 StreamWriter 通常成对使用，它们的构造函数也有多种重载形式。可以通过指定文件名或指定另一个流对象来创建读写器对象。如有必要，还可以指定文本的字符编码和缓冲区大小。

1. StreamWriter 类

StreamWriter 类用来实现在一个顺序文件中写入数据，并且该类以一种特定的编码向字节流中写入字符。它实际上也是先转换成 FileStream 对象，然后使用 StreamWriter 类中的方法将数据复制到一个临时的存储位置，最后调用 Close()方法将数据从临时的存储位置传输到文件中并释放使用过的系统资源。

StreamWriter 类的常用构造函数如下：

- StreamWriter(Stream)：用默认编码 UTF-8 及默认缓冲区大小为指定的流初始化 StreamWriter 类的一个实例。
- treamWriter(String)：使用默认编码及默认缓冲区大小为指定路径上的指定文件初始化 StreamWriter 类的一个实例。
- StreamWriter(Stream,Encoding)：使用指定编码及默认缓冲区大小为指定的流初始化 StreamWriter 类的一个实例。
- StreamWriter(String,Boolean)：使用默认编码及默认缓冲区大小为指定路径上的指定文件初始化 StreamWriter 类的一个实例。若文件存在，则文件被改写或将数据追加到该文件中；若文件不存在，则创建新文件。

StreamWriter 类的常用属性和方法如表 12-9 所示。

表 12-9　StreamWriter 类的常用属性和方法

属性/方法	说明
Encoding	获取将输出写入到其中的 System.Text.Encoding
FormatProvider	获取控制格式设置的对象
NewLine	获取或设置由当前 TextWriter 使用的行结束符字符串
Close()	关闭当前的 StreamWriter 对象和基础流
Write()	写入流
WriteLine()	写入重载参数指定的某些数据，后跟行结束符
Flush()	清理当前编写器的所有缓冲区，并使所有缓冲数据写入基础流

下面通过具体实例来说明 StreamWriter 类的用法。

【例 12-7】使用 StreamWriter 类向文件中写入数据。

代码如下：

```
using System;
using System.IO;
namespace ex12_7
{
    class Program
    {
        static void Main(string[] args)
        {
            FileStream fs=new FileStream(@"C:\test.txt", FileMode.Create,
            FileAccess.ReadWrite);
            StreamWriter sw = new StreamWriter(fs);
            sw.WriteLine(25);          //写入整数
```

```
            sw.WriteLine(0.5f);              //写入单精度浮点数
            sw.WriteLine(3.1415926);         //写入双精度浮点数
            sw.WriteLine('A');               //写入字符
            sw.WriteLine("欢迎来到 C#世界！ ");     //写入字符串
            sw.Close();
            fs.Close();
        }
    }
}
```

运行程序，结果如图 12-8 所示。

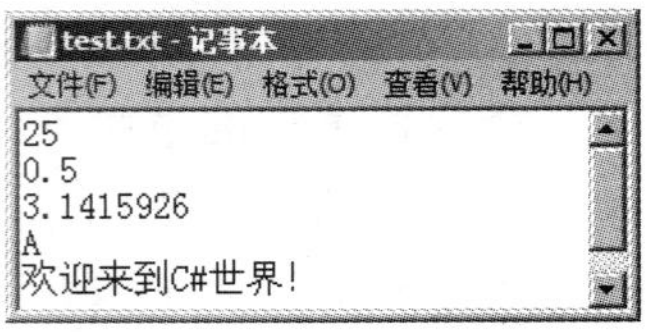

从程序运行结果来看，文件中成功写入了各种类型的数据。

图 12-8　例 12-7 的运行结果

程序中，首先建立了一个 FileStream 类对象，然后构建 StreamWriter 类的对象 sw，直接操作 sw 对象，实现文件内容的写入，可以看到在写入内容时对于各种类型的数据都会自动转换为字符串操作，这样对于程序员来说减轻了工作的负担。

在上例中，如果想在文件存在内容的情况下添加内容，则会将内容覆盖。为此，StreamWriter 类还提供了另外一个构造方法，用于对文件内容进行追加操作。例如，在上例中将 StreamWriter 类的构建方法改为如下形式即可：

```
            StreamWriter sw = new StreamWriter(@"C:\test.txt", true);
```

注意：这个构造函数中第一参数一定要是文件的路径，而不能是 FileStream 类的对象。

2. StreamReader 类

StreamReader 类用来实现读取一个顺序文件，该类以一种特定的编码从字节流中读取字符。同 StreamWriter 类一样，StreamReader 类也是对 FileStream 流进行封装，然后调用 StreamReader 类的方法读取数据，完成后调用 StreamReader 类的 Close()方法关闭流。

StreamReader 类的常用构造函数如下：

- StreamReader(Stream)：为指定的流初始化 StreamReader 类的一个实例。
- StreamReader(String)：为指定的文件名初始化 StreamReader 类的一个实例。
- StreamReader(Stream,Encoding)：用指定的字符编码为指定的流初始化 StreamReader 类的一个实例。
- StreamReader(String,Encoding)：用指定的字符编码为指定的文件名初始化 StreamReader 类的一个实例。

StreamReader 类的常用方法如表 12-10 所示。

表 12-10　StreamReader 类的常用方法

方法	说明
Close()	关闭 StreamReader 对象和基础流
Peek()	返回下一个可用的字符，但不使用它
Read()	读取输入流中的下一个字符或下一组字符
ReadBlock(Char[], Int32, Int32)	从当前流中读取最大 count 的字符并从 index 开始将其写入缓冲区
ReadLine()	从当前流中读取一行字符并将数据作为字符串返回
ReadToEnd()	将整个流或从流的当前位置到流的结尾作为字符串读取

下面通过具体实例说明 StreamReader 类的使用。

【例 12-8】使用 StreamReader 类从文件中读出数据。

代码如下：

```
using System;
using System.IO;
namespace ex12_8
{
    class Program
    {
        static void Main(string[] args)
        {
            string buff = "";
            StreamReader sr = new StreamReader(@"C:\test.txt");
            while (sr.Peek() > -1)
            {
                buff = sr.ReadLine();
                Console.WriteLine(buff);
            }
            sr.Close();
        }
    }
}
```

图 12-9　例 12-8 的运行结果

运行程序，结果如图 12-9 所示。

在上例中，使用对象 sr 读取 C 盘根目录下的 test.txt 文件，并将读取到的文件输出到控制台。在读取文件的过程中利用 Peek() 方法判断文件是否读取完毕，若没有则每次读取一行输出，否则结束，最后关闭当前流。

前面介绍了 StreamWriter 类和 StreamReader 类的基本用法，为了更好地学习和掌握这两个类，下面给出一个读写的综合实例。

【例 12-9】设计一个窗体，用于将一个文本框中的数据写入到 C:\test.txt 文件中，并在另一个文本框中显示这些数据。

分析：在项目中添加一个窗体 Form1，该窗体设计效果如图 12-10 所示。其中有 2 个文本框（textBox1 和 textBox2，它们的 MultiLine 属性均设置为 true）和 2 个命令按钮（button1 和 button2）。

代码如下：

```
using System;
using System.IO;
using System.Windows.Forms;
namespace ex12_9
{
    public partial class Form1 : Form
    {
        string path = @"C:\test.txt";          //确定操作文件路径
        public Form1()
        {
            InitializeComponent();
        }
```

```
private void button1_Click(object sender, EventArgs e)
{
    FileStream fs = File.Open(path,FileMode.Create);
    StreamWriter sw = new StreamWriter(fs);
    sw.WriteLine(textBox1.Text);
    sw.Close();
    fs.Close();
    button2.Enabled = true;
}
private void button2_Click(object sender, EventArgs e)
{
    string buff = "";
    FileStream fs = File.OpenRead(path);
    StreamReader sr = new StreamReader(fs);
    while (sr.Peek() > -1)
        buff = buff + sr.ReadLine() + "\r\n";
    sr.Close();
    fs.Close();
    textBox2.Text = buff;
}
private void Form1_Load(object sender, EventArgs e)
{
    textBox1.Text = "";
    textBox2.Text = "";
    button1.Enabled = true;
    button2.Enabled = false;
}
}
}
```

运行本窗体,在 textBox1 文本框中输入几行数据,单击"写入数据"命令按钮将它们写入指定文件中,单击"读出数据"命令按钮从该文件中读出数据并在文本框 textBox2 中输出,运行效果如图 12-11 所示。

图 12-10　窗体设计效果

图 12-11　窗体运行效果

在 C#的类库中还有两个类 StringWriter 类和 StringReader 类。这两个类同样是以文本方式对流进行 IO 操作,其读写方法与 StreamWriter 类和 StreamReader 类类似,只是它们以字符串为操作对象,功能相对简单,而且只支持默认的编码方式。

12.4.3　BinaryWriter 类和 BinaryReader 类

二进制文件的读写操作是通过 BinaryReader 类和 BinaryWriter 类来实现的。

1. BinaryWriter 类

BinaryWriter 类以二进制形式将基元类型写入流，并支持用特定的编码写入字符串，数据写入过程与 StreamWriter 类相似，只是数据格式不同。

BinaryWriter 类的常用构造函数如下：

- BinaryWriter()：初始化向流中写入的 BinaryWriter 类的新实例。
- BinaryWriter(Stream)：基于所提供的流，用 UTF-8 作为字符串编码来初始化 BinaryWriter 类的新实例。
- BinaryWriter(Stream,Encoding)：基于所提供的流和特定的字符编码初始化 BinaryWriter 类的新实例。

BinaryWriter 类的常用方法如表 12-11 所示。

表 12-11 BinaryWriter 类的常用方法

方法	说明
Close()	关闭当前的 BinaryWriter 和基础流
Seek()	设置当前流中的位置
Write()	将值写入当前流

下面通过一个例子来说明 BinaryWriter 类的使用。

【例 12-10】使用 BinaryWriter 类向文件中写入数据。

代码如下：

```
using System;
using System.IO;
namespace ex12_10
{
    class Program
    {
        static void Main(string[] args)
        {
            string path = @"C:\test.dat";
            FileStream fs = new FileStream(path, FileMode.Create);
            using (BinaryWriter bw = new BinaryWriter(fs))
            {
                bw.Write(3.14F);
                bw.Write('A');
                bw.Write("Hello World!");
                bw.Write(10);
                bw.Write(true);
                bw.Write("我爱 C#!");
            }
        }
    }
}
```

图 12-12 test.dat 文件内容

运行程序，结果如图 12-12 所示。

上例中，通过 BinaryWriter 类的 Write()方法向文件中写入了各种类型的数据，打开生成的

test.dat 文件，从它的内容可以看出它是一个二进制文件。

2. BinaryReader 类

BinaryReader 类用特定的编码将基元数据类型读作二进制值，数据读取过程与 StreamReader 类相似，只是数据格式不同。

BinaryReader 类的常用构造函数如下：

- BinaryReader(Stream)：基于所提供的流，用 UTF-8 编码初始化 BinaryReader 类的新实例。
- BinaryReader(Stream,Encoding)：基于所提供的流和特定的编码初始化 BinaryReader 类的新实例。

BinaryReader 类的常用方法如表 12-12 所示。

表 12-12　BinaryReader 类的常用方法

方法	说明
Close()	关闭当前阅读器及基础流
PeekChar()	返回下一个可用的字符，并且不提升字节或字符的位置
Read()	从基础流中读取字符，并提升流的当前位置
ReadBoolean()	从当前流中读取 Boolean 值，并使该流的当前位置提升 1 个字节
ReadByte()	从当前流中读取下一个字节，并使流的当前位置提升 1 个字节
ReadBytes(Int32)	从当前流中读取 count 个字节，并使流的当前位置提升 count 个字节
ReadChar()	从当前流中读取下一个字符，并根据所使用的 Encoding 和从流中读取的特定字符提升当前位置
ReadChars(Int32)	从当前流中读取 count 个字符，以字符数组的形式返回数据，并根据所使用的 Encoding 和从流中读取的特定字符提升当前位置
ReadDecimal()	从当前流中读取十进制数值，并将该流的当前位置提升 16 个字节
ReadDouble()	从当前流中读取 8 个字节浮点值，并使流的当前位置提升 8 个字节
ReadSByte()	从当前流中读取一个有符号字节，并使流的当前位置提升 1 个字节
ReadSingle()	从当前流中读取 4 个字节浮点值，并使流的当前位置提升 4 个字节
ReadString()	从当前流中读取一个字符串，字符串有长度前缀，每 7 位被编码为一个整数

下面通过一个例子来说明 BinaryReader 类的使用。

【例 12-11】使用 BinaryReader 类从上例文件中读出数据。

代码如下：

```
using System;
using System.IO;
namespace ex12_11
{
    class Program
    {
        static void Main(string[] args)
        {
```

```
        float pi;
        char ch;
        string hello,str;
        int i;
        bool bl;
        string path = @"C:\test.dat";
        FileStream fs = File.OpenRead(path);
        using (BinaryReader br = new BinaryReader(fs))
        {
            pi = br.ReadSingle();
            ch = br.ReadChar();
            hello = br.ReadString();
            i = br.ReadInt32();
            bl = br.ReadBoolean();
            str = br.ReadString();
        }
        Console.WriteLine("pi = " + pi);
        Console.WriteLine("ch = " + ch);
        Console.WriteLine("hello = " + hello);
        Console.WriteLine("i = " + i);
        Console.WriteLine("bl = " + bl);
        Console.WriteLine("str = " + str);
    }
  }
}
```

运行程序，结果如图 12-13 所示。

从上例可以看到，BinaryReader 类对于数据的读取方式与
StreamReader 类相似，所不同的是对于每一个需要读取的数据
都必须精确了解其数据长度，这样才能对文件指针进行定位，
否则会导致数据读取的错位。

图 12-13　例 12-11 的运行结果

习题 12

一、选择题

1．在 C#中，使用文件流操作类需要单独引入的命名空间是（　　　）。

    A．System.IO　　　　B．System.Text　　　C．System　　　　　D．System.Linq

2．以下选项中，（　　　）是 FileStream 的父类。

    A．File　　　　　　　B．FileInfo　　　　　C．Stream　　　　　D．System

3．以下关于 Directory 类的描述中正确的是（　　　）。

    A．Directory 类主要用于对目录进行操作

    B．Directory 类是一个静态类

    C．Directory 类主要用于文件读写操作

    D．Directory 类中的 Exists(string path)用于判断路径是否存在

4．读取图形文件时，应使用（　　　）类的对象。

A．TextReader B．XmlTextReader
C．StreamReader D．BinaryReader

5．以下方法中，（ ）属于 FileStream 类的方法。
A．Read() B．Flush() C．Close() D．Open()

6．下列类中，（ ）可以用来读取文件中的内容。
A．File B．FileInfo C．BinaryReader D．TextWriter

7．下列关于文件创建的方法中，不正确的是（ ）。
A．利用 File 类的 Create 方法可以创建文件
B．利用 FileInfo 类的 Create 方法可以创建文件
C．利用 FileStream 类的构造方法可以创建文件
D．利用 FileSystemInfo 类的 Create 方法可以创建文件

8．Path 类中获取绝对路径的方法是（ ）。
A．GetTemPath B．GetFullPath C．GetFileName D．GetDirectoryName

9．下列类中，（ ）不能用于文件的写入。
A．File B．Stream C．BinaryWriter D．TextWriter

10．FileInfo 类的（ ）实例方法用于获取目录或文件的完整路径。
A．Attributes B．Directory C．Name D．FullName

11．下列不属于文件访问方式的是（ ）。
A．只读 B．只写 C．读/写 D．不读不写

二、填空题

1．在 C#中，按照流传输方向的不同，可分为_____和_____。
2．在 File 类中，可以将现有文件拷贝到新文件的是_____方法。
3．用于对目录操作的静态类是_____，用于对目录操作的非静态类是_____。
4．FileStream 类的构造函数中_____参数是控制文件读写权限的。
5．在 C#中，通过字节或字节数组的形式对文件进行操作的类是_____。

三、简答题

1．简述文件和流的区别和联系。
2．简述 System.IO 模型的作用。
3．简述 StreamReader 类和 StreamWriter 类的作用。
4．简述 File 类和 FileInfo 类的作用及区别。

四、编程题

1．编写一个程序，从键盘接收学生的姓名和学号，并写入文本文件中。
2．编写一个程序，从二进制文件中读取数据并以文本方式写入到另一个文件中。
3．编写一个程序，复制目录下所有的文件夹到另一个文件夹下。
4．编写一个程序，如果 E:\myfile.txt 文件存在，则将里面的内容取出来；如果不存在，则显示"没有此文件"。

第 13 章　ADO.NET 数据访问技术

【学习目标】

- 掌握 ADO.NET 的基本概念。
- 掌握 ADO.NET 对象模型和数据对象。
- 掌握使用 ADO.NET 访问数据库。
- 掌握常用的数据绑定控件。

13.1　ADO.NET 概述

ADO.NET 是一组向.NET 程序员公开数据访问服务的类，它为创建分布式数据共享应用程序提供了一组丰富的组件。ADO.NET 提供了对 Microsoft SQL Server、Oracle、Microsoft Access 等数据源以及通过 OLE DB 和 XML 公开的数据源的一致访问。数据客户端应用程序可以使用 ADO.NET 来连接到这些数据源，利用 ADO.NET 提供的接口查询、添加、删除和更新数据库中的数据。

13.1.1　ADO.NET 简介

ADO.NET 是新一代的数据访问技术，支持内存中的离线访问。自从数据库技术诞生以来，数据访问技术就成为应用程序开发的一项重要技术。数据访问技术主要用于解决应用程序和数据库管理系统（DBMS）之间的通信问题，随着数据库技术的不断发展，数据访问技术也在不断进步，比如 ODBC、OLE DB、ADO 和 ADO.NET 等技术。早期每个数据库管理系统产品都提供各自的 API，要访问不同的 DBMS，就要使用各个厂商自己的 API 包。这样需要针对不同的数据库学习不同的 API 写法，在迁移数据库平台和保证代码复用方面都不够理想。因此，通用的数据访问中间件技术孕育而生。

ODBC（Open Database Connectivity）是最为著名的一个通用数据访问中间件技术，它提供了一个通用数据访问层，定义一个开放的数据库访问协议，每个数据库厂商根据这个协议开发自己的驱动程序，应用程序中只需调用单一的访问函数就能实现与不同数据库的通信。

随着越来越多的数据以非关系型格式存储，需要一种新的架构来提供这种应用和数据源之间的无缝连接，基于 COM 的 OLE DB 应运而生了。与 ODBC 类似，OLE DB 也是一种统一数据访问接口的技术标准，所不同的是，OLE DB 除了能访问关系数据库中的数据外，还能访问 E-mail、文本文件等多种格式的数据。

基于 OLE DB 之上的 ADO 更简单、更高级、更适合 Visual Basic 程序员，同时消除了 OLE DB 的多种弊端。ADO（ActiveX Data Objects）是一个对象模型，它将 OLE DB 提供的 API 函数进行封装形成类以便开发使用，ADO 对象模型包括 Connection 对象、Command 对象和 Recordset 对象。

ADO.NET（ActiveX Data Objects for the .NET Framework）是对 ADO 的一个跨时代的改

进。相对于 ADO 技术，ADO.NET 在以下方面进行了扩展：基于.NET 结构、更好地使用多种编程语言、支持 XML 和优化了对象模型。其中，ADO 以 Recordset 存储，而 ADO.NET 以 DataSet 表示。Recordset 看起来更像单张数据表，如果让 Recordset 以多表的方式表示就必须在 SQL 中进行多表连接，而 DataSet 可以是多个表的集合。ADO 的运作是一种在线方式，这意味着不论是浏览数据还是更新数据都必须是实时的，而 ADO.NET 使用离线方式，在访问数据的时候 ADO.NET 会导入数据并以 XML 格式维护数据的一份副本，ADO.NET 的数据库连接也只有在这段时间需要在线。

此外，由于 ADO 使用 COM 技术，这就要求所使用的数据类型必须符合 COM 规范，而 ADO.NET 基于 XML 格式，数据类型更为丰富并且不需要再做 COM 编排导致的数据类型转换，从而提高了整体性能。

ADO.NET 是基于.NET 框架结构、面向分布式和以 XML 数据格式为核心的数据访问技术，它是.NET Framework 提供给.NET 开发人员的一组类，功能全面而且灵活，在访问各种不同类型的数据时可以保持操作的一致性。ADO.NET 的各个类位于 System.Data.dll 中，并且与 System.Xml.dll 中的 XML 类相互集成。

ADO.NET 有两个核心组件：.NET Framework 数据提供程序和 DataSet。.NET Framework 数据提供程序是一组包括 Connection、Command、DataReader 和 DataAdapter 对象的组件，负责与后台物理数据库的连接。DataSet 是断开连接结构的核心组件，用于实现独立于任何数据源的数据访问。

13.1.2 ADO.NET 数据提供程序

.NET Framework 数据提供程序用于连接到数据库、执行命令和检索结果。当通过.NET Framework 检索到结果后，可以直接处理，也可以将结果放入 DataSet 对象中，以便与来自多个源的数据或在层之间进行远程处理的数据组合在一起，以特殊方式向用户公开。

.NET Framework 数据提供程序是轻量的，它在数据源和代码之间创建了一个最小层，以便在不以牺牲功能为代价的前提下提高性能。凡是以 ADO.NET 访问数据的应用程序，通常依赖某种.NET 数据提供程序，应用程序需要根据数据源的类型不同而引用相应的数据提供程序，在.NET Framework 中通常包含以下 4 种常用的数据提供程序：

（1）SQL Server .NET Framework 数据提供程序。它提供对 Microsoft SQL Server 7.0 版或更高版本的数据访问，由于它使用自身的协议且经过了优化，所以可以直接访问 SQL Server 数据库，而不必添加 OLE DB 或 ODBC，因此它具有较好的性能。SQL Server .NET Framework 数据提供程序位于 System.Data.SqlClient 命名空间，如果程序中使用 SQL Server .NET Framework 数据提供程序，则该 ADO.NET 对象名前都要加上 Sql 前缀，例如 SqlConnection。

（2）OLE DB .NET Framework 数据提供程序。它支持通过 OLE DB 接口来访问 FoxPro、Access、SQL Server 和 Oracle 等各类型的数据源。OLE DB .NET Framework 数据提供程序位于 System.Data.OleDb 命名空间，如果程序中使用 OLE DB .NET Framework 数据提供程序，则该 ADO.NET 对象名前都要加上 OleDb 前缀，例如 OleDbConnection。

（3）ODBC .NET Framework 数据提供程序。它支持通过 OLE DB 接口来访问 FoxPro、Access、SQL Server 和 Oracle 等各类型的数据源。ODBC .NET Framework 数据提供程序位于

System.Data.Odbc 命名空间，如果程序中使用 ODBC .NET Framework 数据提供程序，则该 ADO.NET 对象名前都要加上 Odbc 前缀，例如 OdbcConnection。

（4）Oracle .NET Framework 数据提供程序。Oracle .NET Framework 数据提供程序支持 Oracle 数据源，它要求客户端软件版本为 8.1.7 或更高。Oracle .NET Framework 数据提供程序位于 System.Data.OracleClient 命名空间，并包含在 System.Data.OracleClient.dll 程序集中。如果程序中使用 Oracle .NET Framework 数据提供程序，则该 ADO.NET 对象名前都要加上 Oracle 前缀，例如 OracleConnection。

.NET Framework 数据提供程序具有 4 个重要的对象，如表 13-1 所示。由于每种.NET Framework 数据提供程序所实现的对象具有各自的属性、方法和事件，因此它们的使用方式相似。

表 13-1　.NET Framework 数据提供程序的 4 个重要对象

对象	说明
Connection	建立与特定数据源的连接。所有 Connection 对象的基类均为 DbConnection 类
Command	提供执行访问数据库命令、传送数据或修改数据功能。所有 Command 对象的基类均为 DbCommand 类
DataReader	通过 Command 对象执行 SQL 查询命令获取只进且只读数据流。所有 DataReader 对象的基类均为 DbDataReader 类
DataAdapter	DataSet 数据集和数据源之间的桥梁。DataAdapter 使用 4 个 Command 对象来运行查询、新建、修改、删除的 SQL 命令，把数据加载到 DataSet 中或者把 DataSet 中的数据写入数据源。所有 DataAdapter 对象的基类均为 DbDataAdapter 类

13.1.3　ADO.NET 对象模型

ADO.NET 是一个全新的对象模型，其组件是用来分离数据访问和数据操作的。它分为两部分：.NET Framework 数据提供程序和 DataSet（数据集）。数据提供程序用于同真实数据进行沟通，数据集用于表示真实数据，这两个部分都能与应用程序进行较好的交互。ADO.NET 对象模型结构如图 13-1 所示。

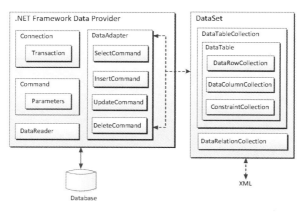

图 13-1　ADO.NET 对象模型结构

不管针对何种数据源，.NET Framework 数据提供程序都由一系列的类来实现核心功能：

Connection 对象用于建立数据源连接，Command 对象是对数据源执行各种 SQL 命令，DataReader 对象完成从数据源中抽取数据，DataAdapter 对象实现用数据源填充 DataSet。

　　DataSet 是 ADO.NET 离线数据访问模型中的核心对象，主要使用时机是在内存中暂存并处理各种从数据源中取回的数据。实际上，DataSet 就是一个存放在内存中的数据暂存区，这些数据必须通过 DataAdapter 对象与数据库进行数据交换。在 DataSet 内部允许同时存放一个或多个不同的数据表（DataTable）对象。这些 DataTable 是由数据行（DataRow）、数据列（DataColumn）所组成的，并包含有主索引键、外部索引键、数据表间的关系信息和数据格式的条件限制。

　　ADO.NET 对象模型提供了两种数据访问模式：连接模式和非连接模式。

　　（1）连接模式。

　　连接模式是指用户或应用程序持续连接到数据源，优点是更安全，更易维护。在连接模式中，.NET 数据提供程序连接到数据源后才能对数据源中的数据进行处理，在这个过程中一直要保持连接状态，当数据处理完毕后才断开与数据源的连接。典型的连接模式如图 13-2 所示。

　　在连接模式下，整个数据的操作流程如下：

　　1）使用 Connection 对象连接数据库。

　　2）使用 Command 对象获取数据库的数据。

　　3）使用 DataReader（数据阅读器）对象进行数据读取。

　　4）完成读取操作后，关闭 DataReader 对象。

　　5）关闭 Connection 对象。

　　（2）非连接模式。

　　非连接环境是指用户或应用程序并非一直和数据源保持连接。在非连接模式中，通过.NET 数据提供程序连接到数据源，并为来自数据源的数据创建内存中的缓存，然后在缓存中实现数据的查询、修改、删除等操作，完成后再与数据源建立连接，最后将更新的数据合并至数据源。在操作数据库的时候，尽可能晚地打开连接并且尽可能早地关闭连接是很重要的，这样可以更好地利用连接池。典型的非连接模式如图 13-3 所示。

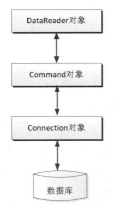

图 13-2　连接模式

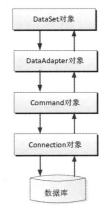

图 13-3　非连接模式

　　在非连接模式下，整个数据的操作流程如下：

　　1）使用 Connection 对象连接数据库。

　　2）使用 Command 对象获取数据库的数据。

3）把 Command 对象的运行结果存储在 DataAdapter（数据适配器）对象中。

4）把 DataAdapter 对象中的数据填充到 DataSet 对象中。

5）关闭 Connection 对象。

6）在客户机本地内存保存的 DataSet 对象中执行数据的各种操作。

7）操作完毕后，启动 Connection 对象连接数据库。

8）利用 DataAdapter 对象更新数据库。

9）关闭 Connection 对象。

与连接模式相比，非连接模式的优点是任何时候都可用，并可随时连接到数据源进行处理，共享连接资源，提高了应用程序的性能和扩展性；缺点是数据不能保证是最新的，可能发生更新冲突。

13.2　Connection 对象

Connection 对象用于连接数据库和管理数据库事务。对于数据源的连接，最关键的是要正确选择所需要的数据提供程序和正确设置连接字符串。

13.2.1　Connection 对象的连接字符串

Connection 对象中最重要的属性是连接字符串。连接字符串是在连接数据源时所提供的必要的连接信息，其中包括连接的服务器对象、账号、密码和所访问的数据库对象等信息，是进行数据连接必不可少的信息。

连接字符串的基本格式包括一系列由分号分隔的关键字/值对，等号用于连接各个关键字及其值。若要包括含有分号、单引号字符或双引号字符的值，则该值必须用双引号引起来。如果该值同时包含分号和双引号字符，则该值可以用单引号引起来。如果该值以双引号字符开始，则可用单引号引起来；反之，如果该值以单引号字符开始，则可用双引号引起来。如果该值同时包含单引号字符和双引号字符，则用于将该值引起来的引号字符每次出现时都必须成对出现。连接字符串常用的参数及说明如表 13-2 所示。

表 13-2　连接字符串常用的参数及说明

参数	说明
Provider	用于设置或返回连接提供程序的名称，仅用于 OleDbConnection 对象
Connection Timeout	在终止尝试并产生错误之前，等待连接到服务器的连接时间长度（以秒为单位），默认值为 15 秒
Data Source 或 Server	指明所需访问的数据源，若是访问 SQL Server，则是指服务器名称；若是访问 Access，则指数据文件名
Initial Catalog 或 Database	数据库的名称
Password 或 PWD	指明访问对象所需的密码
User ID 或 UID	指明访问对象所需的用户名
Integrated Security 或 Trusted_Connection	集成连接或信任连接，可能的值有 true、false 和 SSPI。如果为 true，表示集成 Windows 验证，不需要提供用户名和密码即可登录；如果为 false，将在连接中指定用户 ID 和密码

根据连接的数据源不同,包含在连接字符串中的键值也会有所不同。下面分别以连接 SQL Server 数据库、Access 数据库和 Oracle 数据库为例来介绍连接字符串的设置。

(1) 连接 SQL Server 数据库的连接字符串。

连接 SQL Server 数据库,需要指定 OLE DB Provider、SQL Server 的位置和使用的数据库,同时要指定用户名和密码,其连接字符串基本语法格式为:

```
string connectionString="Provider=SQLOLEDB;Data Source=服务器名称;Initial Catalog=数据库名;User ID=用户名;Password=密码";
```

如果要使用用户的网络标识连接到 SQL Server,可指定 Integrated Security 为 SSPI,并省去用户名和密码,其字符串连接格式为:

```
string connectionString="Provider=SQLOLEDB;Data Source=服务器名称;Initial Catalog=数据库名; Integrated Security=SSPI";
```

【例 13-1】有一个 SQL Server 2008 数据源,服务器为 WIN-63FR1GPMI4S,数据库名为 teaching,采用集成身份验证,写出连接此数据源的连接字符串。

连接字符串为:

```
string constr=" Provider=SQLOLEDB;Data Source= WIN-63FR1GPMI4S;Initial Catalog=Teaching; Integrated Security=true";
```

(2) 连接 Access 数据库的连接字符串。

连接 Access 数据库,需要指定 Provider 类型和版本以及数据库所在的位置,其连接字符串基本语法格式为:

```
string connectionString="Provider=数据提供者;Data Source=access 文件路径";
```

【例 13-2】有一个 Access 数据源,在路径 D:\myfile\下存放数据库 mydb.mdb,写出连接此数据源的连接字符串。

连接字符串为:

```
string constr="Provider=Microsoft.Jet.OLEDB.4.0;Data Source=d:\myfile\ mydb.mdb";
```

(3) 连接 Oracle 数据库的连接字符串。

使用 Oracle .NET Framework 数据提供程序,必须要在系统上安装 Oracle 客户端软件,才能连接到 Oracle,其连接字符串基本语法格式为:

```
string connectionString="Provider=数据提供者;Data Source=数据库名称;User ID=用户名;Password=密码";
```

13.2.2 Connection 对象的创建

创建 Connection 对象时,必须提供相应的连接字符串。下面以 SQL Server 为例介绍 SqlConnection 对象的创建方法。

1. 通过编程方式创建 SqlConnection 对象

(1) 使用无参构造函数创建 SqlConnection 对象。

```
SqlConnection con=new Sqlconnection();        //con 为 SqlConnection 对象
```

(2) 使用带参构造函数创建 SqlConnection 对象。

```
//创建连接字符串 cnStr
string cnStr="Data Source=WIN-63FR1GPMI4S;Initial Catalog=Teaching; Integrated Security=true";
//cnStr 作为参数创建 SqlConnection 对象
SqlConnection con=new Sqlconnection(cnStr);
```

2. 使用 Visual Studio 工具创建 SqlConnection 对象

在默认情况下，Visual Studio 2017 的工具箱中不包含 SqlConnection 对象，因此需要将 SqlConnection 对象手动加入。操作步骤如下：

（1）启动 Visual Studio 2017，选择"文件"→"新建"→"项目"命令，创建 Windows 窗体应用程序。

（2）单击"工具箱"，在工具箱中展开"数据"选项卡，然后单击鼠标右键，在弹出的快捷菜单中选择"选择项"命令，弹出如图 13-4 所示的"选择工具箱项"对话框。

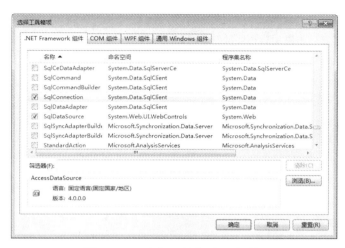

图 13-4　"选择工具箱项"对话框

（3）在其中单击".NET Framework 组件"选项卡，勾选好名称为 SqlConnection 的组件，单击"确定"按钮。

（4）在工具箱中展开"数据"选项，出现 SqlConnection 控件，如图 13-5 所示。

（5）把 SqlConnection 控件拖曳到 Form1 窗体中，效果如图 13-6 所示。

图 13-5　工具箱中的 SqlConnection

图 13-6　在窗口中创建 SqlConnection 对象

13.2.3　Connection 对象的属性和方法

根据.NET Framework 数据提供程序的不同，Connection 对象可以分为 4 种：SqlConnection、OleDbConnection、OdbcConnection 和 OracleConnection。它们尽管命名不同，但功能相同，具

有相同的属性和方法。Connection 对象的常用属性和方法如表 13-3 所示。

表 13-3　Connection 对象的常用属性和方法

属性/方法	说明
ConnectionString	获取或设置用于打开数据库的字符串
ConnectionTimeout	获取在尝试建立连接时终止尝试并生成错误之前所等待的时间
Database	获取当前数据库或连接打开后要使用的数据库的名称
State	获取连接的当前状态
DataSource	获取数据源的服务器名或文件名
Open()	使用 ConnectionString 所指定的设置打开数据库连接
Close()	关闭与数据库的连接
BeginTransaction()	开始数据库事务
CreateCommand()	创建并返回与当前连接关联的 Command 对象

　　调用 Connection 对象的 Open 或 Close 方法可以打开或关闭数据库连接。需要注意的是，必须在设置好连接字符串后才能调用 Open 方法，否则 Connection 对象不清楚要与哪一个数据库建立连接。使用 Connection 对象的基本步骤如下：

　　（1）创建连接字符串。

　　（2）创建 Connection 类的对象实例。

　　（3）打开数据源的连接。

　　（4）执行数据库的访问操作代码。

　　（5）关闭与数据源的连接

　　【例 13-3】创建一个 Windows 应用程序，在窗体中添加一个 Label 控件和一个 Button 控件，创建 SqlConnection 连接对象，执行连接数据库操作并显示数据库的连接状态。

　　代码如下：

```
using System;
using System.Data;
using System.Windows.Forms;
using System.Data.SqlClient;              //引入命名空间
private void button1_Click(object sender, EventArgs e)
{
    string cnStr="Data Source=WIN-63FR1GPMI4S; Initial Catalog=teach; Integrated Security
    =true";
    SqlConnection sqlConn = new SqlConnection(cnStr);
    sqlConn.Open();
    if(sqlConn.State == ConnectionState.Open)
        label1.Text="已成功连接到 SQL Server 2012！ ";
    else
        label1.Text="连接失败！ ";
    sqlConn.Close();
}
```

　　运行程序，结果如图 13-7 所示。

图 13-7　例 13-3 的运行结果

13.2.4　连接池

一般情况下，数据库连接可能需要花费较多的资源成本。为了解决这个问题，许多数据提供者都支持连接池。

连接池（Connection pool）是指保持连接活动的进程。它将同一连接字符串建立的连接放入到连接池中，可以在不重新建立连接的情况下再次使用此连接，从而大大减少了因重建连接所需要的各种资源。

连接池的工作原理是通过为每个给定的连接配置保留一组活动连接来管理连接，只要用户在连接上调用 Open，池进程就会检查池中是否有可用的连接。如果某个池连接可用，会将该连接返回给调用者，而不是打开新连接。应用程序在该连接上调用 Close 时，池进程会将连接返回到活动连接池中，而不是真正关闭连接。连接返回到池中后，即可在下一个 Open 调用中重复使用。

在系统中是否使用连接池，要看是否将连接字符串中的 Pooling 参数设置为 true，默认情况下，ADO.NET 中启用连接池；如果将其值设为 false，连接池将被禁用。

【例 13-4】创建一个控制台应用程序，实现池连接。

代码如下：

```
using System;
using System.Data.SqlClient;
namespace ex13_4
{
  class Program
  {
    static void Main(string[] args)
    {
      String connString;
      connString = "Data Source=WIN-63FR1GPMI4S; Trusted_Connection=yes;Initial
      Catalog=teach; " + "connection reset=false;" +"connection lifetime=5;" +"min pool size=1;" +
      "max pool size=50";
      SqlConnection myConnection1 = new SqlConnection(connString);
      SqlConnection myConnection2 = new SqlConnection(connString);
      SqlConnection myConnection3 = new SqlConnection(connString);
      //打开两个连接
      Console.WriteLine("打开两个连接");
      myConnection1.Open();
```

```
            myConnection2.Open();
            //将两个连接都返回到池中
            Console.WriteLine("将两个连接都返回到池中");
            myConnection1.Close();
            myConnection2.Close();
            Console.WriteLine("从池中打开一个连接");
            myConnection1.Open();
            Console.WriteLine("从池中打开第二个连接");
            myConnection2.Open();
            Console.WriteLine("打开第三个连接");
            myConnection3.Open();
            Console.WriteLine("将三个连接都返回到池中");
            myConnection1.Close();
            myConnection2.Close();
            myConnection3.Close();
        }
    }
}
```

运行程序，结果如图 13-8 所示。

说明：上面创建的 3 个连接都放入同一个连接池，如果连接了不同的数据库，连接字符串不相同，则将建立一个新的连接池。例如：

图 13-8　例 13-4 的运行结果

1）连接 1：

```
SqlConnection connection1 = new SqlConnection("Data Source=WIN-63FR1GPMI4S; Initial
Catalog=school; " + " Integrated Security=true;" +"connection lifetime=5");
Connection1.Open();                   //一个连接池被创建
```

2）连接 2：

```
SqlConnection connection2 = new SqlConnection("Data Source=WIN-63FR1GPMI4S; Initial
Catalog=Northwind; " + " Integrated Security=true;" +"connection lifetime=5");
Connection1.Open();                   //由于连接字符串不同，所以又一个连接池被创建
```

13.3　Command 对象

在 Connection 对象与数据源建立连接后，就可以使用 Command 对象对数据源执行查询、添加、删除和修改等各种操作，操作的实现方式可以是使用 SQL 语句，也可以调用存储过程。根据.NET Framework 数据提供程序的不同，Command 对象可以分为 4 种：SqlCommand、OleDbCommand、OdbcCommand 和 OracleCommand，在实际编程过程中应根据数据源选择相应的 Command 对象。

13.3.1　创建 Command 对象

可以通过编程方式创建 Command 对象，也可以使用 Visual Studio 中的工具在窗体或组件中创建 Command 对象。下面以 SQL Server 为例来介绍 SqlCommand 对象的创建方法。

1. 通过编程方式创建 SqlCommand 对象

SqlCommand 类提供了多种不同的构造函数：

● SqlCommand()

- SqlCommand(string cmdText)（cmdText 参数指定查询的文本）
- SqlCommand(string cmdText,SqlConnection connection)
- SqlCommand(string cmdText,SqlConnection connection,SqlTransaction transaction)

初始化 SqlCommand 类的新实例可以有多种不同的方法：

（1）使用无参构造函数创建 SqlCommand 对象。

```
SqlCommand cmd=new SqlCommand();                        //cmd 为 SqlCommand 对象
```

（2）具有查询文本的 SqlCommand 类的构造函数。

```
string cmdText="select sno,sname from student";
SqlCommand cmd=new SqlCommand (cmdText);                //cmd 为 SqlCommand 对象
```

（3）具有查询文本和 Sqlconnection 对象的 SqlCommand 类的构造函数。

```
string cmdText="select sno,sname from student";
//conn 为 SqlConnction 对象
SqlConnection conn=new SqlConnection("Data Source=.;Initial Catalog=teach;Integrated Security=True");
SqlCommand cmd=new SqlCommand (cmdText,conn);
```

（4）具有查询文本、Sqlconnection 对象和事务对象的 SqlCommand 类的构造函数。

```
SqlCommand cmd=new SqlCommand (cmdText,conn,trans);    //trans 为 SqlTransaction 对象
```

2．使用 Visual Studio 工具创建 SqlCommand 对象

在默认情况下，Visual Studio 2017 的工具箱中不包含 SqlCommand 对象，因此需要将 SqlCommand 对象手动加入，操作方法类似 SqlConnection。

13.3.2　Command 对象的属性

Command 对象的属性包括数据库执行 SQL 语句时所需的信息，常用属性如表 13-4 所示。

表 13-4　Command 对象的常用属性

属性	说明
CommandText	获取或设置要对数据源执行的 Transact-SQL 语句或存储过程
CommandTimeout	获取或设置在终止执行命令的尝试并生成错误之前的等待时间
CommandType	获取或设置一个值，该值指示如何解释 CommandText 属性，其值为 CommandType 枚举类型，有 3 个枚举成员：CommandType.Text 指示执行的是 SQL 文本命令，是 CommandType 的默认值；CommandType.StoredProcedure 指示执行的是存储过程，需要为 CommandText 指定一个存储过程名称；CommandType.TableDirect 指示用户将得到这个表中所有的数据，需要为 CommandText 指定一个数据表名称
Connection	数据命令对象所使用的连接对象
Parameters	参数集合（SqlParameterCollection）
Transaction	获取或设置在其中执行 SqlCommand 的事务

下面的实例将创建一个 SqlCommand 对象，并为其设置属性：

```
//创建连接字符串
string cnStr = "Data Source=WIN-63FR1GPMI4S; Initial Catalog=teach; Integrated Security=true";
string sql1="select sno,sname from student";
SqlConnection sqlConn = new SqlConnection(cnStr);     //创建 SqlConnection 对象
SqlCommand cmd=new SqlCommand();                      //创建 Command 对象
```

```
cmd.Connection=sqlConn;                    //设置 Command 对象的 Connection 属性
cmd.CommandTimeout=20;                      //设置 Command 对象的 CommandTimeout 属性
cmd.CommandType=CommandType.Text;          //设置 Command 对象执行语句的类型
cmd.CommandText=sql1;                       //设置 Command 对象要执行的 SQL 语句
```

上面通过代码创建了 Command 对象，并为它们设置了 Connection、CommandType、CommandText 等属性，但实际上还没有真正去执行这些操作。要想执行 Command 操作，需要使用 Command 对象的方法。

13.3.3　Command 对象的方法

在使用 SqlCommand 对象从 SQL Server 数据库中提取数据或执行存储过程时需要根据 CommandText 和 CommandType 属性的设置调用 SqlCommand 对象的不同执行方法，常用方法如表 13-5 所示。

表 13-5　SqlCommand 对象的常用方法

方法	说明
CreateParameter()	创建和返回一个 Parameter 对象
ExecuteReader()	执行 select 命令并返回一个 DataReader 对象。这个 DataReader 是向前只读的数据集
ExecuteNonQuery()	执行 Insert、Update、Delete 和其他没有返回结果集的 SQL 命令，并返回受影响的数据的行数
ExecuteScalar()	执行一个 SQL 命令，返回结果集中第一行第一列的值
ExecuteXmlReader()	将 CommandText 发送到 Connection 并生成一个 XmlReader 对象

1. ExecuteNonQuery()方法

Command 对象通常使用 ExecuteNonQuery()方法来执行 update、insert 和 delete 语句。该方法在执行 update、insert 和 delete 语句后不返回数据行，只返回为其所影响的行数，而对于所有其他类型的语句，返回值为-1。

【例 13-5】创建一个 Windows 应用程序，要求使用 ExecuteNonQuery()方法执行 update 语句，将受影响的行数显示到 Label 控件中。

代码如下：

```
using System;
using System.Data;
using System.Windows.Forms;
using System.Data.SqlClient;                //引入命名空间
private void button1_Click(object sender, EventArgs e)
{
    string cnStr = "Data Source=WIN-63FR1GPMI4S; Initial Catalog=teach; Integrated Security=true";
    SqlConnection sqlConn = new SqlConnection(cnStr);
    sqlConn.Open();
    SqlCommand cmd = new SqlCommand();      //创建 Command 对象
    cmd.Connection = sqlConn;               //设置 Command 对象的 Connection 属性
```

```
//设置 Command 对象要执行的 SQL 语句
cmd.CommandText = "update Student set sage=sage+1 where ssex='女'";
cmd.CommandType = CommandType.Text;        //设置 Command 对象执行语句的类型
int count = cmd.ExecuteNonQuery();
label1.Text = "受影响" + count.ToString() + "行";
sqlConn.Close();
    }
```

运行程序，结果如图 13-9 所示。

图 13-9　例 13-5 的运行结果

2. ExecuteScalar()方法

Command 对象使用 ExecuteScalar()方法提供了返回单个值的功能。例如，想获取数据表中的记录个数，则可以使用这个方法实现。由于 ExecuteScalar()方法执行命令后返回的类型为 object，因此在获取返回值时需要对返回的对象进行类型转换。

【例 13-6】创建一个 Windows 应用程序，统计 Course 表的记录数，要求使用 ExecuteScalar() 方法实现。

代码如下：

```
private void button1_Click(object sender, EventArgs e)
{
    string cnStr = "Data Source=.; Initial Catalog=teach; Integrated Security=true";
    SqlConnection sqlConn = new SqlConnection(cnStr);
    sqlConn.Open();
    try
    {
        if(sqlConn.State == ConnectionState.Open || textBox1.Text!= "")
        {
            SqlCommand cmd = new SqlCommand();      //创建 Command 对象
            cmd.Connection = sqlConn;      //设置 Command 对象的 Connection 属性
            //设置 Command 对象要执行的 SQL 语句
            cmd.CommandText = "select count(*) from "+textBox1.Text.Trim();
            //设置 Command 对象执行语句的类型
            cmd.CommandType = CommandType.Text;
            int count = Convert.ToInt32(cmd.ExecuteScalar());
            label2.Text = "表的记录数为：" + count.ToString();
            sqlConn.Close();      //关闭连接
        }
    }
    catch(Exception ex)
    {
```

```
            MessageBox.Show(ex.Message);
        }
    }
```
运行程序，结果如图 13-10 所示。

图 13-10　例 13-6 的运行结果

3. ExecuteReader()方法

ExecuteReader()方法需要配合 SqlDataReader 对象使用，执行得到的数据集为只读且光标只能从前向后移动。

【例 13-7】创建一个控制台应用程序，查询 Student 表中的学号字段，要求使用 ExecuteRead() 方法执行查询命令。

代码如下：

```
using System;
using System.Data.SqlClient;
static void Main(string[] args)
{
    string cnStr = "Data Source=WIN-63FR1GPMI4S; Initial Catalog=teach; Integrated Security=true";
    SqlConnection sqlConn = new SqlConnection(cnStr);
    SqlCommand command = new SqlCommand("SELECT sno,sname FROM Student;", sqlConn);
    sqlConn.Open();
    SqlDataReader reader = command.ExecuteReader();
    //判断 SqlDataReader 对象中是否包含记录
    if (reader.HasRows)
    {
        Console.WriteLine("{0}\t{1}", reader.GetName(0), reader.GetName(1));
        while(reader.Read())
        {
            Console.WriteLine("{0} {1}", reader.GetString(0),reader.GetString(1));
        }
    }
    else
    {
        Console.WriteLine("未找到表中的数据记录");
    }
    reader.Close();
}
```
运行程序，结果如图 13-11 所示。

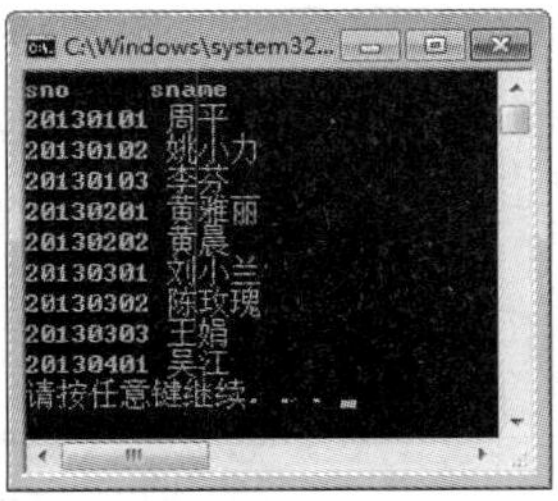

图 13-11　例 13-7 的运行结果

4. 在 Command 对象中使用参数集合

在 Command 对象中还有一个属性 Parameters，称为参数集合属性。它可以用来设置 SQL 语句或存储过程的参数，能够正确地处理输入、输出或返回值。要执行包含参数的命令，可以使用如下步骤：

（1）创建 Command 对象并设置相应的属性值。其中 SQL 语句包含占位符，这些占位符表示提供的参数的位置。

（2）创建参数对象，将创建好的参数对象添加到 Command 对象的 Parameters 集合中。

（3）给参数对象赋值。

（4）执行命令。

【例 13-8】创建一个控制台应用程序，使用带参数占位符的 insert 语句统计进行插入操作前的数据记录数及插入操作添加的数据条数。

代码如下：

```
private void Form1_Load(object sender, EventArgs e)
{
    string strSql = "Data Source=.; Initial Catalog=teach; Integrated Security=true";
    SqlConnection conn = new SqlConnection(strSql);
    conn.Open();
    SqlCommand comm = conn.CreateCommand(); //创建和声明 Command 对象
    comm.Connection = conn;                 //设置 Command 对象的 Connection 属性
    //设置 Command 对象要执行的 SQL 语句
    comm.CommandText = "select count(*) from Student";
    comm.CommandType = CommandType.Text;    //设置 Command 对象执行语句的类型
    int count1 = Convert.ToInt32(comm.ExecuteScalar());
    label1.Text = "统计 insert 操作前表中记录数为： " + count1.ToString();
    //设置参数
    comm.CommandText="insert into Student(sno,sname,sage) values(@sno,@sname,@sage); ";
    comm.Parameters.Add("@sno", SqlDbType.VarChar,20).Value = "20130509";
    comm.Parameters.Add("@sname", SqlDbType.VarChar, 20).Value = "赵刚";
    comm.Parameters.Add("@sage", SqlDbType.Int).Value = 20;
    int count2 = comm.ExecuteNonQuery();
    label2.Text = "insert 操作添加了" + count2 + "条记录";
    conn.Close();        //关闭数据库连接
}
```

运行程序，结果如图 13-12 所示。

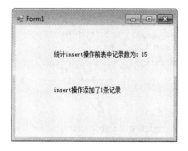

图 13-12　例 13-8 的运行结果

当执行含有参数的存储过程时，应先创建 Command 对象并将其 CommandText 属性设置为存储过程的名称或包含过程调用的 Execute 语句，然后将过程调用所需要的参数添加到 Command 对象的参数集合中，再用 ExecuteNonQuery()方法执行 Command 对象，便于读取输出参数的值。以 SQL Server 为例，参数集合 Parameter 的主要属性如表 13-6 所示。

表 13-6 参数集合 Parameter 的主要属性

属性	说明
ParameterName	指定参数的名称
SqlDbType	指定参数的数据类型，如整型、字符型等
Direction	指定参数的方向，可以是下列值之一： ● ParameterDirection.Input：指明为输入值 ● ParameterDirection.Output：指明为输出值 ● ParameterDirection.InputOutput：指明为输入值或输出值 ● ParameterDirection.ReturnValue：指明为返回值
Value	指明输入参数的值
Size	设置数据的最大长度（以字节为单位）
Scale	设置小数位数

【例 13-9】创建一个控制台应用程序，求出 book 数据库 book1 表中"价格"的平均值，要求调用存储过程。

操作步骤如下：

（1）在 SQL Server 2012 中建立存储过程。

```
create procedure p4
@jg float output
as
select @jg=avg(定价) from book1
set @jg= CAST(@jg as decimal(9,2))
```

（2）在 Windows 窗体中编写如下代码：

```
private void button1_Click(object sender, EventArgs e)
{
    string strSql= "Data Source=WIN-63FR1GPMI4S; Initial Catalog=book; Integrated Security=true";
    SqlConnection conn=new SqlConnection(strSql);
    conn.Open();
    SqlCommand cmd=new SqlCommand("p4", conn);        //建立 SqlCommand 对象
    //设置 SqlCommand 对象执行类型为存储过程
    cmd.CommandType=CommandType.StoredProcedure;
    //向 Parameters 参数集合中添加参数
    cmd.Parameters.Add("@jg", SqlDbType.Float, 2);
    cmd.Parameters["@jg"].Direction=ParameterDirection.Output;
    cmd.ExecuteNonQuery();                            //执行存储过程
    //获取存储过程的返回值
    float @jg1= Convert.ToSingle(cmd.Parameters["@jg"].Value);
    label1.Text="平均价格为： " + "$" + @jg1.ToString();
}
```

运行程序，结果如图 13-13 所示。

图 13-13　例 13-9 的运行结果

13.4　DataReader 对象

DataReader 对象用于从数据源中提取只读的、向前的数据流。根据.NET Framework 数据提供程序的不同，DataReader 对象可以分为 4 种：SqlDataReader、OleDbDataReader、OdbcDataReader 和 OracleDataReader。DataReader 对象可以提高应用程序的性能，减少系统开销，因为 DataReader 每次只能在内存中保留一行记录。

13.4.1　DataReader 对象的属性和方法

可以使用 DataReader 对象来检索数据库中的数据，方法是先创建一个 Command 对象，再通过 Command 对象调用 ExecuteReader()方法创建一个 DataReader 对象，从而能够在数据库中查询数据。

DataReader 对象的常用属性如表 13-7 所示，常用方法如表 13-8 所示。

表 13-7　DataReader 对象的常用属性

属性	说明
FieldCount	获取当前行的列数
HasRows	判断数据库中是否有数据
IsClosed	获取一个布尔值，指示 DataReader 对象是否关闭
RecordsAffected	通过执行 SQL 语句获取更改、插入或删除的行数

表 13-8　DataReader 对象的常用方法

方法	说明
Read()	使 DataReader 对象前进到下一条记录，返回值为布尔型。若还有记录，则为 true；否则为 false
Close()	关闭 DataReader 对象
GetName(index)	获取指定列的名称，index 为参数，表示从 0 开始的序列号
GetString()	返回指定列的值，类型为字符串
GetInt32()	返回指定列的值，类型为整型值
GetDataTime()	返回指定列的值，类型为日期时间值

方法	说明
GetByte()	返回指定列的值，类型为字节
GetOrdinal()	在给定列名称的情况下获取列序号
GetDouble()	返回指定列的值，类型为双精度型
NextResult()	读取批处理 SQL 语句的结果时，使 DataReader 前进到下一个结果集，返回值为布尔型。如果存在多个结果集则为 true，否则为 false

13.4.2　创建和使用 DataReader 对象

由于 DataReader 类没有提供构造函数，因此 DataReader 对象不能通过 new 来实例化，通常使用 Command 对象的 ExecuteReader()方法来创建。

下列代码创建了一个 DataReader 对象：

```
string strSql= "Data Source=.; Initial Catalog=book; Integrated Security=true";
SqlConnection conn=new SqlConnection(strSql);
conn.Open();
//创建一个 SqlCommand 对象
SqlCommand comm=new SqlCommand("select * from Student",conn) ;
//使用 ExecuteReader()方法创建 SqlDataReader 对象
SqlDataReader sdr=comm.ExecuteReader();
sdr.Read();          //读取 SqlDataReader 对象
```

注意：ExecuteReader()方法返回 SqlDataReader 对象时，当前光标的位置在第一条记录的前面，必须调用 SqlDataReader 对象的 Read()方法把光标移动到第一条记录，然后第一条记录变成当前记录。要想移动到下一条记录，需要再次调用 Read()方法，重复上述过程，直到最后一条记录，此时 Read()方法将返回 false。基本语法格式为：

```
While(sdr.Read())
{
   …   //读取数据
}
```

使用 DataReader 对象的 Read()方法可以从查询结果中获取记录行，而 ADO.NET 提供了以下两种方法来访问行中的字段：

（1）Item 属性。

Item 属性返回由字段索引或字段名指定的字段值，以基数 0 开始编号，例如 sdr[字段名]、sdr[字段索引]。

（2）Get()方法。

Get()方法返回由字段索引指定的字段值，例如 sdr.GetString(0)。

【例 13-10】创建一个控制台应用程序，实现 DataReader 对象的使用。

代码如下：

```
using System;
using System.Data.SqlClient;
static void Main(string[] args)
{
```

```
//创建 SqlConnection 对象
SqlConnection conn = new SqlConnection("Data Source=.;Initial Catalog=teach;Integrated Security=True ");
SqlCommand comm = new SqlCommand("SELECT sno,sname FROM Student where ssex='女';
SELECT cno,cname FROM Course", conn);
conn.Open();
SqlDataReader myReader = comm.ExecuteReader();
do
{
    Console.WriteLine("\t{0}    {1}", myReader.GetName(0), myReader.GetName(1));
    while(myReader.Read())
    Console.WriteLine("\t{0}    {1}", myReader.GetString(0), myReader.GetString(1));
} while(myReader.NextResult());
myReader.Close();
conn.Close();
}
```

运行程序，结果如图 13-14 所示。

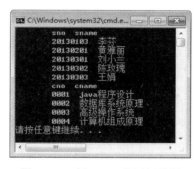

图 13-14　例 13-10 的运行结果

13.5　DataSet 对象

DataSet 是专门为独立于任何数据源的数据访问而设计的。实际上，可以认为 DataSet 是一个存储在客户端内存中的临时数据库，客户端可以通过对 DataSet 中的数据进行查询、插入、修改、删除等操作实现对数据源的存取。

13.5.1　DataSet 对象概述

DataSet 对象一般由三部分组成，其基本结构如图 13-15 所示。

（1）DataTableCollection。

DataSet 对象包含 Tables 属性，该属性是一个 DataTableCollection 集合类。实际上，一个 DataSet 对象就是一个或多个表的集合。这些表都是 DataTable 对象，一个 DataTable 对象如同数据库中的一个表，可以由数据行、数据列、字段名、约束、数据视图和 DataTable 对象中的 Relations 等信息组成。

DataTable 对象有一个 Columns 集合，该集合用来管理 DataColumn 对象，它是一个 DataColumnCollection 集合类。DataColumn 对象对应表中的一列，但 DataColumn 对象并没有实际包含存储在 DataTable 中的数据，而是存储了该列结构的信息。

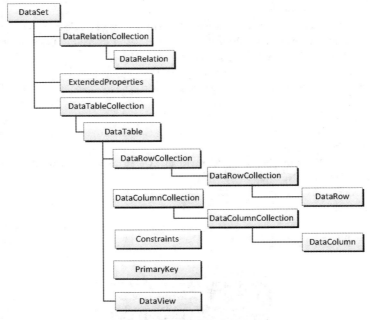

图 13-15　DataSet 对象的基本结构

DataColumn 对象描述了 DataTable 的数据结构，而 DataRow 对象描述了 DataTable 的数据内容。DataTable 对象通过 Rows 属性管理 DataRow 对象，Rows 属性是数据表中行的集合，是一个 DataRowCollection 集合类。

为了维护数据的完整性，使用 Constraint 对象来强制对表中的数据进行限制，Constraint 对象存在于 DataTable 对象的 Constraints 集合中。Constraints 属性是数据表中约束的集合，是一个 ConstraintCollection 集合类。

（2）DataRealationCollection。

数据关系集合（DataRealationCollection）对象包含一个或多个 DataRelation 对象。DataRelation 对象指定不同的数据表之间的关系，这样就能实现跨数据表的数据验证，并在多个 DataTable 之间浏览父行和子行的数据。

（3）ExtendedProperties。

扩展属性（ExtendedProperties）对象包含了用户自定义信息，如密码或者更新数据的时间。

可以使用 Visual Studio 2017 工具创建 DataSet 对象，也可以通过编程方式创建 DataSet 对象。使用编程方式创建 DataSet 对象的基本语法格式为：

```
DataSet  数据集对象名=new DataSet();
```

或

```
DataSet  数据集对象名=new DataSet(数据集名称);
```

13.5.2　DataSet 对象的属性和方法

DataSet 对象是非连接模式进行数据访问的典型代表，它读取数据库中的数据并放到用户本地的内存中，用户可以在不连接数据库的情况下读取数据。表 13-9 和表 13-10 分别列出了 DataSet 对象的常用属性和方法。

表 13-9 DataSet 对象的常用属性

属性	说明
CassSensitive	指示 DataSet 对象中的字符串比较是否区分大小写
DataSetName	DataSet 对象的名称
ExtendedProperties	用户自定义信息的集合
HasErrors	所有 DataTable 对象中是否存在错误
Relations	DataSet 对象中的数据关系的集合
Tables	DataSet 对象中的数据表的集合

表 13-10 DataSet 对象的常用方法

方法	说明
AcceptChange()	提交自加载此 DataSet 对象以后或最后一次调用 AcceptChanges()方法以后对 DataSet 对象进行的所有更改
Clear()	通过移除所有表中的所有行来清除任何数据的 DataSet 对象
Clone()	复制 DataSet 的结构,包括所有 DataTable 架构、关系和约束,但不复制任何数据
Copy()	复制该 DataSet 对象的结构和数据
GetChanges()	获取 DataSet 对象的一个副本,该副本包含自上次加载以来或自调用 Accept-Changes()方法以来对该数据集进行的所有更改
HasChanges()	获取一个值,该值指示 DataSet 对象是否有更改,包括新增行、已删除的行或已修改的行
Merge()	将指定的 DataSet、DataTable 或 DataRow 对象的数组合并到当前的 DataSet 或 DataTable 对象中
RejectChanges()	取消自创建 DataSet 对象以来或自上次调用 AcceptChanges()方法以来对 DataSet 对象进行的所有更改
Reset()	将 DataSet 对象重置为其初始状态。子类应重写 Reset 对象,以便将 DataSet 对象还原到其原始状态

13.5.3 DataTable 对象

一个 DataSet 对象由多个 DataTable 对象组成,若要引用 DataTable 对象,一般采用下列方式:

    DataSet.Tables["表名"]

或

    DataSet.Tables[表索引]   //索引号从 0 开始编号

例如,dataset1.Tables["Course"]表示 dataset1 数据集的 Course 表,dataset1.Table[i]表示 dataset1 数据集的第 i 个表,若 dataset1 中依次添加了 Student 表、Course 表、SC 表,则 dataset1.Table[1]表示 Course 表。

表 13-11 和表 13-12 分别列出了 DataTable 对象的常用属性和方法。

表 13-11　DataTable 对象的常用属性

属性	说明
CaseSensitive	指示表中的字符串比较是否区分大小写
ChildRelations	获取此 Datatable 对象的子关系的集合
Columns	获取属于该表的列的集合
Constraints	获取由该表维护的约束的集合
DataSet	获取此表所属的 DataSet 对象
DefaultView	获取可能包括筛选视图或游标位置的表的自定义视图
ExtendedProperties	获取自定义用户信息的集合
HasErrors	获取一个值，该值指示该表所属的 DataSet 对象的任何表的任何行中是否有错误
ParentRelations	获取该 DataTable 对象的父关系的集合
PrimaryKey	获取或设置充当数据表主键的列的数组
Rows	获取属于该表的行的集合
TableName	获取或设置 DataTable 对象的名称

表 13-12　DataTable 对象的常用方法

方法	说明
AcceptChanges()	提交加载 DataTable 对象以后或最后一次调用 AcceptChanges()方法以后对 DataTable 对象进行的所有更改
Clear()	删除 DataTable 对象中所有表格的所有行
Clone()	复制 DataTable 对象的结构，包括 DataTable 架构、关系和约束并返回，但不复制任何数据
Compute()	计算当前行中通过过滤条件的指定表达式
GetChanges()	获取 DataTable 对象的副本，该副本包含自上次调用 AcceptChanges()方法以来对该数据集进行的所有更改
ImportRow()	将 DataRow 对象复制到 DataTable 对象中，保留任何属性设置以及初始值和当前值
Merge()	将指定的 DataTable 对象与当前的 DataTable 对象合并
NewRow()	在 DataTable 对象中生成新的 DataRow 对象
RejectChanges()	取消加载 DataTable 对象以后或最后一次调用 AcceptChanges()方法以后对 DataTable 对象进行的所有更改
Select()	用于从 DataTable 对象中获取与筛选条件相匹配的 DataRow 对象的数组

　　创建 DataTable 对象的方法较多，可以通过 Visual Studio 2017 工具创建，也可以使用编程方式创建。使用编程方式创建 DataSet 对象的基本语法格式有以下几种：
　　（1）不带参数初始化 DataTable 类的新实例：
　　　　DataTable 数据表对象名=new DataTable();
　　（2）用指定的表名初始化 DataTable 类的新实例：

```
        DataTable  数据表对象名=new DataTable("数据表名称");
```
例如:
```
        DataTable ds=new DataTable("Student");        //Student 为数据表的名称
```
(3) 作为 DataSet 的成员创建:
```
        DataSet  数据集对象名=new DataSet();
        DataTable  数据表对象名=数据集对象名.Tables.Add("数据表的名称");
```
例如:
```
        DataSet ds=new DataSet();
        DataTable mydt=ds.Tables.Add("Student");
```
上述创建得到的是一个表的结构，里面没有任何数据，表名为 Student。要能使用创建的 DataTable，首先要建立表结构，即定义 DataTable 对象的 DataColumn 集合，然后才能把数据存入 DataRow 集合。

13.5.4　DataColumn 对象

DataRow 和 DataColumn 对象都是 DataTable 对象的主要组件。DataColumn 对象描述了 DataTable 对象的数据结构，要向 DataTable 对象添加一列，必须先建立一个 DataColumn 对象，然后向 DataTable 对象的列集合 Columns 中添加 DataColumn 对象。DataColumn 对象的常用属性如表 13-13 所示。

表 13-13　DataColumn 对象的常用属性

属性	说明
AllowDBNull	获取或设置一个值，该值指示对于属于该表的行，此列中是否允许空值
AutoIncrement	获取或设置一个值，该值指示对于添加到该表中的新行，列是否将列的值自动递增
AutoIncrementSeed	获取或设置其 AutoIncrement 属性设置为 true 的列的起始值
AutoIncrementStep	获取或设置其 AutoIncrement 属性设置为 true 的列使用的增量
Caption	获取或设置列的标题
ColumnName	获取或设置 DataColumnCollection 对象中的列的名称
DataType	获取或设置存储在列中的数据的类型
DefaultValue	在创建新行时获取或设置列的默认值
Expression	获取或设置表达式，用于筛选行、计算列中的值或创建聚合列
ExtendedProperties	获取与 DataColumn 对象相关的自定义用户信息的集合
MaxLength	获取或设置文本列的最大长度
Table	获取列所属的 DataTable 对象
Unique	获取或设置一个值，该值指示列的每一行中的值是否必须是唯一的

创建 DataColumn 对象的常用方法有以下 3 种:
```
        DataColumn  列对象名=new DataColumn();
        DataColumn  列对象名=new DataColumn(列名);
        DataColumn  列对象名=new DataColumn(列名,类型);
```
例如，下列语句向数据集添加一个 DataTable 对象 mydt，然后在 mydt 中添加 2 个字段，分别为 sno 和 name，并将 sno 设置为主键。

```
DataTable mydt=new DataTable();
DataColomn col1=mydt.Columns.Add("sno",typeof(string));
DataColomn col2=mydt.Columns.Add("sname",typeof(string));
mydt.Columns.Add(c1);
mydt.Columns.Add(c2);
mydt.PrimaryKey=new DataColumn[]{mydt.Columns[0]};
```

13.5.5 DataRow 对象

DataColumn 对象描述 DataTable 的数据结构，而 DataRow 对象描述 DataTable 的数据内容。DataTable 的行集合 Rows 中包含多个 DataRow 对象，一个 DataRow 对象表示 DataTable 的一条记录，每一条记录又由多个字段组成，Item 属性用来表示这些字段，通过向 DataRow 对象的 Item 属性传递列名称、索引值来指定要查看的列。DataRow 对象的常用属性如表 13-14 所示，常用方法如表 13-15 所示。

表 13-14 DataRow 对象的常用属性

属性	说明
HasErrors	获取一个值，该值指示某行是否包含错误
Item	已重载，获取或设置存储在指定列中的数据
ItemArray	通过一个数组来获取或设置此行的所有值
RowError	获取或设置行的自定义错误说明
RowState	获取与该行和 DataRowCollection 对象的关系相关的当前状态。DataRow 对象的 RowState 属性（状态）取值有 5 种：Detached、Unchanged、Added、Deleted、Modified
Table	获取该行拥有其架构的 DataTable 对象

表 13-15 DataRow 对象的常用方法

方法	说明
AcceptChanges()	提交自上次调用 AcceptChanges()方法以来对该行进行的所有更改
BeginEdit()	对 DataRow 对象开始编辑操作
CancelEdit()	取消对该行的当前编辑
ClearErrors()	清除行的错误，这包括 RowError 属性和用 SetColumnError 设置的错误
Delete()	删除 DataRow 对象
EndEdit()	终止发生在该行的编辑
GetColumnsInError()	获取包含错误的列的数组
HasVersion()	获取一个值，该值指示指定的版本是否存在
IsNull()	获取一个值，该值指示指定的列是否包含空值
RejectChanges()	拒绝自上次调用 AcceptChanges()方法以来对该行进行的所有更改
SetAdded()	将 DataRow 对象的 Rowstate 属性更改为 Added
SetModified()	将 DataRow 对象的 Rowstate 属性更改为 Modified

向数据表中添加新行，操作步骤如下：

（1）使用 NewRow()方法创建 DataRow 对象。

（2）使用索引或列名设置 DataRow 对象的不同字段并给定值。

（3）通过调用 DataTable 对象的 Rows 行级属性的 Add 方法添加行。

例如，下列语句向 Student 表中添加了新行：

```
DataRow row1=mydt.NewRow();        //mydt 表对象，上节已创建
row1[0]="20140201";                //设置新行的字段值
row1[1]="雷小军";                   //设置新行的字段值
```

或使用：

```
row1["sno"]= "20140201";
row1["sname"]= "雷小军";
```

【例 13-11】在 DataSet 对象中创建名为"客户"的数据表，"客户编号"字段为自动编号字段，起始值为 100，递增值为 5，只读且为主键；"税额"字段是由"工资"字段乘以 0.2 得到的。

代码如下：

```
using System;
using System.Data;
using System.Windows.Forms;
private void button1_Click(object sender, EventArgs e)
{
    DataSet ds = new DataSet();
    DataTable dt = new DataTable("客户");    //创建一个 DataTable 对象
    DataColumn dcAutoId = new DataColumn("客户编号");
    dcAutoId.AutoIncrement = true;
    dcAutoId.AutoIncrementSeed = 100;
    dcAutoId.AutoIncrementStep = 5;
    dcAutoId.ReadOnly = true;
    dt.Columns.Add(dcAutoId);
    dt.Columns.Add("姓名", typeof(string));
    dt.Columns.Add("工资", typeof(int));
    dt.Columns.Add("税额", typeof(int));
    dt.PrimaryKey = new DataColumn[] { dt.Columns["客户编号"] };
    DataRow dr = dt.NewRow();
    dr[1] = "陈豪杰";
    dr[2] = "1500";
    dr[3] = (int)dr[2] / 5;
    dt.Rows.Add(dr);        //把新行添加到表中
    dr = dt.NewRow();
    dr[1] = "王强";
    dr[2] = "10000";
    dr[3] = (int)dr[2] / 5;
    dt.Rows.Add(dr);        //把新行添加到表中
    ds.Tables.Add(dt);
    dataGridView1.DataSource = ds.Tables["客户"];
}
```

运行程序，结果如图 13-16 所示。

图 13-16　例 13-11 的运行结果

13.5.6　DataView 对象

DataView 对象类似于数据库中的视图功能，它可以创建 DataTable 数据的不同视图，用于对 DataTable 数据进行排序、筛选、搜索和导航等操作。

DataView 对象的常用属性如表 13-16 所示，常用方法如表 13-17 所示。

表 13-16　DataView 对象的常用属性

属性	说明
AllowDelete	设置或获取一个值，该值指示是否允许删除
AllowEdit	设置或获取一个值，该值指示是否允许编辑
Allownew	设置或获取一个值，该值指示是否可以使用 Addnew()方法添加新行
Count	在应用 RowFilter 和 RowStateFilter 属性之后获取 DataView 对象中记录的数量
Item	从指定的表获取一行数据
RowFilter	获取或设置用于筛选在 DataView 对象中查看哪些行的表达式
RowStateFilter	获取或设置用于 DataView 对象中的行状体筛选器
Sort	获取或设置 DataView 对象的一个或多个排序列以及排列顺序
Table	获取或设置源 DataTable 对象

表 13-17　DataView 对象的常用方法

方法	说明
Addnew()	将新行添加到 DataView 对象中
Delete()	删除指定索引位置的行
Find()	按指定的主键值在 DataView 对象中查找行
FindRows()	返回 DataRowView 对象的数组，这些对象的列与指定的排序关键字值匹配
ToTable()	根据现有 DataView 对象中的行创建并返回一个新的 DataTable 对象
Open()	打开一个 DataView 对象
Close()	关闭一个 DataView 对象

DataView 对象的构造函数如下：

（1）DataView()。此构造函数表示实例化 DataView 对象，不带参数。

（2）DataView(DataTable table)。此构造函数表示用指定的DataTable对象初始化DataView类的新实例。

（3）DataView(DataTable table,string RowFilter,string Sort,DataViewRowState RowState)。此构造函数表示用指定的DataTable、RowFilter、Sort和DataViewRowState对象初始化DataView类的新实例。

【例 13-12】利用 DataView 对象对数据表 Student 进行筛选。

操作步骤如下：

（1）创建一个 Windows 窗体，在 Form1 中添加 1 个 Label 控件、1 个 ComboBox 控件和

1 个 DataGridView 控件，将 Label1 的 Text 属性设为 "性别"，在 ComboBox1 的编辑页中添加字符串 "男" 和 "女"，如图 13-17 所示。

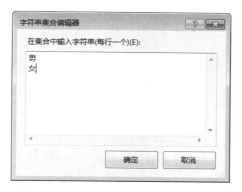

图 13-17　在 ComboBox 控件中编辑项

（2）在窗体中编写如下代码：

```
namespace ex13_12
{
    public partial class Form1 : Form
    {
        string strCon;
        string strSql;
        SqlConnection con;
        SqlDataAdapter da;
        DataSet ds;
        DataView dv = new DataView();
        public Form1()
        {
            InitializeComponent();
        }
        private void Form1_Load(object sender, EventArgs e)
        {
            strCon = "Data Source=.;Initial Catalog=teach; Integrated Security=True";
            con = new SqlConnection(strCon);
            strSql = "select sno as 学号,sname as 姓名,ssex as 性别,sage as 年龄  from Student ";
            da = new SqlDataAdapter(strSql, con);
            ds = new DataSet();
            da.Fill(ds, "Student");
            dv.Table = ds.Tables["Student"];
            //将 DataView 对象与 DataGridView 控件绑定
            dataGridView1.DataSource = dv;
        }
        private void comboBox1_SelectedIndexChanged(object sender, EventArgs e)
        {
            dv.RowFilter=string.Format("性别='{0}'",comboBox1.SelectedItem.ToString());
        }
    }
}
```

运行程序，结果如图 13-18 所示。

图 13-18　例 13-12 的运行结果

13.6　DataAdapter 对象

DataSet 对象是一个非连接的对象，它并不能直接和数据源产生联系，而 DataAdapter 对象可以与数据源联系，将数据从数据源中提取出来，再放到 DataSet 对象中去，还可以把 DataSet 对象中更新了的数据提交给数据源。可见，DataAdapter（数据适配器）对象是 DataSet 对象与数据源之间的一个桥梁，用于从数据源中检索数据，并填充 DataSet 对象中的表以及把用户对 DataSet 对象的更改写入到数据源中。

13.6.1　DataAdapter 对象的属性和方法

根据.NET Framework 数据提供程序的不同，DataAdapter 对象可包括 SqlDataAdapter、OleDbDataAdapter、OdbcDataAdapter 和 OracleDataAdapter 四种不同类型，它们的构造函数、属性和方法是相同的。DataAdapter 对象的常用属性和方法如表 13-18 和表 13-19 所示。

表 13-18　DataAdapter 对象的常用属性

属性	说明
SelectCommand	在数据源中检索数据的数据命令
InsertCommand	在数据源中插入数据的数据命令
UpdateCommand	在数据源中更新数据的数据命令
DeleteCommand	在数据源中删除数据的数据命令
TableMappings	用于获取一个集合，它提供源表和 DataTable 对象之间的主映射
UpdateBatchSize	决定批进程支持，指出在批处理中可执行的命令的数量

表 13-19　DataAdapter 对象的常用方法

方法	说明
Fill()	从数据源中提取数据以填充数据集
FillSchema()	用于将 DataTable 对象添加到 DataSet 对象中，并配置架构以匹配数据源中的架构
GetFillParameters()	用于获取当执行 SELECT 语句时由用户设置的参数
Update()	更新数据源

Fill()方法用于向 DataSet 对象填充从数据源中读取的数据。Fill 有多种重载方法，常用的有以下 3 种：

- Fill(DataSet dataset)：表示添加或更新所指定的 DataSet。
- Fill(DataSet datatable)：表示将数据填充到一个数据表中。
- Fill(DataSet dataset,string table)：表示填充指定的数据集中特定的表。

例如，以下语句用 Student 表数据填充数据集 dataset1：

```
da.Fill(dataset1,"Student");        //da 为 DataAdapter 对象
```

Update 方法用于执行 InsertCommand、DeleteCommand 和 UpdateCommand，把在 DataSet 对象中进行的插入、删除或修改操作更新到数据库中。

Update 有多种重载方法，常用的有以下两种：

- Update(DataSet dataset)：表示为指定 DataSet 对象中每个已插入、已更新或已删除的行调用相应的 INSERT、UPDATE、DELETE 语句。
- Update(DataSet dataset,string table)：表示为具有指定 table 的 DataSet 对象中每个已插入、已更新或已删除的行调用相应的 INSERT、UPDATE、DELETE 语句。

系统提供了 CommandBuilder 类，它根据用户对 DataSet 对象数据的操作自动生成相应的 InsertCommand、DeleteCommand 和 UpdateCommand 属性值。创建 CommandBuilder 对象的语法格式如下：

```
SqlCommandBuilder builder = new SqlCommandBuilder(DataAdapter 对象);
```

例如，以下语句使用 SqlCommandBuilder 对象更新数据源：

```
SqlCommandBuilder builder = new SqlCommandBuilder(dataAdapter);
dataAdapter.Update(dataSet,"Student");
```

13.6.2　创建 DataAdapter 对象

创建 DataAdapter 对象有两种方式：通过工具箱中的 DataAdapter 控件创建、使用编程方式创建。下面以 SQL Server 为例介绍使用编程方式创建 DataSet 对象的方法。

SqlDataAdapter 类有以下构造函数：

```
SqlDataAdapter();
SqlDataAdapter(selectCommandText);
SqlDataAdapter(selectCommandText,selectConnection);
SqlDataAdapter(selectCommandText,selectConnectionString);
```

其中，selectCommandText 是查询命令文本或存储过程，selectConnection 是连接对象名，selectConnectionString 是连接字符串。

（1）通过无参构造函数创建。

格式：SqlDataAdapter 数据适配器对象名=new SqlDataAdapter();

（2）通过命令对象创建。

格式：SqlDataAdapter 数据适配器对象名=new SqlDataAdapter(命令对象);

例如：

```
string strConn= "Data Source=.;Initial Catalog=teach; Integrated Security=True" ;
SqlConnection cn=new SqlConnection(strConn);
strSql="select sno,sname from Student";
SqlCommand cmd=new SqlCommand(strSql,cn);
SqlDataAdapter da=new SqlDataAdapter(cmd);
```

（3）通过查询命令文本和连接对象创建。

格式：SqlDataAdapter 数据适配器对象名=new SqlDataAdapter(查询命令文本,连接对象);

例如：

```
string strConn= "Data Source=.;Initial Catalog=teach; Integrated Security=True" ;
SqlConnection cn=new SqlConnection(strConn);
strSql="select sno,sname from Student ";
SqlDataAdapter da=new SqlDataAdapter(strSql,cn);
```

（4）通过查询命令文本和连接字符串创建。

格式：SqlDataAdapter 数据适配器对象名=new SqlDataAdapter(查询命令文本,连接字符串)

例如：

```
string strConn= "Data Source=.;Initial Catalog=teach; Integrated Security=True" ;
string strSql="select sno,sname from Student ";
SqlDataAdapter da=new SqlDataAdapter(strSql,strConn);
```

13.6.3　使用 DataAdapter 对象

通过 DataAdapter 对象的 Fill()方法可将数据源中的数据填充到 DataSet 对象中，用户可以在 DataSet 对象中进行各种操作，比如插入、修改和删除，然后可以调用 DataAdapter 对象的 Update()方法将 DataSet 对象中修改过的数据更新到数据源中。

【例 13-13】创建一个窗体应用程序，将 teach 数据库中的 Student 表填充到 DataSet 对象中。

代码如下：

```
private void button1_Click(object sender, EventArgs e)
{
    string constring = "Data Source=.;Initial Catalog=teach;Integrated Security=True";
    SqlConnection mycon = new SqlConnection(constring);
    string sqlstr = "select sno,sname from Student";
    mycon.Open();
    SqlDataAdapter myda = new SqlDataAdapter(sqlstr,mycon);
    DataSet myset = new DataSet();
    myda.Fill(myset, "Student");
    dataGridView1.DataSource = myset.Tables[0];
}
```

运行程序，结果如图 13-19 所示。

【例 13-14】创建一个窗体应用程序，将填充到 DataSet 对象中的数据进行插入、修改和删除操作，并通过 Update() 方法把更新后的数据写回到数据源中。

图 13-19　例 13-13 的运行结果

代码如下：

```
public partial class Form1 : Form
{
    private SqlConnection mycon;
    private SqlDataAdapter myada;
    private SqlCommand mycmd;
    private DataSet myset;
    public Form1()
    {
        InitializeComponent();
```

```
        mycon=new SqlConnection("Data Source=.;Initial Catalog=teach;Integrated Security=True");
        myada = new SqlDataAdapter();
        mycmd = new SqlCommand("select sno,sname,ssex,sage from Student", mycon);
        myada.SelectCommand = mycmd;
        myset = new DataSet("dataset1");
    }
    private void button1_Click(object sender, EventArgs e)
    {
        myada.Fill(myset, "Student");
        dataGridView1.DataSource =myset.Tables[0];
    }
    private void button2_Click(object sender, EventArgs e)
    {
        SqlConnection mycon = new SqlConnection("Data Source=.;Initial Catalog=teach;
        Integrated Security=True");
        mycon.Open();
        myada.UpdateCommand = new SqlCommand("update Student set sno=@sno,
        sname=@sname,ssex=@ssex,sage=@sage where sno=@id", mycon);
        myada.InsertCommand = new SqlCommand("insert into Student(sno,sname, ssex, sage)
        values(@sno,@sname,@ssex,@sage)", mycon);
        myada.UpdateCommand.Parameters.Add("@sno", SqlDbType.VarChar,10,"sno");
        myada.UpdateCommand.Parameters.Add("@sname",SqlDbType.VarChar,8,"sname");
        myada.UpdateCommand.Parameters.Add("@ssex", SqlDbType.VarChar,4,"ssex");
        myada.UpdateCommand.Parameters.Add("@sage", SqlDbType.Int,10,"sage");
        myada.UpdateCommand.Parameters.Add("@id", SqlDbType.VarChar,10,"sno");
        myada.InsertCommand.Parameters.Add("@sno", SqlDbType.VarChar,10,"sno");
        myada.InsertCommand.Parameters.Add("@sname",SqlDbType.VarChar,8,"sname");
        myada.InsertCommand.Parameters.Add("@ssex", SqlDbType.VarChar,4,"ssex");
        myada.InsertCommand.Parameters.Add("@sage", SqlDbType.Int,10,"sage");
        int i = 0;
        i = myada.Update(myset.Tables[0]);
        if (i > 0)
            MessageBox.Show("更新数据成功", "更新操作提示信息");
        else
            MessageBox.Show("更新数据失败", "更新操作提示信息");
    }
}
```

运行程序，结果如图 13-20 所示。

图 13-20　例 13-14 的运行结果

13.7 数据绑定控件

Visual Studio 2017 提供了很多数据绑定控件，常用的数据绑定控件有 BindingNavigator 控件、BindingSource 控件和 DataGridView 控件，通过这些数据绑定控件可以显示并操作数据。

13.7.1 BindingSource 控件

BindingSource 控件用于封装窗体的数据源，来实现和管理与数据源的绑定及数据源的导航、更新等功能。

BindingSource 控件的常用属性如表 13-20 所示，常用方法如表 13-21 所示。

表 13-20　BindingSource 控件的常用属性

属性	说明
AllowEdit	获取一个值，该值指示是否可以编辑基础列表中的项
Allownew	获取或设置一个值，该值指示是否可以使用 Addnew()方法向列表中添加项
AllowRemove	获取一个值，该值指示是否可以从基础列表中移除项
Count	获取 BindingSource 控件中的记录数
Current	获取 BindingSource 控件中的当前记录
DataMember	获取或设置连接器当前绑定到的数据源中的特定数据列表或数据库表
DataSource	获取或设置连接器绑定到的数据源
Item	获取或设置指定索引处的列表元素
Sort	获取或设置用于排序的列名来指定排序

表 13-21　BindingSource 控件的常用方法

方法	说明
Add()	将现有项添加到内部列表中
Addnew()	向列表添加新项
CancelEdit()	取消当前的编辑操作
Clear()	从列表中移除所有元素
EndEdit()	将挂起的更改应用于数据源
Find()	在数据源中查找指定的项
IndexOf()	搜索指定的对象
Insert()	将现有项插入到列表中指定的索引处
MoveFirst()	移至列表中的第一项
MoveLast()	移至列表中的最后一项
MoveNext()	移至列表中的下一项

方法	说明
MovePrevious()	移至列表中的上一项
Remove()	从列表中移除指定的项
RemoveAt()	移除此列表中指定索引处的项
RemoveCurrent()	从列表中移除当前项
RemoveFilter()	移除与 BindingSource 控件关联的筛选器
RemoveSort()	移除与 BindingSource 控件关联的排序

【例 13-15】创建一个窗体应用程序，使用 BindingSource 控件实现对数据表的浏览。

操作步骤如下：

（1）创建一个 Windows 窗体应用程序，在 Form1 中添加 4 个 Label 控件、4 个 TextBox 控件和 4 个 Button 控件，并设置 Text 属性值。

（2）在 Form1 窗体上添加如下代码：

```
namespace ex13_15
{
    public partial class Form1 : Form
    {
        BindingSource bs = new BindingSource();
        public Form1()
        {
            InitializeComponent();
        }
        private void Form1_Load(object sender, EventArgs e)
        {
            string constr = "Data Source=.;Initial Catalog=teach;Integrated Security=True";
            SqlConnection conn = new SqlConnection(constr);
            DataSet ds = new DataSet();
            string sqlstr = "select sno,sname,ssex,sage from Student";
            conn.Open();
            SqlDataAdapter da = new SqlDataAdapter(sqlstr, conn);
            da.Fill(ds,"Student");
            bs = new BindingSource(ds, "Student");
            Binding bd1 = new Binding("Text", bs, "sno");
            textBox1.DataBindings.Add(bd1);
            Binding bd2 = new Binding("Text", bs, "sname");
            textBox2.DataBindings.Add(bd2);
            Binding bd3 = new Binding("Text", bs, "ssex");
            textBox3.DataBindings.Add(bd3);
            Binding bd4 = new Binding("Text", bs, "sage");
            textBox4.DataBindings.Add(bd4);      conn.Close();
        }
        private void button1_Click(object sender, EventArgs e)
        {
            if(bs.Position!=0)
                bs.MoveFirst();              //移到第一条记录
        }
        private void button2_Click(object sender, EventArgs e)
```

```
        {
            if(bs.Position!= bs.Count-1)
                bs.MoveNext();              //移到下一条记录
        }
        private void button3_Click(object sender, EventArgs e)
        {
            if(bs.Position!=0)
                bs.MovePrevious();          //移到上一条记录
        }
        private void button4_Click(object sender, EventArgs e)
        {
            if(bs.Position!= bs.Count-1)
                bs.MoveLast();              //移到最后一条记录
        }
    }
}
```

（3）运行程序，结果如图 13-21 所示。

图 13-21　例 13-15 的运行结果

【例 13-16】创建一个窗体应用程序，使用 BindingSource 控件实现对数据表的显示。
操作步骤如下：

（1）创建一个 Windows 窗体应用程序，在 Form1 中添加 1 个 DataGridView 控件和 1 个 BindingSource 控件。

（2）在 Form1 窗体上添加如下代码：

```
private void Form1_Load(object sender, EventArgs e)
{
    string conn_string = "Data Source=.;Initial Catalog=teach;Integrated Security=True";
    string sql = "select sno,sname,ssex,sage from Student";    //查询 Select 语句
    SqlConnection conn = new SqlConnection(conn_string);       //创建连接对象
    SqlCommand cmd = new SqlCommand();                         //创建执行 SQL 命令的对象
    try
    {
        conn.Open();                        //连接打开
        cmd.Connection = conn;              //把连接与发送命令对象相结合
        cmd.CommandType = CommandType.Text;
        cmd.CommandText = sql;
        SqlDataReader customer1 = cmd.ExecuteReader();
        //把结果集与 bindingSource 控件相结合并绑定
        bindingSource1.DataSource = customer1;
        //把 dataGridView 控件与 bindingSource 相结合并绑定
        dataGridView1.DataSource = bindingSource1;
    }
    catch (Exception ex)
    {
        row ex;
    }
    finally
    {
        nn.Close();
    }
}
```

（3）运行程序，结果如图 13-22 所示。

图 13-22　例 13-16 的运行结果

13.7.2　BindingNavigator 控件

BindingNavigator 控件用来为窗体上绑定到数据的控件提供导航和操作的工具栏，它经常与 BindingSource 控件一起使用，将其 BindingSource 属性与 BindingSource 控件集成。

在默认情况下，BindingNavigator 控件的用户界面由一系列 ToolStrip 按钮、文本框、静态文本和分隔符对象组成。BindingNavigator 控件的常用属性如表 13-22 所示，常用方法如表 13-23所示。

表 13-22　BindingNavigator 控件的常用属性

属性	说明
AddNewItem	获取或设置表示"新添"按钮的 ToolStripItem
BindingSource	获取或设置 BindingSource 组件，它是数据的来源
CountItem	获取或设置 ToolStripItem，显示关联的 BindingSource 控件中的总项数
DeleteItem	获取或设置与"删除"功能关联的 ToolStripItem
Dock	获取或设置哪些 ToolStrip 边框停靠到其父控件上，以及确定 ToolStrip 的大小如何随其父控件一起调整
Items	获取属于 ToolStrip 的所有项
MoveFirstItem	获取或设置与"移到第一条记录"功能关联的 ToolStripItem
MoveLastItem	获取或设置与"移到最后"功能关联的 ToolStripItem
MoveNextItem	获取或设置与"移到下一条记录"功能关联的 ToolStripItem
MovePreviousItem	获取或设置与"移到上一条记录"功能关联的 ToolStripItem
PositionItem	获取或设置 ToolStripItem，它显示 BindingSource 控件中的当前位置
ShowItemToolTips	获取或设置一个值，该值指示是否要在 ToolStrip 项上显示工具提示
Text	获取或设置与此控件关联的文本

表 13-23　BindingNavigator 控件的常用方法

方法	说明
AddStaandardItems()	将一组标准导航项添加到 BindingNavigator 控件中
Contains()	检索一个值，该值指示指定控件是否为一个控件的子控件
Show()	向用户显示控件
Update()	使控件重绘其工作区内的无效区域

【例 13-17】创建一个窗体应用程序，使用 BindingNavigator 控件实现对 SC 表的显示。

操作步骤如下：

（1）创建一个 Windows 窗体应用程序，在 Form1 中添加 3 个 Label 控件、3 个 TextBox控件和 1 个 BindingSource 控件。

（2）在 Form1 窗体上添加如下代码：

```
private void Form1_Load(object sender, EventArgs e)
```

```
    {
        string constr = "Data Source=.;Initial Catalog=teach;Integrated Security=True";
        SqlConnection conn = new SqlConnection(constr);
        DataSet ds = new DataSet();
        string sqlstr = "select sno,cno,grade from SC";
        BindingSource bs = new BindingSource();
        conn.Open();
        SqlDataAdapter da = new SqlDataAdapter(sqlstr, conn);
        da.Fill(ds, "SC");
        bs = new BindingSource(ds, "SC");
        Binding bd1 = new Binding("Text", bs, "sno");
        textBox1.DataBindings.Add(bd1);
        Binding bd2 = new Binding("Text", bs, "cno");
        textBox2.DataBindings.Add(bd2);
        Binding bd3 = new Binding("Text", bs, "grade");
        textBox3.DataBindings.Add(bd3);
        bindingNavigator1.Dock = DockStyle.Bottom;
        bindingNavigator1.BindingSource = bs;
        conn.Close();
    }
```

（3）运行程序，结果如图 13-23 所示。

图 13-23　例 13-17 的运行结果

13.7.3　DataGridView 控件

　　DataGridView 控件用于在窗体中显示表格数据，每行表示一条记录，每列表示一个字段。通过设置该控件的属性、方法和事件可以自定义其外观和行为。DataGridView 控件的常用属性如表 13-24 所示。

表 13-24　DataGridView 控件的常用属性

属性	说明
ColumnCount	获取或设置 DataGridView 控件中显示的列数
Columns	获取一个包含控件中所有列的集合
DataMember	获取或设置数据源中 DataGridView 控件显示其数据的列表或表的名称
DataSource	获取或设置 DataGridView 控件所显示数据的数据源
RowCount	获取或设置 DataGridView 控件中显示的行数
Rows	获取一个集合，该集合包含 DataGridView 控件中的所有行
ReadOnly	获取一个值，该值指示用户是否可以编辑 DataGridView 控件的单元格
SelectedColumns	获取用户选定的列的集合
SelectedRows	获取用户选定的行的集合
SelectionMode	获取或设置一个值，该值指示如何选择 DataGridView 控件的单元格
HeaderText	获取或设置列头单元格的标题文本

　　【例 13-18】创建一个窗体应用程序，使用 DataGridView 控件显示数据。

　　操作步骤如下：

　　（1）创建一个 Windows 窗体应用程序，从工具箱中找到 DataGridView 控件，将其拖曳到窗体上，单击 DataGridView 控件，在其右上方有一个按钮回可以启动"DataGridView 任务"菜单，如图 13-24 所示。

图 13-24　"DataGridView 任务"菜单

（2）单击"选择数据源"组合框的回按钮，选择"添加项目数据源"，弹出如图 13-25 所示的"选择数据源类型"对话框。

（3）选择"数据库"，单击"下一步"按钮，在弹出的"选择数据库模型"对话框中选择"数据集"，再单击"下一步"按钮。

（4）弹出如图 13-26 所示的"选择你的数据连接"对话框，若组合框中没有合适的连接，则单击"新建连接"按钮，建立与绑定数据源对象的连接。

图 13-25　"选择数据源类型"对话框

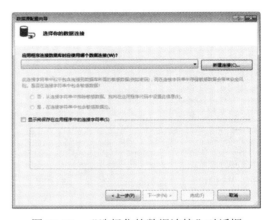

图 13-26　"选择你的数据连接"对话框

（5）在"添加连接"对话框中选择数据源、服务器名。

（6）单击"确定"按钮，回到数据源配置向导中，单击"下一步"按钮，弹出"选择数据库对象"对话框，如图 13-27 所示。

（7）展开表，选择 Student 表，单击"完成"按钮。

（8）选中 DataGridView1 控件，然后鼠标右击，在弹出的快捷菜单中选择"编辑列"命令，在弹出的对话框中可以对列进行添加、删除、重新排序和设置属性操作，如图 13-28 所示。

（9）运行程序，结果如图 13-29 所示。

【例 13-19】创建一个应用程序，使用 DataGridView 控件显示两张数据表中的数据。

代码如下：

```
private void Form1_Load(object sender, EventArgs e)
{
```

```
string constring = "Data Source=.;Initial Catalog=teach;Integrated Security=True";
SqlConnection mycon = new SqlConnection(constring);
string sqlstr = "select * from Course;select * from SC";
mycon.Open();
SqlCommand cmd = new SqlCommand(constring, mycon);
cmd.CommandText = sqlstr;
DataSet myset = new DataSet();
SqlDataAdapter da = new SqlDataAdapter();
da.SelectCommand = cmd;
da.Fill(myset);
dataGridView1.DataSource = myset.Tables[0];
dataGridView2.DataSource = myset.Tables[1];
mycon.Close();
    }
```

运行程序，结果如图 13-30 所示。

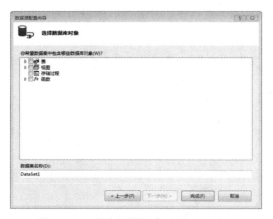

图 13-27 "选择数据库对象"对话框

图 13-28 "编辑列"对话框

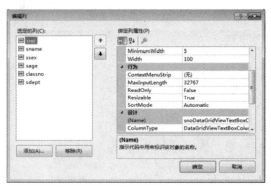

图 13-29 例 13-18 的运行结果

图 13-30 例 13-19 的运行结果

习题 13

一、选择题

1. 在 ADO.NET 中，为访问 DataTable 对象从数据源提取的数据行，可使用 DataTable 对象的（　　）属性。

　　A．Rows　　　　　　　B．Columns　　　　C．Constraints　　　　D．DataSet

2. 为了在程序中使用 ODBC.NET 数据提供程序，应在源程序工程中添加对程序集（　　）的引用。

　　A．System.Data.Odbc.dll　　　　　　　B．System.Data.dll

　　C．System.Data.SQL.dll　　　　　　　　D．System.Data.OleDb.dll

3. .NET 框架中被用来访问数据库数据的组件集合称为（　　）。

　　A．ADO　　　　　　　B．ADO.NET　　　　C．COM+　　　　　　D．Data Service.NET

4. 为创建在 SQL Server 2012 中执行 Select 语句的 Command 对象，可先建立到 SQL Server 2012 数据库的连接，然后使用连接对象的（　　）方法创建 SqlCommand 对象。

　　A．Open　　　　　　　B．OpenSQL　　　　C．CreateCommand　　D．CreateSQL

5. 下列语句中（　　）不能在 DataSet 对象 ds 中添加一个名为 Customers 的 DataTable 对象。

　　A．DataTable dt_customers = new DataTable();

　　B．DataTable dt_customers = new DataTable("Customers");

　　C．ds.Tables.Add("Customers");

　　D．ds.Tables.Add(new DataTable("Customers"));

6. 在 ADO.NET 中，执行数据库的某个存储过程，则至少需要创建（　　）并设置它们的属性，调用合适的方法。

　　A．一个 Connection 对象和一个 Command 对象

　　B．一个 Connection 对象和一个 DataSet 对象

　　C．一个 Command 对象和一个 DataSet 对象

　　D．一个 Command 对象和一个 DataAdapter 对象

7. 在使用 ADO.NET 编写连接到 SQL Server 2012 数据库的应用程序时，从提高性能的角度考虑，应创建（　　）类的对象，并调用其 Open()方法连接到数据库。

　　A．OleDbConnection　　　　　　　　　B．SqlConnection

　　C．OdbcConnection　　　　　　　　　　D．Connection

8. 在使用 ADO.NET 设计数据库应用程序时，可通过设置 Connection 对象的（　　）属性来指定连接到数据库时的用户和密码信息。

　　A．ConnectionString　　　　　　　　　B．DataSource

　　C．UserInformation　　　　　　　　　　D．Provider

9. 创建一个 Windows 窗体应用程序，需要在一个 DataTable 对象中在每一行被成功编辑时保存数据，将处理（　　）事件。

    A．RowUpdated   B．DataSourceChanged

    C．Changed   D．RowChanged

10．在 DataSet 对象中，若修改某一 DataRow 对象的任何一列的值，该行的 DataRowState 属性的值将变为（   ）。

    A．DataRowState.Modified   B．DataRowState.Deleted

    C．DataRowState.Detached   D．DataRowState.Added

11．BackOrders 库包含了一个一百多万行的表。如果需要开发一个应用程序来读取表中的每一行，然后把表中的数据导出到一个文本文件中。假设应用程序每天只运行一次，要使应用程序能尽可能快地处理数据，则使用（   ）类来检索数据。

    A．DataSet   B．DataTable   C．DataReader   D．DataAdapter

12．（   ）方法执行指定为 Command 对象的命令文本的 SQL 语句，并返回受 SQL 语句影响或检索的行数。

    A．ExecuteScalar()   B．ExecuteReader()

    C．ExecuteQuery()   D．ExecuteNonQuery()

二、简答题

1．简述 ADO.NET 模型的体系结构。

2．什么是连接池？它有什么作用？

3．简述 ADO.NET 的数据访问对象。

4．在 DataTable 对象中如何创建数据行？

5．简述 ADO.NET 对象模型的两种数据访问模式。

三、编程题

1．创建一个窗体应用程序，使用 BindingNavigator 控件实现对 Course 表的显示。程序执行界面如图 13-31 所示。

2．创建一个 Windows 窗体应用程序，完成"选课信息查询"功能。当单击"查询"按钮时，在窗体的 dataGridView1 控件中显示数据表的所有记录；当选中 DataGridView 控件中的某一行记录时，"学号""课程号""成绩"文本框中分别显示该项对应的课程信息。程序执行界面如图 13-32 所示。

图 13-31　编程题 1 的程序执行界面

图 13-32　编程题 2 的程序执行界面

3．创建一个 Windows 窗体应用程序，完成"选课信息插入"功能，当单击"插入"按钮时，在文本框中添加新的内容并将新内容添加到数据表中，并且在 DataGridView 控件中显示出新的课程信息。程序执行界面如图 13-33 所示。

4．利用 SqlConnection 对象的 StateChange 事件完成功能。当用户按下按钮后，显示出数据库连接状态的改变；如果连接有异常，在 MessageBox 中向用户提示错误信息。程序执行界面如图 13-34 所示。

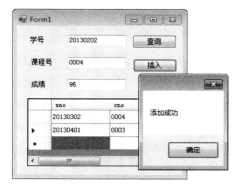

图 13-33　编程题 3 的程序执行界面　　　　图 13-34　编程题 4 的程序执行界面

参考文献

[1] 李志. Learning hard C#学习笔记[M]. 北京：人民邮电出版社，2012.

[2] 蔡朝辉，安向明，张宇. C#程序设计案例教程[M]. 2 版. 北京：清华大学出版社，2016.

[3] 张淑芬，刘丽，陈学斌，等. C#程序设计案例教程 [M]. 2 版. 北京：清华大学出版社，2017.

[4] 李春葆，曾平，喻丹丹. C#程序设计案例教程[M]. 3 版. 北京：清华大学出版社，2015.

[5] 姜晓东. C# 4.0 权威指南[M]. 北京：机械工业出版社，2011.

[6] 倪步喜. C#程序设计案例教程[M]. 北京：机械工业出版社，2017.

[7] 明日科技. C#从入门到精通[M]. 3 版. 北京：清华大学出版社，2012.

[8] 刘莉，李梅，姜志坚. C#程序设计案例教程[M]. 北京：清华大学出版社，2014.

[9] 张慧兰，李媛媛. C# 4.5 程序设计入门与提高[M]. 北京：清华大学出版社，2014.

[10] 付强，丁宁. C#编程实战宝典[M]. 北京：清华大学出版社，2014.

[11] 李政仪，蒋国清. C#程序设计实用教程[M]. 北京：清华大学出版社，2013.

[12] 刘军，刘瑞新. C#程序设计教程[M]. 北京：机械工业出版社，2012.

[13] 张世明. C#程序设计基础[M]. 北京：电子工业出版社，2016.

[14] 龚根华，王炜立. ADO.NET 数据访问技术[M]. 北京：清华大学出版社，2012.

[15] 王贤明，谷琼，胡智文. C#程序设计[M]. 2 版. 北京：清华大学出版社，2017.